PROJETO DE PESQUISA

C923p Creswell, John W.

Projeto de pesquisa : métodos qualitativo, quantitativo e misto / John W. Creswell, J. David Creswell ; tradução: Sandra Maria Mallmann da Rosa ; revisão técnica: Dirceu da Silva. – 5. ed. – Porto Alegre : Penso, 2021.

xxx, 234 p. ; 25 cm.

ISBN 978-65-81334-18-5

1. Métodos de pesquisa. I. Creswell, J. David. II. Título.

CDU 001.891

Catalogação na publicação: Karin Lorien Menoncin – CRB 10/2147

JOHN W. **CRESWELL**
J. DAVID **CRESWELL**

PROJETO DE PESQUISA

MÉTODOS QUALITATIVO, QUANTITATIVO E MISTO

5ª edição

Tradução:
Sandra Maria Mallmann da Rosa

Revisão técnica:
Dirceu da Silva
Mestre em Física e Doutor em Educação pela Universidade de São Paulo (USP).
Docente na Universidade Estadual de Campinas (Unicamp).

Porto Alegre
2021

Obra originalmente publicada sob o título
Qualitative, quantitative, and mixed methods approaches, 5th edition
ISBN 9781506386706

Portuguese language translation publishing as Penso, a Grupo A Educação S.A. company.

Gerente editorial: *Letícia Bispo de Lima*

Colaboraram nesta edição:

Coordenadora editorial: *Cláudia Bittencourt*

Capa: *Paola Manica | Brand&Book*

Preparação de originais: *Jéssica Aguirre da Silva* e *Pietra Cassol Rigatti*

Leitura final: *Sandra da Câmara Godoy*

Editoração: *Clic Editoração Eletrônica Ltda.*

Reservados todos os direitos de publicação ao
GRUPO A EDUCAÇÃO S.A.
(Penso é um selo editorial do GRUPO A EDUCAÇÃO S.A.)
Rua Ernesto Alves, 150 – Bairro Floresta
90220-190 – Porto Alegre – RS
Fone: (51) 3027-7000

SÃO PAULO
Rua Doutor Cesário Mota Jr., 63 – Vila Buarque
01221-020 – São Paulo – SP
Fone: (11) 3221-9033

SAC 0800 703 3444 – www.grupoa.com.br

IMPRESSO NO BRASIL
PRINTED IN BRAZIL

Autores

John W. Creswell, PhD, é professor de medicina de família e codiretor do *Michigan Mixed Methods Research and Scholarship Program* na Universidade de Michigan. É autor de inúmeros artigos e 28 livros sobre pesquisa de métodos mistos, pesquisa qualitativa e projeto de pesquisa. Enquanto trabalhava na Universidade de Nebraska-Lincoln, foi Clifton Endowed Professor Chair, atuou como diretor de um centro de pesquisa de métodos mistos, fundou o *Journal of Mixed Methods Research*, da SAGE Publications. Atuou como professor adjunto de medicina de família da Universidade de Michigan e consultor do centro de pesquisa de serviços de saúde da Administração dos Veteranos. Foi Senior Fulbright Scholar na África do Sul, em 2008, e na Tailândia, em 2012. Em 2011, coliderou um grupo de trabalho nacional sobre práticas de métodos mistos no National Institutes of Health, e atuou como professor visitante na Escola de Saúde Pública em Harvard, tendo recebido um doutorado honorário da Universidade de Pretória, África do Sul. Em 2014, foi presidente da Associação Internacional de Pesquisa de Métodos Mistos. Em 2015, juntou-se à equipe de Medicina de Família na Universidade de Michigan. John tem ministrado cursos em métodos de pesquisa durante os últimos 40 anos.

J. David Creswell, PhD, é professor associado de psicologia e diretor do Laboratório de Saúde e Desempenho Humano na Universidade de Carnegie Mellon. Boa parte da sua pesquisa é de natureza quantitativa e foca na compreensão do que torna as pessoas resilientes em condições de estresse. Publicou mais de 50 artigos revisados por pares, coeditou o *Handbook of mindfulness* (Guilford, 2015) e recebeu, no início de sua carreira, premiações da Associação da Ciência Psicológica (2011), Associação Americana de Psicologia (2014) e Sociedade Americana de Psicossomática (2017) por sua pesquisa. Essas contribuições à pesquisa são originárias de uma infância e um início da idade adulta discutindo metodologia de pesquisa com seu pai; este livro representa, portanto, uma colaboração de muitos anos! David tem ministrado cursos de métodos de pesquisa durante os últimos nove anos.

Dedico este livro a todos os meus alunos e ex-alunos que, ao longo dos anos, se engajaram neste fascinante processo de pesquisa e que acolheram minhas sugestões para aprimorar seus trabalhos acadêmicos. Também quero dar as boas-vindas ao meu filho, J. David Creswell, destacado psicólogo e pesquisador da Universidade de Carnegie Mellon, como meu coautor.

Agradecimentos

Este livro não poderia ter sido escrito sem o encorajamento e as ideias de centenas de alunos do doutorado em "Desenvolvimento de Propostas" para os quais John lecionou, por mais de 30 anos, na Universidade de Nebraska-Lincoln. Ex-alunos e editores específicos foram essenciais em seu desenvolvimento: Dra. Sharon Hudson, Dr. Leon Cantrell, a já falecida Nette Nelson, Dr. De Tonack, Dr. Ray Ostrander e Diane Wells. Desde a publicação da 1ª edição, John tem aprendido muito com os alunos de seus cursos introdutórios aos métodos de pesquisa e com as pessoas que participaram de seus seminários de métodos mistos. Esses cursos foram seus laboratórios para a elaboração de ideias antigas, a incorporação de novas e o compartilhamento das suas experiências como escritor e pesquisador. Sua equipe no Departamento de Pesquisa Qualitativa e de Métodos Mistos da Universidade de Nebraska-Lincoln também foi de inestimável ajuda para conceitualizar o conteúdo deste livro e agora no Departamento de Medicina de Família da Universidade de Michigan. John também se sente especialmente motivado pelos trabalhos acadêmicos de Dra. Vicki Plano Clark, Dr. Ron Shope, Dra. Kim Galt, Dr. Yun Lu, Dra. Sherry Wang, Amanda Garrett e Dr. Alex Morales.

Além disso, somos gratos às criteriosas sugestões apresentadas pelos revisores da SAGE. Também não poderíamos ter produzido este livro sem o apoio e o encorajamento de nossos amigos dessa que é e tem sido uma editora de primeira linha. De modo particular, agradecemos nossa ex-editora e mentora C. Deborah Laughton (atualmente na Guilford Press) e com Lisa Cuevas-Shaw e Vicki Knight. Estamos agora trabalhando sob orientação da talentosa Helen Salmon, que muito apoiou nosso trabalho e nos encorajou durante todo o processo. Por fim, desejamos agradecer a toda a equipe da SAGE com quem tivemos o prazer de trabalhar. Crescemos juntos para ajudar a desenvolver os métodos de pesquisa como um campo distinguido no mundo inteiro. Na SAGE também nos beneficiamos das contribuições dos revisores desta 5ª edição: Clare Bennet, da Universidade de Worcester, Kelly Kennedy, da Universidade de Chapman, Therese A. G. Lewis, da Universidade de Northumbria, Andrew Ryder, da Universidade de North Carolina Wilmington, Tiffany J. Davis, da Universidade de Houston, Lora L. Wolff, da Universidade de Western Illinois, Laura Meyer, da Universidade de Denver, Andi Hess, da Universidade Estadual do Arizona, Audrey Cund, da Universidade de West of Scotland.

Conteúdo analítico das técnicas de pesquisa

Capítulo 1 Seleção de uma abordagem de pesquisa

- Determinando sua abordagem de pesquisa
- Identificando uma concepção com a qual se sinta mais à vontade
- Definindo os três tipos de abordagem de pesquisa
- Utilizando as abordagens quantitativa, qualitativa e de métodos mistos

Capítulo 2 Revisão da literatura

- Avaliando se seu tópico pode ser pesquisado
- Utilizando passos na condução de uma revisão da literatura
- Usando bases de dados computadorizados disponíveis para a revisão da literatura
- Desenvolvendo uma prioridade para os tipos de literatura a ser revisada
- Projetando um mapa da literatura
- Escrevendo um bom resumo de um estudo de pesquisa
- Utilizando elementos importantes de um manual de estilo
- Definindo os termos
- Empregando um modelo para a escrita de uma revisão da literatura

Capítulo 3 Uso da teoria

- Testando as afirmações causais na pesquisa quantitativa
- Identificando as variáveis em um estudo quantitativo
- Definindo a natureza de uma teoria quantitativa
- Empregando um modelo para a escrita de uma perspectiva teórica em um estudo quantitativo utilizando um roteiro
- Considerando os tipos de teorias utilizadas na pesquisa qualitativa
- Escolhendo as teorias em um estudo qualitativo
- Empregando uma lente teórica em um estudo de métodos mistos

Capítulo 4 Estratégias de escrita e considerações éticas

- Avaliando a estrutura de uma proposta para um projeto levando em conta o fato de ele ser qualitativo, quantitativo ou de métodos mistos
- Utilizando estratégias escritas para esboçar uma proposta
- Desenvolvendo o hábito de escrever
- Construindo ideias abrangentes, grandes ideias, pequenas ideias e ideias que atraem a atenção na escrita

Capítulo 5 Introdução

Capítulo 6 Descrição de objetivo

Capítulo 7 Questões e hipóteses de pesquisa

Capítulo 8 Métodos quantitativos

- Elaborando uma lista de verificação para a pesquisa de levantamento visando criar tópicos em um procedimento de levantamento*
- Empregando passos na análise de dados para um procedimento de levantamento
- Escrevendo uma discussão completa dos métodos de levantamento
- Usando uma lista de verificação para a pesquisa experimental visando a criação de seções em um procedimento experimental
- Identificando o tipo de procedimento experimental que melhor se ajusta ao estudo proposto
- Traçando um diagrama dos procedimentos experimentais
- Identificando as ameaças potenciais à validade interna e à validade externa de seu estudo proposto

*N. de R.T. Neste livro, o termo em inglês *survey* foi traduzido por "pesquisa de levantamento".

Capítulo 9 Métodos qualitativos

- Usando uma lista de verificação para a pesquisa qualitativa visando a criação de tópicos em um procedimento qualitativo
- Estabelecendo as características básicas da pesquisa qualitativa
- Determinando como a reflexividade será incluída em um estudo proposto
- Diferenciando os tipos de dados coletados na pesquisa qualitativa
- Comparando diferentes níveis de análise na pesquisa qualitativa
- Estabelecendo a validade dos estudos qualitativos

Capítulo 10 Métodos mistos

- Estabelecendo uma definição e as características da pesquisa de métodos mistos
- Utilizando uma abordagem de métodos mistos convergente
- Utilizando uma abordagem de métodos mistos sequencial explanatória
- Empregando uma abordagem de métodos mistos sequencial exploratória
- Utilizando uma das abordagens de métodos mistos complexa
- Escolhendo a melhor abordagem para um estudo de métodos mistos

Prefácio

Propósito

Este livro apresenta a estrutura, os procedimentos e as abordagens integrativas para o planejamento de pesquisas qualitativas, quantitativas e de métodos mistos em ciências humanas, ciências da saúde e ciências sociais. A ascendência da pesquisa qualitativa, o surgimento de abordagens de métodos mistos e o crescimento de projetos quantitativos geraram a necessidade de se compararem essas três abordagens de investigação. Essa comparação tem início com a consideração preliminar de alegações filosóficas para os três tipos de abordagens, uma revisão da literatura, uma avaliação do uso da teoria nos projetos de pesquisa* e algumas reflexões sobre a importância da escrita e da ética na pesquisa acadêmica. O livro aborda, então, os elementos fundamentais do processo de pesquisa: escrever uma introdução, descrever o objetivo do estudo, identificar questões e hipóteses de pesquisa e propor métodos e procedimentos para a coleta, a análise e a interpretação dos dados. Em cada passo desse processo, o leitor é conduzido por meio das abordagens dos projetos qualitativos, quantitativos e de métodos mistos.

Público

Este livro é destinado a alunos e professores que buscam ajuda na preparação de um plano, proposta ou projeto de pesquisa para um artigo de periódico acadêmico, uma dissertação, uma tese ou um pedido de financiamento. Em um nível mais amplo, ele pode ser útil tanto como obra de referência quanto como livro-texto para disciplinas de técnicas e métodos de pesquisa. Para tirar maior proveito dos aspectos desenvolvidos neste livro, o leitor necessita de uma familiaridade básica com a pesquisa qualitativa e quantitativa. Os termos, no entanto, serão explicados e definidos, e também serão apresentadas as estratégias recomendadas para aqueles que precisam de assistência introdutória no processo de planejamento e de pesquisa. Os termos destacados no texto e um glossário de termos no final do livro fornecem uma linguagem de trabalho para se compreender a pesquisa. Este livro também se destina a um público amplo nas ciências sociais e humanas. Os comentários dos leitores a respeito da 1ª edição desta obra indicam que eles vêm das mais variadas disciplinas e de diversos campos do saber. Esperamos que esta 5ª edição seja útil aos pesquisadores de diferentes áreas, como *marketing*, administração, direito penal, estudos da comunicação, psicologia, sociologia, ensino fundamental, médio, superior e tecnológico, enfermagem, ciências da saúde, urbanismo, entre outras.

Formato

Em cada capítulo, são apresentados exemplos de diversas disciplinas, sendo extraídos de livros, artigos científicos, projetos de teses e dissertações. Embora nossa especialização principal seja em psicologia educacional, ciências da saúde e psicologia, as ilustrações pretenderam incluir muitos campos. Elas refletem questões de justiça social e exemplos de estudos realizados com indivíduos marginalizados de nossa sociedade, bem como as amostras e as populações tradicionais estudadas pelos pesquisadores. A inclusão também se estende ao pluralismo metodológico presente hoje em pesquisa, e a discussão incorpora ideias filosóficas alternativas, modos de investigação e numerosos procedimentos.

Este livro não é um texto detalhado de um método; ao contrário, aqui salientamos as características essenciais do projeto de pesquisa. Gostamos de pensar que reduzimos a pesquisa às ideias básicas essenciais que os pesquisadores precisam conhecer para

*N. de R.T. Projeto de pesquisa e desenho de pesquisa são "sinônimos técnicos". Neste livro foram usadas as duas formas para exprimir a "idealização" de uma pesquisa.

planejar um estudo abrangente e criterioso. A cobertura das estratégias de pesquisa da investigação está limitada às formas frequentemente utilizadas: levantamentos e experimentos em pesquisa quantitativa; fenomenologia, etnografia, teoria fundamentada,* estudos de caso e pesquisa narrativa na pesquisa qualitativa; e projetos concomitantes, sequenciais e transformativos na pesquisa de métodos mistos. Embora os alunos que estão preparando uma proposta de dissertação devam considerar este livro proveitoso, os tópicos relacionados à política de apresentação e à negociação de um estudo com os comitês de pós-graduação estão tratados mais detalhadamente em outros textos.

Em consonância com as convenções aceitas da escrita acadêmica, tentamos eliminar quaisquer palavras ou exemplos que transmitam uma orientação discriminatória (p. ex., sexista ou étnica). Os exemplos foram selecionados para proporcionar uma série de orientações de gênero e culturais. O favoritismo também não entrou em jogo em nosso uso de discussões qualitativas e quantitativas: alteramos intencionalmente a ordem dos exemplos qualitativos e quantitativos em todo o livro. Os leitores devem observar que, nos exemplos mais longos citados neste livro, são feitas muitas referências a outros textos. É citada apenas a referência à obra que estamos usando como ilustração, e não toda a lista de referências incorporadas a qualquer exemplo particular. Assim como nas edições anteriores, mantivemos alguns recursos para melhorar a legibilidade e o entendimento do material: marcadores para enfatizar pontos importantes, itens numerados para enfatizar os passos em um processo, exemplos mais longos de passagens completas com minhas anotações para destacar as ideias fundamentais da pesquisa que estão sendo comunicadas pelos autores.

Nesta 5ª edição, novos recursos foram adicionados em resposta aos desenvolvimentos na pesquisa e aos comentários dos leitores:

- Nesta edição, moldamos a discussão não só em torno do planejamento de uma *proposta* para um *projeto de pesquisa*, mas também em torno dos passos no planejamento de um *estudo de pesquisa*. Assim, a ênfase no planejamento de um estudo de pesquisa (em vez de focar apenas em uma proposta) é muito maior nesta edição do que nas anteriores.
- Acrescentamos mais informações sobre as suposições epistemológicas e ontológicas na sua relação com as questões e métodos de pesquisa.
- Na seção sobre concepções, incluímos agora mais material sobre a concepção transformativa.
- Na discussão dos métodos, acrescentamos mais conteúdo sobre abordagens específicas como estudos de caso, pesquisa de ação participativa e métodos visuais na pesquisa qualitativa.
- Também nos métodos qualitativos, acrescentamos informações sobre mídias sociais e métodos qualitativos *on-line*. Além disso, incluímos mais informações sobre registro de dados e sobre reflexividade.
- Nos métodos mistos, incorporamos agora informações sobre pesquisa-ação (pesquisa participante) e avaliação do programa.
- Nos respectivos capítulos sobre os métodos, incluímos mais informações sobre *software* para análise dos dados qualitativos e quantitativos.
- Na seção sobre teoria, acrescentamos informações sobre causalidade e, depois, incorporamos a sua relação com a estatística nos métodos quantitativos.
- Em nossas seções sobre métodos quantitativos, qualitativos e mistos, incorporamos seções sobre a escrita da discussão em cada uma das metodologias.
- Incorporamos novas informações a todos os nossos capítulos sobre métodos – quantitativos, qualitativos e mistos. Nosso capítulo sobre métodos mistos agora reflete os mais recentes avanços na área.
- Ao longo dos capítulos, citamos edições atualizadas dos livros sobre métodos de pesquisa desde a última edição e acrescentamos referências atuais e leituras adicionais.

*N. de R.T. Neste livro, o termo em inglês *grounded theory* foi traduzido como "teoria fundamentada".

Resumo dos capítulos

Este livro está dividido em duas partes. A Parte I consiste em passos a serem considerados pelos pesquisadores *antes* de desenvolverem suas propostas ou seus planos de pesquisa. A Parte II discute as várias seções usadas para desenvolver uma proposta de pesquisa acadêmica para uma tese, uma dissertação ou para um relatório de pesquisa.

Parte I Considerações preliminares

Esta parte do livro discute a preparação para o projeto de um estudo acadêmico. Abrange os Capítulos 1 a 4

Capítulo 1 Seleção de uma abordagem de pesquisa

Neste capítulo, começamos definindo as abordagens quantitativa, qualitativa e de métodos mistos. Então discutimos a intersecção da filosofia, dos projetos e dos métodos quando usamos uma dessas abordagens. Examinamos diferentes posições filosóficas; tipos avançados de abordagens de métodos qualitativos, quantitativos e mistos; e, por fim, discutimos os métodos associados a cada projeto de pesquisa. Assim, este capítulo deve ajudar aqueles que estão desenvolvendo uma proposta a decidir qual abordagem – qualitativa, quantitativa ou de métodos mistos – é a mais adequada para o seu projeto de pesquisa

Capítulo 2 Revisão da literatura

É importante examinar extensivamente a literatura sobre seu tópico antes de planejar sua proposta. Por isso, você precisa começar com um tópico passível de ser pesquisado e, depois, explorar a literatura utilizando os passos propostos neste capítulo. Para isso é preciso estabelecer uma prioridade para a seleção do material, traçar um mapa visual dos estudos relacionados a seu tópico, escrever bons resumos, empregar as habilidades aprendidas sobre o uso dos manuais de estilo e definir as palavras-chave. Este capítulo deve auxiliar aqueles que estão desenvolvendo suas propostas a considerar criteriosamente a literatura relevante sobre seus tópicos e a começar a compilar e a escrever revisões da literatura para as propostas.

Capítulo 3 Uso da teoria

As teorias servem a diferentes propósitos nas três abordagens de investigação. Na pesquisa quantitativa, proporcionam uma explanação proposta para a relação entre as variáveis que estão sendo testadas pelo investigador. Na pesquisa qualitativa, com frequência podem servir como uma lente para a investigação ou podem ser geradas durante o estudo. Nos estudos de métodos mistos, os pesquisadores as empregam de muitas maneiras, incluindo aquelas associadas às abordagens quantitativa e qualitativa. Este capítulo auxilia os pesquisadores a considerar e a planejar como a teoria pode ser incorporada a seus estudos.

Capítulo 4 Estratégias de escrita e considerações éticas

Antes de começar a escrever, convém ter um esboço geral dos tópicos a serem incluídos em uma proposta ou estudo de pesquisa. Por isso, este capítulo inicia com diferentes esboços para a redação de propostas. Os esboços podem ser usados como modelos, dependendo se o estudo proposto é qualitativo, quantitativo ou de métodos mistos. Depois apresentamos diversas ideias sobre a redação real da proposta, tais como o desenvolvimento do hábito de escrever e ideias de gramática que nos têm sido úteis no aprimoramento de nossa redação acadêmica. Finalmente, passamos às questões éticas e as discutimos, não como ideias abstratas, mas como considerações as quais precisam ser previstas em todas as fases do processo de pesquisa.

Parte II Planejamento da pesquisa

Na Parte II, passamos aos componentes do planejamento da proposta de pesquisa. Os Capítulos 5 a 10 tratam dos passos desse processo.

Capítulo 5 Introdução

É importante fazer uma introdução apropriada para um estudo de pesquisa. Apresentamos um modelo para você escrever uma boa introdução acadêmica à sua proposta. O capítulo inicia com o planejamento de um resumo para um estudo. Segue-se a isso o desenvolvimento de uma introdução que inclui a identificação do problema ou a questão de pesquisa, a estruturação desse problema dentro da literatura existente, a indicação de lacunas na literatura e o direcionamento do estudo para um público. Este capítulo apresenta um método sistemático para o planejamento de uma introdução acadêmica a uma proposta ou estudo.

Capítulo 6 Descrição de objetivo

No início das propostas ou projetos de pesquisa, os autores mencionam o propósito ou a intenção central do estudo. Essa passagem é a apresentação mais importante de todo o processo de pesquisa, e um capítulo inteiro é dedicado a esse tópico. Neste capítulo, você será apresentado a roteiros que o ajudarão não apenas a planejar, mas também a descrever seu objetivo para estudos quantitativos, qualitativos e de métodos mistos

Capítulo 7 Questões e hipóteses de pesquisa

As questões e as hipóteses tratadas pelo pesquisador servem para estreitar e para focar o propósito do estudo. Como outra indicação importante em um projeto, o conjunto de questões e de hipóteses de pesquisa precisa ser escrito com muito critério. Neste capítulo, o leitor aprenderá a escrever questões e hipóteses de pesquisa tanto qualitativas quanto quantitativas e também a empregar as duas formas na elaboração de questões e de hipóteses de métodos mistos. Muitos exemplos servem como roteiro para ilustrar esses processos.

Capítulo 8 Métodos quantitativos

Os métodos quantitativos envolvem o processo de coleta, análise, interpretação e escrita dos resultados de um estudo. Existem métodos específicos, tanto no levantamento quanto na pesquisa experimental, que se relacionam à identificação de uma amostra e de uma população, à especificação da estratégia da investigação, à coleta e análise dos dados, à apresentação dos resultados, à realização de uma interpretação e à escrita da pesquisa de uma maneira consistente com um levantamento ou estudo experimental. Neste capítulo, o leitor aprenderá os procedimentos específicos para planejar o levantamento ou os métodos experimentais de que necessita para penetrar em uma proposta de pesquisa. As listas de verificação apresentadas neste capítulo ajudam a garantir que todos os passos importantes sejam incluídos.

Capítulo 9 Métodos qualitativos

As abordagens qualitativas de coleta, análise, interpretação de dados e escrita do relatório diferem das abordagens quantitativas tradicionais. A amostragem intencional, a coleta de dados abertos, a análise de textos ou de imagens (p. ex., fotos), a representação de informações em figuras e em quadros e a interpretação pessoal dos achados informam procedimentos qualitativos. Este capítulo sugere passos no planejamento de procedimentos qualitativos em uma proposta de pesquisa e também inclui uma lista de verificação para garantir que você cubra todos os procedimentos importantes. Amplas ilustrações proporcionam exemplos extraídos da pesquisa narrativa, da fenomenologia, da teoria fundamentada, da etnografia e de estudos de caso.

Capítulo 10 Métodos mistos

Os métodos mistos envolvem a coleta e "mistura" ou integração dos dados quantitativos e qualitativos em um estudo. Não é suficiente apenas analisar seus dados qualitativos e quantitativos. A análise mais aprofundada consiste da integração de dois bancos de dados para uma compreensão adicional dos problemas e das questões da pesquisa. A pesquisa de métodos mistos aumentou em popularidade nos últimos anos, e este capítulo destaca importantes desenvolvimentos e apresenta uma introdução ao uso desse modelo. Este capítulo começa definindo a pesquisa de métodos mistos e as características centrais que a descrevem. Então são detalhados os três tipos principais de projetos na pesquisa de métodos mistos – (a) convergente, (b) sequencial explanatório e (c) sequencial exploratório – em termos das suas características, coleta de dados e características da análise, além de abordagens para a interpretação e validação da pesquisa. Além disso, esses projetos centrais são empregados dentro de outros projetos (p. ex., experimentos), dentro das teorias (p. ex., pesquisa feminista) e dentro das metodologias (p. ex., procedimentos de avaliação). Por fim, discutimos as decisões necessárias para determinar qual das abordagens seria mais adequada para o seu projeto de métodos mistos. Apresentamos exemplos das principais abordagens e incluímos uma lista de verificação a ser revisada para determinar se você incorporou todos os passos essenciais na sua proposta ou projeto.

O planejamento de um estudo é um processo difícil e demorado. Este livro não vai necessariamente tornar o processo mais fácil ou mais rápido, mas pode apresentar as habilidades específicas úteis no processo, o conhecimento dos passos envolvidos no processo e um guia prático para compor e escrever uma pesquisa acadêmica. Antes do desdobramento dos passos do processo, recomendamos que os autores da proposta pensem sobre suas abordagens de pesquisa, realizem revisões da literatura sobre seus tópicos, desenvolvam um esboço dos tópicos a serem incluídos no planejamento de uma proposta e comecem a prever questões éticas potenciais que possam surgir na pesquisa. A Parte I começa por esses tópicos.

Material complementar

Para estudantes, o *site* da SAGE edge que complementa esta 5ª edição de *Projeto de pesquisa* – https://edge.sagepub.com/creswellrd5e – inclui (em inglês):

- **Testes rápidos para celular** testam a compreensão dos conceitos apresentados em cada capítulo.
- **Vídeos apresentando John W. Creswell** e outros curadores da **plataforma de Métodos de Pesquisa da SAGE** ampliam tópicos importantes no planejamento de pesquisa.
- **Artigos de periódicos da SAGE**, acompanhados de exercícios, oferecem oportunidades de aplicar os conceitos de cada capítulo.
- **Amostras de propostas e modelos de pesquisa** oferecem maior orientação sobre o planejamento da pesquisa.

Professores podem fazer *download* do material complementar exclusivo (em português). Acesse nosso *site*, loja.grupoa.com.br, cadastre-se, encontre a página do livro por meio do campo de busca e clique no *link* Material Complementar para ter acesso a arquivos com as figuras e os quadros dos capítulos.

Sumário

Sumário detalhado

Parte I

Considerações preliminares

Este livro destina-se a auxiliar pesquisadores a desenvolver um desenho ou uma proposta de um estudo de pesquisa. A Parte I aborda diversas considerações que são necessárias antes de se elaborar uma proposta ou um desenho de estudo. Essas considerações estão relacionadas à seleção de uma abordagem de pesquisa apropriada, à revisão da literatura para posicionar o estudo proposto dentro da literatura existente, à decisão sobre o uso de uma teoria no estudo e ao emprego, desde o início, de boas práticas de escrita e de ética.

1

Seleção de uma abordagem de pesquisa

As **abordagens de pesquisa** são o planejamento e os procedimentos de pesquisa que abrangem as decisões, desde pressupostos gerais até métodos detalhados de coleta, análise e interpretação de dados. Esse planejamento envolve várias escolhas, que não precisam ser feitas na ordem em que serão executadas nem em que serão apresentadas aqui. A maior decisão envolve definir qual é a abordagem mais apropriada para se estudar um tópico. Por trás dessa decisão, deve haver pressupostos filosóficos trazidos pelo pesquisador para o estudo; os procedimentos da investigação (chamados **desenho de pesquisa**); e os **métodos de pesquisa** específicos de coleta, análise e interpretação dos dados. A seleção de uma abordagem de pesquisa também considera a natureza do **problema** ou a **questão de pesquisa** que está sendo tratada, as experiências pessoais dos pesquisadores e o público ao qual o estudo se dirige. Assim, neste livro, *abordagens de pesquisa, desenho de pesquisa* e *métodos de pesquisa* são três termos-chave que remetem a uma maneira de fazer pesquisa que apresenta informações de uma forma sequencial, desde construções amplas de pesquisa até procedimentos de métodos específicos.

As três abordagens de pesquisa

Neste livro, são apresentadas três abordagens de pesquisa: (a) qualitativa, (b) quantitativa e (c) de métodos mistos. Sem dúvida, as três abordagens não são tão diferentes quanto podem parecer inicialmente. As abordagens qualitativa e quantitativa não devem ser encaradas como categorias rígidas distintas, extremos opostos ou dicotômicas; em vez disso, representam extremidades diferentes em um contínuo (Creswell, 2015; Newman e Benz, 1998). Um estudo *tende* a ser mais qualitativo do que quantitativo, ou vice-versa. A **pesquisa de métodos mistos** reside no meio desse contínuo, pois incorpora elementos das duas abordagens – qualitativa e quantitativa.

Frequentemente, a distinção entre **pesquisa qualitativa** e **quantitativa** é estruturada pelo uso de palavras (qualitativa) em vez de números (quantitativa) ou, ainda, pelo uso de perguntas e respostas fechadas (hipóteses quantitativas) ou de perguntas e respostas abertas (entrevista qualitativa). Uma maneira mais completa de encarar as gradações das diferenças entre elas está nos pressupostos filosóficos básicos que são seguidos no estudo, nos tipos de estratégias de pesquisa utilizados (p. ex., experimentos quantitativos ou **estudos de caso** qualitativos) e nos métodos específicos empregados na condução dessas estratégias (p. ex., coleta quantitativa de dados com instrumentos *versus* coleta de dados qualitativos por meio da observação de um ambiente). Além disso, as duas abordagens têm um trajeto histórico, em que as quantitativas eram as formas de pesquisa dominantes nas ciências sociais desde o final do século XIX até meados do século XX. Durante a segunda metade do século XX, o interesse na pesquisa qualitativa aumentou, e, junto com ele, o desenvolvimento da pesquisa de métodos mistos. Com esse pano de fundo, convém observarmos as definições desses três termos fundamentais que serão utilizadas neste livro:

- A *pesquisa qualitativa* é uma abordagem voltada para a exploração e para o entendimento do significado que indivíduos ou grupos atribuem a um problema social ou humano. O processo de pesquisa envolve a emergência de perguntas e procedimentos, a coleta de dados geralmente no ambiente do participante, a análise indutiva desses dados iniciada nas particularidades e levada para temas gerais e as interpretações do pesquisador acerca do significado dos dados. O relatório final tem uma estrutura flexível. Os pesquisadores que aplicam essa forma de investigação apoiam uma maneira de encarar a pesquisa que valoriza um estilo indutivo, um foco no significado individual e na importância do relato da complexidade de uma situação.

- A *pesquisa quantitativa* é uma abordagem que procura testar **teorias** objetivas, examinando a relação entre variáveis. Tais variáveis, por sua vez, são medidas, geralmente, com instrumentos para que os dados numéricos possam ser analisados com procedimentos estatísticos. O relatório final tem uma estrutura fixa, que consiste em introdução, literatura e teoria, métodos, resultados e discussão. Como na pesquisa qualitativa, os pesquisadores que se engajam nessa forma de investigação seguem pressupostos, como a testagem dedutiva das teorias, a criação de barreiras contra viés ou tendenciosidade, o controle de explicações alternativas e a sua capacidade para generalizar e para replicar os achados.
- A *pesquisa de métodos mistos* é uma abordagem de investigação que envolve a coleta de dados quantitativos e qualitativos, integrando os dois tipos de dados e usando desenhos distintos que refletem pressupostos filosóficos e estruturas teóricas. O pressuposto básico dessa forma de investigação é que a integração dos dados qualitativos e quantitativos gera uma compreensão que vai além das informações fornecidas pelos dados quantitativos ou qualitativos isoladamente.

Essas definições são densas em informações. Ao longo deste livro, discutiremos em detalhes essas definições para que seus significados fiquem claros à medida que você avança na leitura.

Os três componentes de uma abordagem

Dois importantes componentes das definições dadas são que a abordagem de pesquisa envolve pressupostos filosóficos e métodos ou procedimentos distintos. A abordagem de pesquisa ampla é *o desenho ou proposta para conduzir uma pesquisa* e abrange a intersecção entre filosofia, desenho de pesquisa e métodos específicos. Uma estrutura que utilizamos para explicar a interação desses três componentes pode ser vista na Figura 1.1. Reiteramos que, ao planejar um estudo, os pesquisadores precisam considerar os pressupostos da perspectiva filosófica que trazem ao estudo, o desenho de pesquisa

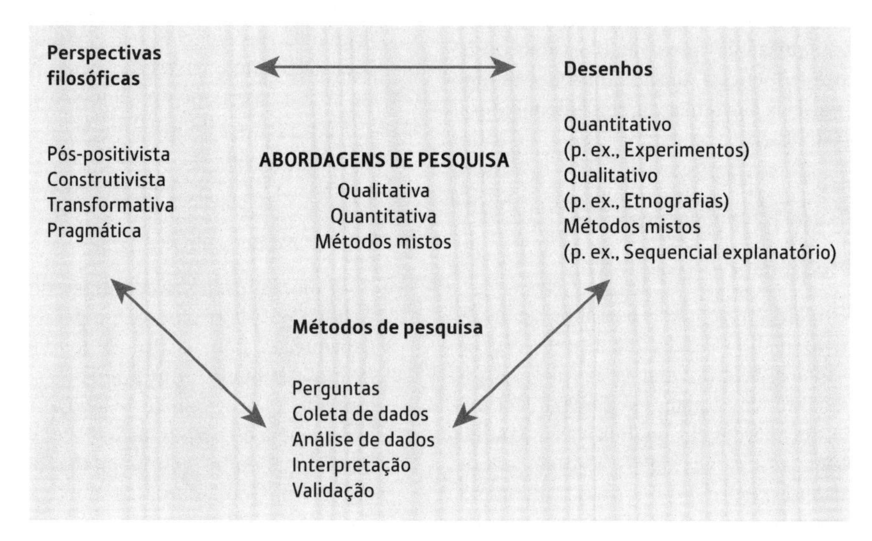

Figura 1.1 Uma estrutura de pesquisa – a interconexão de perspectivas, desenhos e métodos de pesquisa.

que está relacionado a essa perspectiva e os métodos ou procedimentos de pesquisa específicos que traduzem a abordagem em prática.

Perspectivas filosóficas

Embora as perspectivas filosóficas permaneçam em grande parte implícitas na pesquisa (Slife e Williams, 1995), ainda influenciam sua prática e precisam ser identificadas. Sugerimos que, na preparação de uma proposta ou desenho de pesquisa, sejam explicitadas as ideias filosóficas mais abrangentes adotadas. Essa informação ajudará a explicar o motivo pelo qual a abordagem qualitativa, quantitativa ou de métodos mistos foi escolhida para a pesquisa. Ao escrever sobre as perspectivas, a proposta pode incluir uma seção que trate do seguinte:

- A perspectiva filosófica proposta no estudo
- Uma definição das ideias básicas dessa perspectiva
- Como essa perspectiva moldou sua abordagem de pesquisa

Optamos por usar o termo *perspectiva* para significar "um conjunto de crenças básicas que guiam ações" (Guba, 1990, p. 17). Outros têm as chamado *paradigmas* (Lincoln, Lynham e Guba, 2011; Mertens, 2010), *epistemologias* e *ontologias* (Crotty, 1998) ou *metodologias de pesquisa amplamente concebidas* (Neuman, 2009). Encaramos as perspectivas como uma orientação filosófica em relação ao mundo e à natureza da pesquisa na qual os pesquisadores incluem em seus estudos. Os indivíduos desenvolvem perspectivas com base nas orientações da sua disciplina e comunidades de pesquisa, nos seus orientadores e mentores e pelas experiências que tiveram em pesquisa. Frequentemente, os tipos de crenças defendidas por pesquisadores vão conduzi-los a adotar em suas pesquisas uma abordagem qualitativa, quantitativa ou de métodos mistos. Embora haja um debate permanente sobre a partir de quais perspectivas ou crenças os pesquisadores pressupõem, destacaremos quatro que são amplamente discutidas na literatura: pós-positivista, construtivista, transformativa e **pragmática**. Os principais elementos de cada posição estão apresentados no Quadro 1.1.

A perspectiva pós-positivista

Os pressupostos pós-positivistas são vistos como a representação da pesquisa tradicional e são mais válidos para a pesquisa quantitativa do que para a qualitativa. Às vezes essa perspectiva é chamada de *método científico* ou de *pesquisa científica*. É também chamada de *pesquisa positivista/pós-positivista*, de *ciência empírica* e de *pós-positivismo*. Esse último termo é chamado pós-positivismo porque representa o pensamento posterior ao positivismo, que desafia a noção tradicional de verdade absoluta do conhecimento (Phillips e Burbules, 2000) e reconhece que não podemos ser completamente positivos em relação ao que declaramos saber quando estudamos o comportamento e as ações de seres humanos. A tradição pós-positivista vem de escritores dos séculos XVIII, como Newton e Locke, e XIX, como Comte, Mill e Durkheim (Smith, 1983), e mais recentemente de escritores como Phillips e Burbules (2000).

Os **pós-positivistas** defendem uma filosofia determinística, na qual as causas (provavelmente)

Quadro 1.1 Quatro perspectivas

Pós-positivista	Construtivista
• Determinação • Reducionismo • Observação e mensuração empíricas • Verificação de teorias	• Entendimento • Significados múltiplos do participante • Construção social e histórica • Geração de teorias
Transformativa	**Pragmática**
• Política • Orientada para o poder e a justiça • Colaborativa • Orientada para a mudança	• Consequências de ações • Centrada no problema • Pluralista • Orientada para a prática no mundo real

determinam os efeitos ou os resultados. Assim, os problemas estudados pelos pós-positivistas refletem a necessidade de identificar e de avaliar as causas que influenciam os resultados, como as encontradas nos experimentos. Essa perspectiva é também reducionista, pois sua intenção é reduzir as ideias a um conjunto pequeno e distinto a ser testado, como as variáveis que compreendem as hipóteses e as questões de pesquisa. O conhecimento desenvolvido por meio de um enfoque pós-positivista é baseado na observação e mensuração atentas da realidade objetiva que está no mundo "lá fora". Desse modo, a elaboração de medidas numéricas de observação e o estudo do comportamento dos indivíduos se tornam fundamentais para um pós-positivista. Por fim, há leis ou teorias que governam o mundo que precisam ser testadas ou verificadas e refinadas para que possamos compreender o mundo. Assim, no método científico, que é a abordagem de pesquisa aceita pelos pós-positivistas, um pesquisador inicia com uma teoria, coleta os dados que a apoiam ou refutam e depois faz as revisões necessárias e testes adicionais.

Lendo Phillips e Burbules (2000), você pode encontrar os pressupostos fundamentais dessa perspectiva, como os seguintes:

1. O conhecimento é conjectural (e antifundacional), isto é, a verdade absoluta nunca será encontrada. Assim, as evidências estabelecidas na pesquisa são sempre imperfeitas e falíveis. Por essa razão, os pesquisadores não afirmam que provaram uma hipótese, mas sim que falharam em rejeitar uma hipótese.
2. A pesquisa é o processo de fazer declarações e depois refiná-las ou abandonar algumas delas em prol de outras afirmações mais solidamente justificadas. A maior parte das pesquisas quantitativas, por exemplo, inicia com a testagem de uma teoria.
3. O conhecimento é moldado por dados, evidências e considerações racionais. Na prática, o pesquisador coleta informações usando instrumentos de medição ou em observações registradas pelo pesquisador.
4. A pesquisa procura desenvolver afirmações relevantes e verdadeiras, as quais servem para explicar a situação de interesse ou descrevem as relações causais de interesse. Nos estudos quantitativos, os pesquisadores sugerem uma relação entre as variáveis estudadas e apresentam-na na forma de perguntas de pesquisa ou de hipóteses.
5. Objetividade é um aspecto essencial de uma investigação competente. Por isso, pesquisadores precisam examinar os métodos e as conclusões para evitar vieses na sua interpretação. Por exemplo, a avaliação da validade e da confiabilidade são construtos importantes na pesquisa quantitativa.

A perspectiva construtivista

Outros pesquisadores adotam uma perspectiva diferente. O construtivismo ou construtivismo social (com frequência associado ao interpretativismo) é geralmente encarado como uma abordagem qualitativa. As ideias provêm de Mannheim e de obras como *The Social Construction of Reality*, de Berger e Luckmann (1967), e de *Naturalistic Inquiry*, de Lincoln e Guba (1985). Os escritores mais recentes são Lincoln e colaboradores (2011), Mertens (2010) e Crotty (1998), entre outros. Os **construtivistas sociais** acreditam que os indivíduos procuram entender o mundo em que vivem e trabalham. Esses indivíduos desenvolvem significados subjetivos a partir de suas experiências, direcionando-os para determinados objetos ou coisas. Tais significados são variados e múltiplos, levando o pesquisador a buscar a complexidade dos pontos de vista em vez de resumi-los a algumas categorias ou ideias. O objetivo dessa abordagem de pesquisa é confiar o máximo possível nas visões que os participantes têm da situação que está sendo estudada. As perguntas são amplas e gerais para que os participantes possam construir o significado de uma situação frequentemente por meio de discussões ou interações com outras pessoas. Quanto mais aberto o questionamento, melhor. Assim, os pesquisadores ouvem e observam atentamente e registram o que as pessoas dizem e fazem nos ambientes em que vivem. Na maioria das vezes, esses significados subjetivos são negociados social e historicamente. Eles não estão simplesmente estampados nos indivíduos: são formados pela interação com as outras pessoas (daí o nome construtivismo social) e por normas históricas e culturais que operam nas vidas dos indivíduos. Por isso, os pesquisadores construtivistas frequentemente tratam dos processos de interação entre os indivíduos. Outro ponto de interesse são os contextos específicos em que as pessoas vivem e trabalham que auxiliam no entendimento dos ambientes históricos e culturais dos participantes. Os pesquisadores reconhecem que suas próprias origens moldam sua interpretação e posicionam-se de forma a admitir o modo como sua interpretação flui de suas experiências pessoais, culturais e históricas. A intenção dos pesquisadores é extrair sentido dos significados que as pessoas atribuem ao mundo (ou interpretar esses significados). Em vez de começar com uma teoria como no pós-positivismo, os investigadores geram, às vezes indutivamente, teorias ou padrões de significado.

Por exemplo, ao discutir o construtivismo, Crotty (1998) identificou vários pressupostos:

1. Os seres humanos constroem significados enquanto interagem com o mundo que estão interpretando. Os pesquisadores qualitativos tendem a utilizar perguntas abertas para que os participantes possam compartilhar suas opiniões.
2. Os seres humanos se engajam em seu mundo e extraem sentido dele com base em suas perspectivas históricas e sociais, pois todos nós nascemos em um mundo cujos significados nos são conferidos por nossa cultura. Assim, os pesquisadores qualitativos procuram entender o contexto ou o ambiente dos participantes, visitando esses locais e reunindo informações pessoalmente. Esses investigadores também interpretam o que encontram tendo em mente as influências de suas próprias experiências e origens.
3. A geração básica de significado é sempre social, surgindo dentro e fora da interação com uma comunidade humana. O processo da pesquisa qualitativa é principalmente indutivo, com o investigador gerando significados a partir dos dados coletados no campo.

A perspectiva transformativa

Outros pesquisadores empregam os pressupostos filosóficos da abordagem transformativa. Ela surgiu durante as décadas de 1980 e 1990 a partir de pessoas que acreditavam que os pressupostos pós-positivistas impunham leis e teorias estruturais que não se ajustavam aos indivíduos marginalizados de nossa sociedade ou às questões de poder e justiça social, discriminação e opressão que precisavam ser abordadas. Não há um corpo de literatura uniforme que caracterize essa perspectiva, mas há grupos de pesquisadores da teoria crítica; da pesquisa-ação; marxistas; feministas; minorias raciais e étnicas; pessoas com deficiências; povos indígenas e pós-coloniais; e membros de comunidades lésbicas, gays, bissexuais, transexuais e *queer*. Historicamente, os escritores transformativos têm se baseado nas obras de Marx, Adorno, Marcuse, Habermas e Freire (Neuman, 2009). Fay (1987), Heron e Reason (1997), Kemmis e Wilkinson (1998), Kemmis e McTaggart (2000) e Mertens (2009, 2010) são escritores mais recentes que estudam essa perspectiva.

Esses investigadores acreditam, principalmente, que a posição construtivista não foi longe o bastante na defesa de uma agenda de ação para ajudar grupos marginalizados. Uma **perspectiva transformativa** defende que a pesquisa esteja interligada à política e a um plano de mudança política que confronte a opressão social em todos os seus níveis de ocorrência (Mertens, 2010) Por isso, a pesquisa objetiva ações para reformas que possam mudar as vidas dos participantes, as instituições nas quais os indivíduos trabalham ou vivem e a vida dos pesquisadores. Além disso, é preciso tratar de temas específicos, relacionados a questões sociais importantes e atuais, como empoderamento, desigualdade, opressão, dominação, supressão e alienação. Frequentemente, os pesquisadores iniciam com um desses aspectos como o foco do estudo. Essa abordagem também presume que o investigador vai proceder colaborativamente, de modo a não marginalizar ainda mais os participantes. Nesse sentido, os participantes podem ajudar a planejar as perguntas, a coletar os dados, a analisar as informações ou a colher as recompensas da pesquisa. A pesquisa transformativa dá voz a esses participantes, elevando sua consciência ou sugerindo uma possibilidade de mudança em suas vidas. Assim, a pesquisa se torna uma união de vozes em favor da mudança.

Essa perspectiva filosófica se concentra nas necessidades dos grupos e dos indivíduos em nossa sociedade que possam estar marginalizados ou privados de privilégios. Por isso, visões teóricas podem estar integradas a pressupostos filosóficos que formam um conceito das questões sendo estudadas, das pessoas estudadas e das mudanças necessárias, como perspectivas feministas, discursos sobre raça, teoria crítica, teoria *queer,* e teoria da deficiência – enfoques teóricos que serão discutidos detalhadamente no Capítulo 3.

Embora esses sejam grupos diferentes e nossas explicações aqui sejam generalizações, cabe examinar o resumo de Mertens (2010) sobre os principais aspectos da perspectiva ou paradigma transformativo:

- Atribui importância central ao estudo das vidas e experiências de diversos grupos que foram tradicionalmente marginalizados. De especial interesse é como suas vidas foram restringidas pelos opressores e quais as estratégias que usam para resistir, desafiar e subverter essas restrições.
- Ao estudar esses grupos, essa abordagem foca nas desigualdades de gênero, raça, etnia, deficiência física, orientação sexual e classe socioeconômica que resultam nas relações de poder assimétricas.
- A pesquisa na perspectiva transformativa vincula a ação política e social a essas desigualdades.
- A pesquisa transformativa usa uma teoria programática de crenças sobre como um desenho social funciona e por que existem os problemas de opressão, dominação e poder.

A perspectiva pragmática

Outra perspectiva vem dos pragmáticos. O pragmatismo deriva das obras de Peirce, James, Mead e Dewey (Cherryholmes, 1992). Outros escritores são Murphy (1990), Patton (1990) e Rorty (1990). Essa filosofia se apresenta de muitas formas, mas, para muitos, o pragmatismo enquanto perspectiva surge mais das ações, das situações e das consequências do que das condições anteriores a elas (como no pós-positivismo). Há um interesse em relação às aplicações – o que funciona – e às soluções para os problemas (Patton, 1990). Em vez de se concentrarem nos métodos, os pesquisadores enfatizam o problema de pesquisa e utilizam todas as abordagens disponíveis para entendê-lo (ver Rossman e Wilson, 1985). Como uma base filosófica para os estudos dos métodos mistos, Morgan (2007), Patton (1990) e Tashakkori e Teddlie (2010) concentram a atenção no problema de pesquisa em ciências sociais e utilizar abordagens pluralistas para derivar conhecimento sobre o problema. Usando as perspectivas de Cherryholmes (1992), Morgan (2007) e as nossas próprias, o pragmatismo proporciona uma base filosófica para a pesquisa:

- O pragmatismo não está comprometido com nenhum sistema de filosofia e de realidade. Isso se aplica à pesquisa de métodos mistos, em que os investigadores se baseiam muito tanto nos pressupostos quantitativos quanto nos qualitativos quando realizam pesquisa.
- Cada pesquisador tem liberdade de escolha. Dessa maneira, os pesquisadores são livres para escolher os métodos, as técnicas e os procedimentos de pesquisa que melhor se ajustem a suas necessidades e propósitos.
- Os pragmáticos não veem o mundo como uma unidade absoluta. De maneira semelhante, os pesquisadores que utilizam métodos mistos buscam várias abordagens para coletar e analisar os dados, em vez de se aterem a apenas uma maneira (p. ex., quantitativa ou qualitativa).
- A verdade é o que funciona no momento. Ela não é uma dualidade entre a realidade externa ou interna à mente. Assim, na pesquisa de métodos mistos, os investigadores usam tanto dados quantitativos quanto qualitativos, porque eles procuram proporcionar o melhor entendimento de um problema de pesquisa.
- Os pesquisadores pragmáticos se voltam para o *o quê* da pesquisa e o *como* pesquisar a partir das consequências esperadas, ou seja, considerando onde eles querem chegar com a investigação. Os pesquisadores de métodos mistos precisam, antes de tudo, estabelecer um propósito ao selecionar os métodos, uma base lógica que explique por que dados quantitativos e qualitativos precisam ser combinados.

- Os pragmáticos concordam que a pesquisa sempre ocorre em contextos sociais, históricos e políticos, entre outros. Dessa maneira, os estudos de métodos mistos podem incluir uma característica pós-moderna, um enfoque teórico que reflita objetivos de justiça social e políticos.
- Os pragmáticos acreditam tanto em um mundo externo independente da mente quanto em um inserido nela. No entanto, acreditam que precisamos parar de formular perguntas sobre a realidade e as leis da natureza (Cherryholmes, 1992). "Eles só gostariam de mudar o tema" (Rorty, 1990, p. xiv).
- Por isso, para o pesquisador de métodos mistos, o pragmatismo abre as portas para múltiplos métodos, perspectivas e pressupostos diferentes, assim como para diversas formas de coleta e análise dos dados.

Desenhos de pesquisa

O pesquisador não apenas seleciona um método de estudo – qualitativo, quantitativo ou de misto –, mas também escolhe um tipo de estudo dentro dessas três possibilidades. Os desenhos de pesquisa são tipos de investigação dentro das abordagens de métodos qualitativos, quantitativos e mistos e proporcionam uma direção específica e direcionam os procedimentos em um estudo. Eles também são chamados de *estratégias de investigação* (Denzin e Lincoln, 2011). O número de desenhos disponíveis ao pesquisador aumentou no decorrer dos anos, à medida que a tecnologia da computação desenvolveu a análise dos dados e a capacidade para analisar modelos complexos e que os indivíduos articularam novos procedimentos para conduzir pesquisa nas ciências sociais. A escolha de um desenho será enfatizada nos métodos dos Capítulos 8, 9 e 10, os quais são frequentemente utilizados nas ciências sociais. Introduzimos aqui aqueles que serão discutidos mais adiante e que são citados em exemplos em todo o livro. Uma visão geral desses desenhos é mostrada no Quadro 1.2.

Desenhos quantitativos

Durante o final do século XIX e todo o século XX, os desenhos associados à pesquisa quantitativa eram os que invocavam a perspectiva pós-positivista e se originaram principalmente na psicologia. Eles incluíam *experimentos verdadeiros*, muito rigorosos, e experimentos menos rigorosos chamados de *quase experimentos* (veja um tratado original sobre isso em Campbell e Stanley, 1963). Outro desenho experimental é a *análise comportamental aplicada* ou *experimentos de participante único*, em que um tratamento experimental é aplicado ao longo do tempo a um único indivíduo ou a um pequeno grupo de pessoas (Cooper, Heron e Heward, 2007; Neuman e McCormick, 1995). Um tipo de pesquisa quantitativa não experimental é a *pesquisa quantitativa causal*, em que o investigador compara dois ou mais grupos para estudar uma causa (ou variável independente) que já aconteceu. Outra forma não experimental de pesquisa é o *estudo correlacional*, em que os investigadores usam a estatística correlacional para descrever e medir o grau de associação (ou relação) entre duas ou mais variáveis ou conjuntos de pontuações (Creswell, 2012). Esses desenhos foram aprimorados e podem refletir relações mais complexas entre as variáveis por meio de técnicas de modelagem de equação estrutural, modelagem linear hierárquica

Quadro 1.2 Opções de desenhos de pesquisa

Quantitativa	Qualitativa	Métodos mistos
• Desenhos experimentais • Desenhos não experimentais, como os levantamentos • Desenhos longitudinais	• Pesquisa narrativa • Fenomenologia • Teoria fundamentada • Etnografias • Estudo de caso	• Convergente • Sequencial explanatória • Sequencial exploratória • Projetos complexos com núcleo incluídos*

*N. de R.T. Um projeto complexo com núcleo integrado faz parte do rol de possibilidades dos métodos mistos – que combinam técnicas qualitativas e quantitativas –, como quando realizamos entrevistas com um conjunto de pessoas para gerar, a partir das suas respostas, um instrumento quantitativo (do tipo escala de Likert, por exemplo). Dessa forma, a pesquisa quali é o núcleo integrado na pesquisa quanti.

e regressão logística. Mais recentemente, as estratégias quantitativas têm envolvido experimentos complexos, com muitas variáveis e tratamentos (p. ex., desenhos fatoriais e desenhos de medidas repetidas). Geralmente os desenhos empregam a coleta de dados longitudinal para examinar o desenvolvimento de ideias e tendências ao longo do tempo. Eles também costumam incluir modelos elaborados de equação estrutural que incorporam as causas e a identificação da força coletiva de múltiplas variáveis. Em vez de discutir todas essas abordagens quantitativas, vamos nos concentrar em duas delas: levantamentos e experimentos.

- A **pesquisa de levantamento** proporciona uma descrição quantitativa ou numérica de tendências, atitudes ou opiniões de uma população, estudando uma amostra dela. Inclui estudos transversais e longitudinais que utilizam questionários ou entrevistas estruturadas para a coleta de dados, com a intenção de generalizar os padrões de uma amostra para uma população (Fowler, 2008).
- A **pesquisa experimental** busca determinar se um tratamento específico influencia um resultado. Esse impacto é avaliado ao oferecer um tratamento específico a um grupo e negá-lo a outro e depois determinar a pontuação dos dois grupos em relação a um resultado. A pesquisa experimental inclui os experimentos verdadeiros, nos quais os participantes são alocados aleatoriamente às condições de tratamento, e os quase experimentos, nos quais não há a aleatorização (Keppel, 1991). Dentre os quase experimentos, estão incluídos os desenhos de participante único.

Desenhos qualitativos

Na pesquisa qualitativa, os variados tipos de abordagens também se tornaram mais visíveis durante a década de 1990 e o início do século XXI. A origem histórica da pesquisa qualitativa está na antropologia, sociologia, ciências humanas e avaliação. As diferentes abordagens foram resumidas em livros, e atualmente estão disponíveis procedimentos completos de abordagens específicas de investigação qualitativa (Creswell e Poth, 2018). Por exemplo, Clandinin e Connely (2000) construíram um quadro sobre o que os pesquisadores narrativos fazem; Moustakas (1994) discutiu as doutrinas filosóficas e os procedimentos do método fenomenológico; Charmaz (2006), Corbin e Strauss (2007, 2015) e Strauss e Corbin (1990, 1998) identificaram os procedimentos da **teoria fundamentada**. Fetterman (2010) e Wolcott (2008) resumiram os procedimentos etnográficos e as muitas faces e estratégias de pesquisa da **etnografia**, e Stake (1995) e Yin (2009, 2012, 2014) sugeriram processos envolvidos na pesquisa de estudo de caso. Neste livro, os exemplos são baseados nos desenhos apresentados a seguir, reconhecendo que abordagens como a pesquisa de ação participativa (Kemmis e McTaggart, 2000), a análise do discurso (Cheek, 2004) e outras não mencionadas são também maneiras viáveis para a realização de estudos qualitativos:

- **Pesquisa narrativa** é um desenho das ciências humanas no qual o pesquisador estuda as vidas dos indivíduos e pede a um ou mais deles que contem histórias sobre elas (Riessman, 2008). Frequentemente essas informações são recontadas ou reconstruídas pelo pesquisador para formar uma cronologia narrativa. Geralmente, no fim, a narrativa combina visões da vida do participante com as da vida do pesquisador em uma narrativa colaborativa (Clandinin e Connely, 2000).
- **Pesquisa fenomenológica** é um desenho proveniente da filosofia e da psicologia em que o pesquisador descreve as experiências vividas dos indivíduos com respeito a um fenômeno de acordo com o relato dos participantes. Essa descrição culmina na essência das experiências de vários indivíduos, todos os quais vivenciaram o fenômeno. Esse desenho é fortemente fundamentado na filosofia e geralmente envolve a realização de entrevistas (Giorgi, 2009; Moustakas, 1994).
- **Teoria fundamentada** é um desenho em que o pesquisador deriva uma teoria geral e abstrata de um processo, ação ou interação fundamentada no ponto de vista dos participantes. Esse processo envolve o uso de muitos estágios de coleta de dados e o refinamento e a inter-relação das categorias de informação (Charmaz, 2006; Corbin e Strauss, 2007, 2015).

- **Etnografia** é um desenho proveniente da antropologia e da sociologia em que o pesquisador estuda os padrões de comportamento, linguagem e ações compartilhados por um grupo cultural intacto em um cenário natural durante um longo período de tempo. A coleta de dados frequentemente envolve observações e entrevistas.
- **Estudos de caso** são um desenho encontrado em muitas áreas em que o pesquisador desenvolve uma análise profunda de um caso, geralmente um projeto, um evento, uma atividade, um processo ou um ou mais indivíduos. Os casos estão ligados pelo tempo e pela atividade, e os pesquisadores coletam informações detalhadas usando vários procedimentos de coleta de dados durante um longo período de tempo (Stake, 1995; Yin, 2009, 2012, 2014).

Desenhos de métodos mistos

Os métodos mistos envolvem a combinação ou integração da pesquisa qualitativa e quantitativa e seus respectivos dados em um estudo. Os dados qualitativos tendem a ser abertos, sem respostas predeterminadas, enquanto os dados quantitativos costumam incluir respostas fechadas, como as encontradas em questionários ou instrumentos psicológicos. A área da pesquisa de métodos mistos, como a conhecemos hoje, teve início na metade até o fim da década de 1980. No entanto, suas origens são mais antigas. Em 1959, Campbell e Fisk usaram múltiplos métodos para estudar traços psicológicos – embora seus métodos fossem apenas medidas quantitativas. Seu trabalho estimulou outros a começarem a coletar dados em múltiplas formas, como observações e entrevistas (dados qualitativos) com levantamentos tradicionais (Sieber, 1973). As primeiras considerações sobre o valor de múltiplos métodos – denominados métodos mistos – baseavam-se na ideia de que todos os métodos tinham vieses e pontos fracos, e que a coleta de dados tanto quantitativos quanto qualitativos neutralizava as fragilidades de ambas as formas. Assim nasceu a triangulação das fontes de dados – um meio de buscar convergência entre os métodos qualitativo e quantitativo (Jick, 1979). No começo da década de 1990, os métodos mistos se voltaram para a *integração* sistemática dos dados quantitativos e qualitativos, e emergiram diversas maneiras de combinar os dados por meio de diferentes tipos de desenhos de pesquisa. Esses desenhos foram amplamente discutidos em um manual importante dessa área, que foi lançado em 2003 e reeditado em 2010 (Tashakkori e Teddlie, 2010). Procedimentos para expandir os métodos mistos estão a seguir:

- Maneiras de integrar os dados quantitativos e qualitativos, como uma base de dados, podem ser usadas para verificar a precisão (validade) de outra base.
- Uma base de dados pode ajudar a explicar outra base pode permitir explorar diferentes tipos de perguntas em comparação com as exploradas por outra base.
- Uma base de dados pode contribuir para o aprimoramento de instrumentos quando estes não são adequados para uma amostra ou população.
- Uma base de dados pode se fundamentar em outras bases, e é possível alternar entre uma base de dados e outra durante um estudo longitudinal.

Além disso, esses desenhos de pesquisa foram melhorados, e foi acrescentada uma notação para ajudar o leitor a entendê-las; assim, surgiram desafios para o emprego desses desenhos (Creswell e Plano Clark, 2011, 2018). Atualmente, questões práticas estão sendo muito discutidas em relação a exemplos de "bons" estudos de métodos mistos e critérios de avaliação, ao uso de uma equipe para conduzir esse modelo de investigação e à expansão dos métodos mistos para outras disciplinas e países. Embora existam muitos desenhos no campo dos métodos mistos, este livro se concentra nos três mais encontrados nas ciências sociais e da saúde atualmente:

- **Métodos mistos convergentes** é um desenho em que o pesquisador converge ou funde dados quantitativos e qualitativos para oferecer uma análise abrangente do problema de pesquisa. Nesse desenho, o investigador geralmente coleta ambas as formas de dados mais ou menos ao mesmo tempo e depois integra as informações ao interpretar os resultados. As contradições ou incongruências são explicadas ou investigadas mais a fundo nesse desenho.

- **Método misto sequencial explanatório** é aquele em que o pesquisador primeiramente realiza a pesquisa quantitativa, analisa os resultados e depois se baseia nos resultados para explicá-los em mais detalhes com a pesquisa qualitativa. Diz-se explanatório porque os resultados iniciais dos dados quantitativos são explicados mais profundamente com os dados qualitativos. Diz-se sequencial porque a fase quantitativa inicial é seguida pela fase qualitativa. Esse tipo de desenho é popular em campos de pesquisa com uma forte orientação quantitativa (portanto, o desenho começa com a pesquisa quantitativa), mas ele coloca desafios para a identificação de quais resultados quantitativos explorar mais e para a solução dos tamanhos de amostra desiguais nas diferentes fases do estudo.
- **Método misto sequencial exploratório** é o inverso do sequencial explanatório. Nesta abordagem, o pesquisador inicia com uma fase de pesquisa qualitativa e explora o ponto de vista dos participantes. Então, os dados são analisados, e as informações extraídas são usadas para criar uma segunda fase quantitativa. A fase qualitativa pode ser utilizada para construir um instrumento que seja mais adequado à amostra em estudo, identificar instrumentos apropriados para usar no detalhamento da fase quantitativa, desenvolver uma intervenção para um experimento, criar um aplicativo ou *site* ou especificar as variáveis que precisam ser incluídas em um detalhamento quantitativo. Os desafios particulares deste desenho residem em focar nos resultados qualitativos que podem ser apropriadamente usados e em selecionar a amostra para ambas as fases da pesquisa.
- Estas abordagens básicas ou centrais podem ser usadas em desenhos mais complexos de métodos mistos. As abordagens centrais podem ampliar um experimento ao, por exemplo, coletarem dados qualitativos posteriormente para ajudar a explicar os resultados quantitativos. Elas podem ser utilizadas dentro da estrutura de um estudo de caso para dedutivamente documentar ou gerar casos para análise adicional. Esses desenhos básicos podem fundamentar estudos teóricos das áreas de poder ou justiça social (ver Cap. 3), atuando como uma perspectiva abrangente dentro de uma abordagem que contenha dados quantitativos e qualitativos. As abordagens centrais também podem ser usadas nas diferentes fases de um processo de avaliação que abarca desde a avaliação de necessidades até a testagem de um projeto ou intervenção experimental.

Métodos de pesquisa

O terceiro elemento fundamental são os métodos de pesquisa específicos, que envolvem formas de coleta, análise e interpretação dos dados que os pesquisadores propõem para seus estudos. Como mostra o Quadro 1.3, convém considerar toda a série de possibilidades da coleta de dados e organizar esses métodos, por exemplo, de acordo com seu grau de predeterminação, seu

Quadro 1.3 Métodos quantitativos, mistos e qualitativos

Métodos quantitativos	Métodos mistos	Métodos qualitativos
Predeterminados	Tanto métodos predeterminados quanto emergentes	Métodos emergentes
Perguntas baseadas em instrumentos	Tanto perguntas abertas quanto fechadas	Perguntas abertas
Dados de desempenho, dados comportamentais, observacionais e dados de censo	Múltiplas formas de dados baseados em todas as possibilidades	Dados de entrevistas, dados observacionais, documentais e audiovisuais
Análise estatística	Análise estatística e de texto	Análise de texto e imagem
Interpretação estatística	Interpretação entre bases de dados	Interpretação de temas e padrões

uso de perguntas fechadas *versus* abertas e de dados numéricos *versus* não numéricos. Esses métodos são detalhados nos Capítulos 8 a 10.

Os pesquisadores coletam dados com um instrumento ou teste (p. ex., um conjunto de perguntas sobre atitudes em relação à autoestima) ou reúnem informações com uma lista de comportamentos (p. ex., observar um trabalhador realizando uma habilidade complexa). Na outra extremidade do contínuo, a coleta de dados pode incluir visitar um local de pesquisa e observar o comportamento de indivíduos sem perguntas predeterminadas ou conduzir uma entrevista em que seja permitido que indivíduo fale abertamente sobre um tópico, geralmente sem perguntas específicas. Escolher um método depende de se o tipo de informação a ser coletada será especificado antes do estudo ou se será permitido que ele emerja dos participantes. Além disso, os dados podem ser informações numéricas reunidas em escalas de medida ou informações de texto que registram e relatam a voz dos participantes. Os pesquisadores podem interpretar os resultados estatisticamente ou interpretar os temas ou padrões que emergem dos dados. Em algumas formas de pesquisa, tanto dados quantitativos quanto qualitativos são coletados, analisados e interpretados. Os dados coletados utilizando instrumentos podem ser ampliados com observações abertas, e os dados de censo podem ser seguidos por entrevistas exploratórias detalhadas. No caso de misturar diferentes métodos, o pesquisador faz inferências considerando os bancos de dados quantitativos e os qualitativos.

Abordagens de pesquisa – perspectivas, desenhos e métodos

As perspectivas, os desenhos e os métodos, todos contribuem para que uma abordagem de pesquisa *tenda* a ser quantitativa, qualitativa ou mista. O Quadro 1.4 aponta diferenças que podem ser úteis ao escolher uma abordagem. Também menciona práticas das três abordagens, as quais serão enfatizadas nos capítulos restantes deste livro.

Cenários de pesquisa comuns podem ilustrar como esses três elementos são combinados em um desenho de pesquisa.

- *Abordagem quantitativa* – perspectiva pós-positivista, desenho experimental e avaliações de atitudes pré e pós-teste.

  Neste cenário, o pesquisador testa uma teoria ao especificar hipóteses pontuais e definir a coleta de dados para corroborar ou refutar as hipóteses. É utilizado um desenho experimental em que as atitudes dos participantes são avaliadas tanto antes quanto depois de um tratamento experimental. Os dados são coletados com um instrumento que mede atitudes, e essas informações são analisadas por meio de procedimentos estatísticos e da testagem de hipóteses.

- *Abordagem qualitativa* – perspectiva construtivista, modelo etnográfico e observação de comportamentos.

  Nesta situação, o pesquisador procura estabelecer o significado de um fenômeno a partir do ponto de vista dos participantes. Isso significa identificar um grupo que compartilhe determinada cultura e estudar como ele desenvolve padrões compartilhados de comportamento no decorrer do tempo (i.e. etnografia). Aqui um dos principais elementos da coleta de dados é observar os comportamentos dos participantes em suas atividades.

- *Abordagem qualitativa* – perspectiva transformativa, modelo narrativo e entrevista aberta.

  Neste tipo de estudo, o investigador procura examinar um aspecto relacionado à opressão de indivíduos. Aqui, são coletadas histórias sobre a opressão de indivíduos usando uma abordagem narrativa. Os indivíduos são entrevistados para determinar como experimentaram a opressão pessoalmente.

- *Abordagem de métodos mistos* – perspectiva pragmática, coleta sequencial de dados quantitativos e qualitativos.

Quadro 1.4 Abordagens qualitativas, quantitativas e de métodos mistos

Tende a ou geralmente...	Abordagens qualitativas	Abordagens quantitativas	Abordagens de métodos mistos
• Usar estes pressupostos filosóficos • Empregar estas estratégias de investigação	• Afirmações de conhecimento construtivistas/transformativas • Fenomenologia, teoria fundamentada, etnografia, estudo de caso e narrativa	• Afirmações de conhecimento pós-positivistas • Pesquisa de levantamento e experimentos	• Afirmações de conhecimento pragmáticas • Sequenciais, convergentes e transformativas
• Empregar estes métodos	• Perguntas abertas, abordagens emergentes, dados de texto ou imagem	• Perguntas fechadas, abordagens predeterminadas, dados numéricos (pode incluir algumas perguntas abertas)	• Tanto perguntas abertas quanto fechadas, tanto abordagens emergentes quanto predeterminadas e tanto dados e análises quantitativos quanto qualitativos
• Usar estas práticas de pesquisa à medida que o pesquisador...	• Posiciona-se • Coleta significados dos participantes • Concentra-se em um conceito ou fenômeno único • Traz valores pessoais para o estudo • Estuda o contexto ou o ambiente dos participantes • Valida a precisão dos resultados • Interpreta os dados • Constrói um plano para promover mudanças ou reformas • Colabora com os participantes • Emprega procedimentos de análise de texto	• Testa ou verifica teorias ou explicações • Identifica variáveis a serem estudadas • Relaciona as variáveis em perguntas ou hipóteses • Usa padrões de validade e confiabilidade • Observa e avalia as informações numericamente • Usa abordagens não tendenciosas • Emprega procedimentos estatísticos	• Coleta tanto dados quantitativos quanto qualitativos • Desenvolve uma justificativa para essa combinação • Integra os dados em diferentes estágios da investigação • Apresenta quadros visuais dos procedimentos do estudo • Emprega as práticas tanto da pesquisa qualitativa quanto da quantitativa

O pesquisador baseia a investigação no pressuposto de que a coleta de diversos tipos de dados proporciona um entendimento mais completo de um problema de pesquisa do que um tipo de dados isoladamente. O estudo começa com um levantamento geral de informações para generalizar os resultados para uma população e, em uma segunda fase, concentra-se em entrevistas qualitativas abertas visando a coletar os detalhes do ponto de vista dos participantes para ajudar a explicar a investigação quantitativa inicial.

Critérios para a seleção de uma abordagem de pesquisa

Considerando as abordagens qualitativas, quantitativas ou de métodos mistos, quais fatores afetam a escolha de uma delas em relação ao desenho de uma proposta de pesquisa? Além da perspectiva, do desenho e dos métodos, pensamos também no problema de pesquisa, nas experiências pessoais do pesquisador e no(s) público(s) para o qual o relatório será escrito.

O problema e as perguntas de pesquisa

Um problema de pesquisa, mais detalhadamente discutido no Capítulo 5, é uma pergunta ou uma preocupação que precisa ser abordada (p. ex., a questão da discriminação racial). O problema pode se originar de uma lacuna na literatura; de resultados conflitantes que existam; de tópicos que foram negligenciados na literatura; de uma necessidade de dar voz aos participantes marginalizados; e dos problemas da "vida real" encontrados no ambiente de trabalho, em casa, na comunidade e assim por diante.

Alguns tipos de problemas de pesquisa social requerem abordagens específicas. Por exemplo, um problema que requisita (a) a identificação de fatores que influenciam um resultado, (b) a utilidade de uma intervenção ou (c) o entendimento dos melhores previsores de resultados, tem uma abordagem quantitativa como melhor opção. Essa é também a melhor abordagem para testar uma teoria ou uma explicação. Por outro lado, se um conceito ou fenômeno precisa ser explorado e entendido porque há pouca pesquisa sobre ele ou porque envolve uma amostra pouco estudada, então esse tópico merece uma abordagem qualitativa. A pesquisa qualitativa é especialmente útil quando o pesquisador não conhece as variáveis importantes a serem examinadas. Esse tipo de abordagem pode ser necessário porque o tópico é novo, porque nunca foi estudado com uma determinada amostra ou grupo de pessoas ou porque as teorias existentes não se aplicam à amostra ou ao grupo que está sendo estudado (Morse, 1991). Um desenho de métodos mistos é útil quando a abordagem quantitativa ou qualitativa isoladamente é inadequada para promover um bom entendimento de um problema de pesquisa e quando os potenciais da pesquisa quantitativa e da pesquisa qualitativa (e seus dados) não conseguem proporcionar o melhor entendimento. Por exemplo, um pesquisador pode querer generalizar os resultados para uma população e também desenvolver uma visão detalhada do significado de um fenômeno ou conceito para um grupo de indivíduos. Nessa pesquisa, o investigador primeiro realiza uma exploração geral para saber quais variáveis estudar e depois estuda essas variáveis com uma amostra maior de indivíduos. Como alternativa, os pesquisadores podem primeiro fazer um levantamento com grande número de indivíduos e depois acompanhar alguns participantes com o intuito de registrar sua linguagem e suas expressões específicas sobre o tópico. Nessas situações, é vantajoso coletar tanto dados quantitativos fechados quanto dados qualitativos abertos.

Experiências pessoais

O treinamento e as experiências pessoais do pesquisador também influenciam sua escolha de abordagem. Um indivíduo treinado em escrita técnica e científica, em estatística e programas estatísticos de computador e que esteja familiarizado com periódicos de natureza quantitativa teria uma maior probabilidade de escolher um desenho quantitativo. Por outro lado, os indivíduos que gostam de escrever de uma maneira literária ou de conduzir entrevistas pessoais ou, ainda, de realizar observações de perto, podem preferir a abordagem qualitativa. O pesquisador de métodos mistos é um indivíduo que conhece a pesquisa quantitativa e a qualitativa. Além disso, também tem o tempo e os recursos para coletar e analisar tanto dados quantitativos quanto qualitativos.

Como os estudos quantitativos são o modo tradicional de pesquisa, há procedimentos e regras criteriosamente elaborados para eles. Por isso, pesquisadores talvez se sintam mais à vontade com os procedimentos extremamente sistemáticos da pesquisa quantitativa. Além disso, pode ser desconfortável, para algumas pessoas, desafiar as abordagens aceitas por alguns docentes utilizando abordagens qualitativas e transformativas de investigação. Por outro lado, as abordagens qualitativas abrem espaço para a inovação e para que a estrutura de trabalho seja mais definida pelo pesquisador. Elas permitem uma escrita mais criativa e literária, o que as pessoas podem gostar de usar. Para os pesquisadores que preferem a justiça social ou o envolvimento na comunidade, uma abordagem qualitativa é geralmente preferível, embora essa forma de pesquisa também possa incorporar desenhos de métodos mistos.

Para o pesquisador de métodos mistos, o desenho vai requerer mais tempo de trabalho devido à necessidade de coletar e de analisar tanto dados quantitativos quanto qualitativos. Pessoas que gostem de ambas as pesquisas quantitativa e qualitativa e tenham habilidades dos dois tipos vão se encaixar aqui.

Público

Finalmente, os pesquisadores escrevem para determinado público que se interessa por essa pesquisa. Esse público pode ser composto de editores e leitores de periódicos, comitês docentes, participantes de conferências ou colegas da sua área. É recomendável que os estudantes considerem as abordagens que seus orientados geralmente preferem e usam. A experiência desses públicos com estudos quantitativos, qualitativos ou de métodos mistos pode moldar a sua escolha por um desses desenhos.

Resumo

Ao planejar um projeto de pesquisa, os pesquisadores precisam identificar se irão empregar uma abordagem qualitativa, quantitativa ou de métodos mistos. Essa abordagem une uma perspectiva ou pressupostos de pesquisa, um desenho específico e métodos de pesquisa. Decidir entre as várias abordagens também depende do problema de pesquisa ou da pergunta que está sendo estudada, das experiências pessoais do pesquisador e do público para a qual o pesquisador está se dirigindo.

Exercícios de escrita

1. Identifique um problema de pesquisa em um artigo de um periódico científico e discuta qual abordagem seria a melhor opção para investigar essa pergunta e por quê.
2. Escolha um tópico que você gostaria de estudar e, utilizando as quatro combinações de perspectivas, desenhos e métodos de pesquisa apresentados na Figura 1.1, descreva uma proposta de pesquisa que reúna perspectiva, desenhos e métodos. Indique se essa seria uma pesquisa quantitativa, qualitativa ou de métodos mistos. Use como guia os cenários que apresentamos neste capítulo.
3. Quais as diferenças entre um estudo quantitativo e um qualitativo? Mencione três características.

Leituras complementares

Cherryholmes, C. H. (1992, agosto-setembro). Notes on pragmatism and scientific realism. *Educational Researcher*, 14, 13-17.

Cleo Cherryholmes discute o pragmatismo enquanto perspectiva oposta ao realismo científico. O ponto forte desse artigo são as numerosas citações de escritores sobre o pragmatismo e um esclarecimento sobre uma versão do pragmatismo. A versão de Cherryholmes indica que o pragmatismo é direcionado pelas consequências que antecipamos, pela relutância em contar uma história verdadeira e a ideia de que há um mundo externo às nossas mentes. Além disso, muitas referências a escritores históricos e recentes sobre o pragmatismo como uma postura filosófica estão incluídas nesse artigo.

Crotty, M. (1998). *The foundations of social research: Meaning and perspective in the research process.* Thousand Oaks, CA: Sage.

Michael Crotty oferece uma estrutura teórica útil para vincular as muitas questões epistemológicas, perspectivas teóricas, metodologia e métodos da pesquisa social. Ele inter-relaciona os quatro componentes do processo de pesquisa e mostra em uma tabela uma amostra dos tópicos de cada componente, como o pós-modernismo, o feminismo, a investigação crítica, o interpretativismo, o construcionismo e o positivismo.

Kemmis, S. & Wilkinson, M. (1998). Participatory action research and the study of practice. Em B. Atweh, S. Kemmis & P. Weeks (Eds.), *Action research in practice: Partnerships for social justice in education* (p. 21-36). New York: Routledge.

Stephen Kemmis e Mervyn Wilkinson apresentam um panorama excelente da pesquisa participativa. Em especial, há o registro das seis principais características desse desenho a discussão de como a pesquisa-ação é praticada no nível individual, social ou em ambos os níveis.

Lincoln, Y. S., Lynham, S. A. & Guba, E. G. (2011). Paradigmatic controversies, contradictions, and emerging confluences revisited. Em N. K. Denzin & Y. S. Lincoln, *The SAGE handbook of qualitative research* (4th ed., p. 97-128). Thousand Oaks, CA: Sage.

Yvonna Lincoln, Susan Lynham e Egon Guba apresentaram as crenças básicas dos cinco paradigmas de pesquisa alternativos nas ciências sociais: (a) positivismo, (b) pós-positivismo, (c) teoria crítica, (d) construtivismo e (e) participatório. Assim, há a ampliação da análise apresentada na primeira e segunda edições desse *handbook*. Para cada crença são apresentadas questões da ontologia (i.e., natureza da realidade), da epistemologia (i.e., como sabemos o que sabemos) e da metodologia (i.e., o processo da pesquisa). O paradigma participatório acrescenta outro paradigma àqueles originalmente sugeridos na primeira edição. Após uma breve apresentação dessas cinco abordagens, os autores as comparam em termos de questões como a natureza do conhecimento, como o conhecimento se acumula e os critérios de excelência ou de qualidade.

Mertens, D. (2009). *Transformative research and evaluation.* New York: Guilford.

Donna Mertens dedicou um texto inteiro para desenvolver o paradigma e o processo de pesquisa transformativos. Ela discute as características básicas do paradigma transformativo como um termo bastante abrangente, fornece exemplos de grupos afiliados a esse paradigma e o associa às abordagens quantitativa, qualitativa e de métodos mistos. Nesse livro, ela também discute os procedimentos de amostragem, consentimento, reciprocidade, métodos e instrumentos para a coleta de dados, análise e interpretação dos dados e relatório.

Phillips, D. C. & Burbules, N. C. (2000). *Postpositivism and educational research.* Lanham, MD: Rowman & Littlefield.

D. C. Phillips e Nicholas Burbules resumem as principais ideias do pensamento pós-positivista. Em dois capítulos, "O que é Pós-positivismo?" e "Compromissos Filosóficos dos Pesquisadores Pós-positivistas", os autores apresentam importantes ideias do pós-positivismo, especialmente aquelas que o diferenciam do positivismo. Isso inclui saber que o conhecimento humano é mais conjectural do que incontestável e que as garantias para nosso conhecimento podem ser refutadas ao considerarmos novas pesquisas.

2

Revisão da literatura

Além de selecionar uma abordagem quantitativa, qualitativa ou de métodos mistos, também é preciso revisar a literatura acadêmica sobre o **tópico** de seu interesse ao elaborar uma proposta ou estudo. Essa revisão da literatura ajuda a determinar se vale a pena estudar esse tópico e nos permite conhecer as maneiras pelas quais é possível reduzir o escopo da pesquisa para uma área ou tópico necessário.

Este capítulo continua a discussão sobre as considerações preliminares a serem feitas antes de se iniciar uma proposta ou desenho de pesquisa. Começamos com uma discussão sobre como selecionar um tópico e como escrever sobre esse tópico para que o pesquisador possa refletir continuamente sobre ele. Nessa altura, os pesquisadores também precisam considerar se um tópico *pode* e *deveria* ser pesquisado. Depois a discussão passa para o processo da revisão da literatura em si; o propósito geral de se utilizar a literatura em um estudo; e depois, ainda, sobre os princípios úteis para o planejamento da literatura em estudos qualitativos, quantitativos e de métodos mistos.

O tópico da pesquisa

Antes de considerar qual literatura usar em um desenho, primeiro é preciso identificar um tópico a ser estudado e refletir se esse estudo seria proveitoso e prático. O tópico é o tema ou assunto de um estudo proposto, como "ensino acadêmico", "criatividade organizacional" ou "estresse psicológico". Ele deve ser descrito em algumas palavras ou em uma frase curta. O tópico torna-se a ideia central a respeito da qual você irá aprender ou explorar.

Há várias maneiras de os pesquisadores obterem informações sobre seus tópicos quando estão começando a planejar sua pesquisa (a nosso ver, o tópico deve ser escolhido pelo pesquisador, e não por um orientador ou membro de um comitê). Uma maneira de consegui-lo é esboçar um breve título funcional para o estudo. Ficamos surpresos ao observar a frequência com que os pesquisadores deixam de esboçar um título no início do desenvolvimento de suas pesquisas. Em nossa opinião, esboçar um título cria uma grande placa de sinalização muito importante na pesquisa – uma ideia tangível a qual o pesquisador pode continuar observando e alterando à medida que o estudo prossegue (ver Glesne, 2015; Glesne e Peshkin, 1992). Ele se torna uma ferramenta norteadora. Acreditamos que, na pesquisa, esse tópico nos mantém focados e indica o que estamos estudando, além de ser frequentemente usado para comunicar aos outros a ideia central de nosso estudo. Quando estudantes nos apresentam suas primeiras ideias para seus estudos, sempre lhes pedimos que deem um título ao trabalho caso ainda não o tenham feito.

Como seria o título final desse trabalho? Faça o exercício de completar esta frase: "Meu estudo é sobre...". Uma resposta poderia ser: "Meu estudo é sobre crianças em risco no ensino médio" ou "Meu estudo é sobre como ajudar os docentes a se tornarem melhores pesquisadores". Nessa inicial fase da pesquisa, responda a essa pergunta de forma que outro pesquisador possa facilmente captar o significado do estudo. É comum que pesquisadores iniciantes descrevam seu estudo em uma linguagem complexa e erudita, e isso não é bom. O impulso para agir dessa forma pode ter vindo da leitura de artigos que passaram por muitas revisões antes de serem publicados. Desenhos de pesquisa bons e sólidos começam com pensamentos objetivos e simples que são fáceis de ler e de entender. Pense em um artigo de periódico que você leu recentemente. Se lê-lo foi fácil e rápido, provavelmente ele foi escrito em uma linguagem geral com a qual muitos leitores podem facilmente se identificar, explicando de uma maneira direta e simples o desenho e os conceitos gerais. À medida que o estudo se desenvolver, tudo isso ficará mais complicado.

Wilkinson (1991) oferece conselhos úteis para a criação de um título: ser breve e evitar desperdício de palavras. Eliminar palavras desnecessárias como "Uma abordagem para..." "Um estudo de...", e assim por diante. Use um título único ou um título duplo. Um exemplo de um título duplo seria: "Uma etnografia: compreendendo a percepção de uma criança sobre a guerra". Além das ideias de Wilkinson, pense em um título com não mais de 12 palavras, elimine a maior parte dos artigos e das preposições e certifique-se de que ele inclua o foco ou o tópico do estudo.

Outra estratégia para o desenvolvimento do seu tópico é expressá-lo no formato de uma pergunta curta. Que pergunta precisa ser respondida no estudo proposto? Exemplos seriam: "Qual é o melhor tratamento para a depressão?", "O que significa ser árabe hoje na sociedade norte-americana?", "O que leva as pessoas aos locais turísticos do centro-oeste do país?". Ao elaborar perguntas como essas, concentre-se no tópico central da pergunta para que ele seja o principal indicador do estudo. Pense como essa pergunta poderia ser expandida posteriormente para ser mais descritiva (ver Caps. 6 e 7 sobre objetivos e perguntas e hipóteses de pesquisa).

Transformar um tópico em um estudo requer que reflitamos sobre se o tópico pode e deveria ser pesquisado. Um tópico *pode* ser pesquisado se os pesquisadores tiverem participantes dispostos a contribuir para o estudo. Também é importante considerar se o investigador tem os recursos para coletar dados durante um longo período de tempo e para usar os programas de computador disponíveis para analisar os dados.

A questão de se ele *deveria* ser pesquisado é mais complexa. Vários fatores podem intervir nessa decisão. Talvez os mais importantes sejam se o tópico acrescenta algo ao conhecimento de pesquisa disponível na literatura, se ele replica estudos anteriores, se dá voz a grupos ou indivíduos sub-representados, se ajuda a lidar com a justiça social ou se transforma as ideias e as crenças do pesquisador.

O primeiro passo em qualquer estudo é despender um tempo considerável na biblioteca, examinando as pesquisas sobre um tópico (mais adiante neste capítulo há estratégias para utilizar a biblioteca e seus recursos efetivamente). Não é demais enfatizar a importância dessa etapa. É possível que um pesquisador iniciante proponha um ótimo estudo, que seja completo em todos os aspectos, tanto na clareza das perguntas de pesquisa quanto na abrangência da coleta de dados e na sofisticação da análise estatística. No entanto, ele talvez não consiga muito apoio do corpo docente ou da organização de congressos se o estudo não acrescentar nada de novo à literatura de pesquisa. Pergunte-se "Como este estudo contribui para a literatura?". Pondere como o estudo pode investigar um tópico que ainda não foi examinado, estender a discussão incorporando novos elementos ou replicar (repetir) um estudo em novos contextos ou com novos participantes. Um estudo também pode contribuir para a literatura quando agrega algo ao que se sabe sobre uma teoria ou a amplia (ver Cap. 3), ou, ainda, quando oferece uma nova perspectiva ou "ângulo" para a literatura existente; por exemplo:

- estudando uma localidade incomum (p. ex., a América rural);
- examinando um grupo de participantes menos estudado (p. ex., refugiados);
- adotando uma perspectiva que pode não ser esperada e que reverta a expectativa (p. ex., por que os casamentos dão certo em vez de por que não dão certo);
- fornecendo novos meios de coleta de dados (p. ex., coletar sons);
- apresentando os dados de formas pouco usadas (p. ex., gráficos que representam localizações geográficas);
- estudando tópicos oportunos (p. ex., questões de imigração) (Creswell, 2016).

A questão sobre se o tópico *deveria* ser estudado também se relaciona à possibilidade de alguém fora da instituição ou da área do pesquisador estar interessado nesse tópico. Podendo escolher entre um tópico de interesse regional limitado ou um de interesse nacional, deveríamos optar pelo último, por ter um apelo maior para um público muito mais amplo. Os editores de periódicos, membros de comitê, organizadores de eventos acadêmicos e agências de financiamento apreciam que a pesquisa atinja um público maior. Finalmente, a questão do *deveria* também remete aos objetivos pessoais do pesquisador. Pense no tempo necessário para realizar uma pesquisa, para revisá-la e para divulgar os resultados. Todos os pesquisadores devem considerar de que forma o estudo e os compromissos de tempo que vêm com ele serão compensados em longo prazo em relação aos objetivos de carreira, quer tais objetivos sejam o de realizar mais pesquisa, de obter um cargo no futuro ou de buscar um título acadêmico.

Antes de prosseguir com um projeto ou estudo, é necessário pesar esses fatores e consultar outras pessoas para observar como reagem em relação a um possível tópico de pesquisa. Converse com colegas, autoridades no campo, orientadores e corpo docente acadêmicos. É comum pedirmos aos estudantes que nos tragam um esboço de uma página da sua proposta de estudo que inclua o problema ou pergunta que aponta para a necessidade da investigação, a pergunta central da pesquisa que será formulada, os tipos de dados que serão coletados e a importância geral do estudo.

A revisão da literatura

Depois de identificar um tópico que pode e deve ser estudado, podemos iniciar a busca pela literatura relacionada a esse tópico. A revisão de literatura cumpre vários propósitos: compartilha com o leitor os resultados de outros estudos intimamente relacionados; insere um estudo no diálogo maior e contínuo da literatura, preenchendo lacunas e ampliando discussões anteriores (Cooper, 2010; Marshall e Rossman, 2016); proporciona uma estrutura de comparação para estabelecer a importância do estudo e também uma referência para comparar os resultados com os de outros estudos. Todas essas razões (ou só algumas delas) podem ser a base para escrever sobre a literatura acadêmica em um estudo (ver Boote e Beile, 2005, para uma explicação mais extensa dos propósitos do uso da literatura). Os estudos precisam contribuir para a literatura sobre um tópico, e a seção de revisão de literatura no trabalho final são em geral organizadas para iniciar no problema maior e ir até a questão mais delimitada que leva diretamente aos métodos do estudo.

O uso da literatura

Além da questão de por que a literatura é usada, há a questão de como ela é usada na pesquisa e nos estudos. Ela pode assumir várias formas. Aconselhamos a buscar a opinião de seu orientador ou de outros professores sobre de que maneira eles gostariam de vê-la abordada. Em geral recomendamos aos nossos orientandos que a revisão da literatura em um estudo seja breve e que forneça um resumo dos principais estudos sobre o problema de pesquisa; essa seção não precisa ser totalmente desenvolvida e abrangente nesse momento, pois o corpo docente pode, por exemplo, pedir modificações substanciais no estudo em uma reunião para a discussão da proposta. Nesse modelo, a revisão da literatura é mais curta – digamos que tenha de 20 a 30 páginas de extensão – e comunica ao leitor que o proponente está informado da literatura sobre o tópico e sobre as últimas publicações. Outra abordagem é fazer um esboço detalhado dos tópicos e das referências potenciais que serão posteriormente desenvolvidas em um capítulo, em geral o segundo, intitulado "Revisão da literatura", o qual pode se estender por cerca de 20 a 60 páginas.

A revisão da literatura em um artigo de periódico é uma forma resumida do que se encontra em uma dissertação de mestrado ou tese de doutorado. Geralmente, ela está contida em uma seção chamada "Literatura relacionada" e segue a introdução a um estudo. Esse é o padrão para os artigos de pesquisa quantitativa nas revistas. Para os artigos de pesquisa qualitativa, a revisão de literatura pode ser encontrada em uma seção separada, estar incluída na introdução ou permear todo o estudo. Independentemente da forma, a literatura pode ser examinada de diferentes maneiras, dependendo da escolha de uma abordagem qualitativa, quantitativa ou de métodos mistos.

Em geral, a revisão da literatura pode ter várias formas. Cooper (2010) discutiu quatro tipos: revisões da literatura que (a) integram o que outros fizeram e disseram, (b) criticam trabalhos acadêmicos anteriores, (c) interligam tópicos relacionados e (d) identificam as questões centrais de uma área. Com exceção da crítica a trabalhos acadêmicos anteriores, a maioria das dissertações e teses serve para integrar a literatura, organizá-la em uma série de tópicos relacionados (frequentemente partindo de tópicos gerais para os mais específicos) e resumi-la, apontando as questões centrais.

Na pesquisa *qualitativa*, os investigadores usam a literatura de maneira consistente com os pressupostos sobre o que e como podemos aprender com o participante e não para prescrever quais perguntas o pesquisador deve responder no seu estudo. Uma das principais razões para se conduzir uma pesquisa qualitativa é que o estudo é exploratório. Geralmente, isso significa que não há muita literatura sobre o tópico ou sobre a população em foco e que o pesquisador procurará ouvir os participantes e, a partir disso, construirá um entendimento.

Entretanto, o uso da literatura na pesquisa qualitativa varia consideravelmente. Em estudos orientados por teorias, como etnografias ou etnografias críticas, a literatura sobre um conceito cultural ou uma teoria crítica é introduzida no início do relato ou projeto para orientar o trabalho. Na teoria fundamentada, nos estudos de caso e nos fenomenológicos, a literatura é menos utilizada para determinar o cenário do estudo do que em outras abordagens.

Com uma abordagem fundamentada no aprendizado proporcionado pelos participantes e na variação por tipo, a revisão de literatura pode ser incorporada a um estudo qualitativo de acordo com vários modelos. Sugerimos três momentos do texto para posicionar a revisão de literatura. Como mostra o Quadro 2.1, o pesquisador pode incluí-la na introdução. Nesse posicionamento, a literatura funciona como um pano de fundo do problema ou situação que conduziu à necessidade do estudo, como quem são as pessoas que têm escrito sobre o assunto, quem o tem estudado e quem tem apontado a importância de se estudar essa questão. Estruturar o problema dessa forma, evidentemente, depende dos estudos disponíveis no momento. Pode-se encontrar ilustrações desse modelo de revisão de literatura em muitos estudos qualitativos com diferentes estratégias de investigação.

Uma segunda maneira de utilizar a literatura é examiná-la em uma seção separada, que é um modelo muito utilizado na pesquisa quantitativa, frequentemente encontrado em revistas com orientação quantitativa. Nos estudos qualitativos de orientação teórica, como a etnografia, a teoria crítica ou com um objetivo transformativo, o investigador pode posicionar a discussão da teoria e a literatura em uma seção separada, normalmente no início do texto. Uma terceira maneira é incorporar à última seção a literatura relacionada para que seja usada para comparar e contrastar com os resultados (ou temas ou categorias) que emergirem do estudo. Esse modelo é especialmente popular em estudos de teoria fundamentada, e nós o recomendamos porque ele utiliza a literatura indutivamente.

A pesquisa *quantitativa*, por outro lado, apresenta uma quantidade substancial de

Quadro 2.1 Usando a literatura em um estudo qualitativo

Uso da literatura	Critérios	Exemplos de tipos de estratégias adequadas
A literatura é usada para enquadrar o problema na introdução do estudo.	Deve haver alguns estudos disponíveis na literatura.	Geralmente, a literatura é usada em todos os estudos qualitativos, independentemente do tipo.
A literatura é apresentada em uma seção separada, como revisão de literatura.	Na maioria das vezes, é aceita por um público mais familiarizado com a abordagem pós-positivista tradicional das revisões da literatura.	Essa abordagem é usada com aqueles estudos que empregam uma fundamentação teórica sólida no início de um estudo, como etnografias e estudos de teoria crítica.
A literatura é apresentada no fim do estudo; torna-se uma base para comparar e para contrastar os resultados do estudo qualitativo.	Mais adequada para o processo indutivo na pesquisa qualitativa; a literatura não guia nem direciona o estudo, mas se torna útil após a identificação dos padrões ou das categorias.	Essa abordagem é usada em todos os tipos de desenhos qualitativos, mas é mais popular na teoria fundamentada, na qual se contrasta e compara uma teoria com outras encontradas na literatura.

literatura no início de um estudo para direcionar as perguntas ou as hipóteses de pesquisa. Isso também propicia a introdução de um problema ou a descrição detalhada da literatura existente em uma seção intitulada "Literatura relacionada" ou "Revisão da literatura", ou outro título similar. Além disso, a revisão da literatura pode apresentar uma teoria – uma explicação para os relacionamentos esperados entre variáveis (ver Cap. 3) –, descrever a teoria que será utilizada e sugerir por que a utilização de uma teoria é válida. No final de um estudo, o pesquisador revisita a literatura e faz uma comparação entre os resultados encontrados e as evidências existentes na literatura. Nesse modelo, o pesquisador quantitativo usa a literatura dedutivamente como estrutura para as perguntas ou hipóteses de pesquisa.

Em um estudo de *métodos mistos*, o pesquisador utiliza uma abordagem qualitativa ou quantitativa da literatura, dependendo da estratégia que esteja utilizando. Em uma abordagem sequencial, o método utilizado em cada fase da pesquisa dita como a literatura deve ser apresentada. Por exemplo, se a primeira fase do estudo for quantitativa, provavelmente o investigador incluirá uma revisão substancial da literatura para ajudar a estabelecer uma justificativa para as perguntas ou hipóteses de pesquisa. Se a primeira fase for qualitativa, a literatura será substancialmente menor, e o pesquisador poderá incorporá-la mais ao final do texto, o que indica uma abordagem indutiva. Se o pesquisador propuser um estudo convergente, que dê peso e ênfase iguais aos dados qualitativos e quantitativos, poderá apresentar a literatura de forma qualitativa ou quantitativa. A decisão quanto à maneira de apresentá-la depende do público ao qual o estudo se dirige e do seu interesse e também dos estudantes de pós-graduação e seus orientadores. Resumindo, a literatura usada em um estudo com métodos mistos será baseada nas abordagens utilizadas e no peso relativo atribuído a elas.

Nossas sugestões para o uso da literatura no planejamento de um estudo qualitativo, quantitativo ou de métodos mistos são as seguintes:

- Em um estudo qualitativo, apresente a literatura parcimoniosamente no início para transmitir a estrutura de um estudo indutivo, a menos que o tipo de desenho requeira um direcionamento substancial da literatura desde os primeiros momentos.
- Pense sobre qual posição no texto é a mais apropriada para a literatura em um estudo qualitativo e decida de acordo com o público-alvo. Tenha em mente as opções: apresentá-la no início para estruturar o problema, colocá-la em uma seção separada ou usá-la no final para comparar com os resultados.
- Utilize a literatura de forma dedutiva em um estudo quantitativo para desenvolver as perguntas e hipóteses de pesquisa.
- Em uma pesquisa quantitativa, utilize a literatura para introduzir o estudo, apresentar uma teoria, descrever a literatura relacionada em uma seção separada e comparar os resultados.
- Em um estudo de métodos mistos, apresente a literatura conforme a abordagem de pesquisa, quantitativa ou qualitativa, que prevalece no estudo.
- Independentemente do tipo de estudo, pense sobre o tipo de revisão de literatura a ser conduzido, como integrativo, crítico, que associa tópicos ou identifica questões centrais.

Técnicas de desenho

Independentemente do tipo de estudo, há vários passos úteis para conduzir uma revisão da literatura.

Passos para conduzir uma revisão da literatura

Revisar a literatura significa localizar e resumir os estudos sobre um tópico. Na maioria das vezes, eles são artigos de pesquisa (já que você está conduzindo uma pesquisa), mas podem também ser artigos conceituais ou de opinião que propiciem a reflexão sobre os tópicos de interesse. Não há uma única maneira de conduzir uma revisão da literatura, mas muitos acadêmicos procedem de modo sistemático para localizar, avaliar e resumi-la. Eis a maneira que recomendamos:

1. Comece identificando as palavras-chave, o que serve para localizar os materiais em uma biblioteca de faculdade ou

universidade. Essas palavras-chave podem emergir ao se identificar um tópico de interesse ou resultar de leituras preliminares.

2. Com essas palavras-chave, use seu computador para começar a explorar os bancos de dados e buscar títulos (i.e., periódicos e livros) no catálogo. A maioria das grandes bibliotecas tem bancos de dados digitais, e sugerimos se concentre inicialmente em procurar periódicos e livros relacionados ao seu tópico de pesquisa. Os bancos de dados mais gerais, como Google Scholar, Web of Science, EBSCO, ProQuest e JSTOR, abrangem uma ampla gama de disciplinas. Outros bancos de dados, como ERIC, Sociofile ou PsycINFO, remetem a disciplinas específicas.
3. Em um primeiro momento, tente localizar cerca de 50 relatórios de pesquisa em artigos ou livros relacionados ao seu tópico. Filtre a busca por artigos de periódicos e por livros, pois são mais fáceis de localizar e obter. Verifique se esses artigos e livros estão disponíveis na biblioteca da sua faculdade ou universidade ou se você precisa retirá-los em outra biblioteca ou comprá-los em uma livraria.
4. Dê uma olhada nesse grupo inicial de artigos ou de capítulos e busque aqueles que são fundamentais para seu tópico. Nesse processo, tente perceber de forma geral se o artigo ou capítulo contribuirá para seu entendimento da literatura.
5. Depois de identificar materiais úteis, comece a montar um **mapa da literatura** (discutido detalhadamente mais adiante). Ele é um esquema visual dos agrupamentos desse recorte da literatura e ilustra como o seu estudo vai contribuir para a discussão existente, posicionando-o dentro do grande corpo de pesquisa.
6. À medida que for montando o mapa da literatura, comece também a rascunhar resumos dos artigos mais importantes. Eles serão acrescentados à revisão final da literatura que você escreverá para sua proposta de pesquisa. Inclua referências exatas da literatura usando um guia de estilo de formatação apropriado, como o *Manual de publicação da APA* (American Psychological Association [APA], 2010) para ter uma lista completa de referências ao final do estudo.
7. Depois de resumir a literatura, reúna essa revisão e estruture-a tematicamente ou de acordo com conceitos importantes. Finalize a revisão de literatura com um resumo dos principais temas e sugira como seu estudo pode contribuir para literatura e como ele lida com as lacunas existentes. O resumo também deve apontar os métodos (i.e., a coleta e análise dos dados) que precisam ser empregados. Nesse ponto, você também pode apresentar uma crítica à literatura, indicando lacunas e problemas nos métodos já utilizados (ver Boote e Beile, 2005).

Busca em bancos de dados digitais

Para facilitar o processo de busca por materiais relevantes, há algumas técnicas que auxiliam a acessar a literatura de forma rápida. Os **bancos de dados digitais da literatura** estão atualmente disponíveis na internet e dão acesso a milhares de revistas, artigos de eventos acadêmicos e materiais sobre muitos tópicos diferentes. Bibliotecas universitárias de grandes universidades adquiriram acesso a bancos de dados comerciais e também de domínio público. Examinamos aqui apenas alguns dos principais bancos de dados disponíveis, mas esses são as principais fontes para artigos de periódicos e documentos que recomendamos consultar para delinear a literatura existente sobre seu tópico.

O ERIC é uma biblioteca digital *on-line* gratuita de pesquisa em educação, patrocinada pelo Institute of Education Sciences (IES) do Ministério da Educação dos Estados Unidos. Esse banco de dados está disponível em http://www.eric.ed.gov e oferece 1,2 milhão de itens indexados desde 1966. A coleção inclui artigos de periódicos, livros, sínteses de pesquisa, artigos de eventos acadêmicos, relatórios técnicos, documentos normativos e outros materiais relacionados à educação. O ERIC tem uma listagem de centenas de periódicos, com *links* para o texto integral da maior parte dos materiais. Para utilizar o ERIC eficientemente, é importante identificar os descritores apropriados para seu tópico, que são os termos utilizados pelos indexadores para categorizar o artigo ou os documentos. Você pode realizar sua busca por meio do *Thesaurus of ERIC Descriptors*

(Educational Resources Information Center, 1975) ou navegar pelo *thesaurus on-line*. Uma **dica de pesquisa** para conduzir sua busca no ERIC é localizar artigos e documentos recentes sobre seu tópico. Essa estratégia pode ser aprimorada se você realizar uma busca preliminar com descritores do *thesaurus on-line* e selecionar um artigo ou documento sobre seu tópico. Observe atentamente quais descritores foram usados nesse artigo ou documento e faça outra busca utilizando esses mesmos termos. Esse procedimento vai maximizar a possibilidade de obter uma boa lista de artigos para sua revisão da literatura.

Outro banco de dados gratuito é o Google Scholar. Ele proporciona um caminho para uma ampla busca da literatura em muitas disciplinas e fontes, como artigos revisados por pares, teses, livros, resumos e artigos de editoras universitárias, sociedades profissionais, universidades e outras organizações acadêmicas. Os artigos identificados em uma busca no Google Scholar apresentam *links* para resumos, artigos relacionados e versões eletrônicas de artigos afiliados a uma biblioteca que você especifique, buscas na internet por informações sobre essa obra e oportunidades para comprar o texto integral do artigo.

Resumos de publicações na área das ciências da saúde podem ser encontradas por meio do PubMed, com acesso livre. Esse banco de dados é um serviço da U.S. National Library of Medicine e inclui mais de 17 milhões de citações do MEDLINE e revistas de ciências da vida relacionando artigos biomédicos publicados desde a década de 1950 (www.ncbi.nlm.nih.gov). O PubMed inclui *links* para artigos de texto integral (localizados nas bibliotecas universitárias) e outros recursos relacionados. Para fazer uma busca no PubMed, use os termos do MeSH (Medical Subject Headings), o *Thesaurus* do vocabulário controlado da U.S. National Library of Medicine usado para indexar artigos para o MEDLINE e para o PubMed. Essa terminologia do MeSH é uma maneira consistente de recuperar informações sobre tópicos que podem ser descritos por diferentes termos.

Na internet também é possível acessar outros programas de busca na literatura. Um deles é o ProQuest (http://proquest.com), um dos maiores repositórios do mundo de conteúdo *on-line*, que permite pesquisar em muitos bancos de dados diferentes. Outro programa é o EBSCO, um serviço de busca *on-line* pago, que inclui bancos de dados com textos integrais, índices por assunto, referências médicas de postos de atendimento, arquivos históricos digitais e *e-books*. A empresa oferece mais de 350 bancos de dados e quase 300.000 *e-books*. Nas bibliotecas universitárias, também é possível acessar o ERIC, PsycINFO, Dissertation Abstracts, Periodicals Index, Health and Medical Complete e muitos outros bancos de dados especializados (p. ex., o International Index to Black Periodicals). Já que o EBSCO dá acesso a muitos bancos de dados diferentes, é interessante usá-lo antes de acessar bancos de dados mais especializados.

Outro banco de dados com licença comercial encontrado em muitas bibliotecas universitárias é o *Sociological Abstracts* (Cambridge Scientific Abstracts, www.csa.com). Esse banco de dados lista mais de 2 mil periódicos, artigos de congressos, dissertações relevantes, críticas de livros e livros selecionados de sociologia, de assistência social e de disciplinas relacionadas. Para a literatura no campo da psicologia e de áreas afins, consulte outro banco de dados comercial, o PsycINFO (www.apa.org). Ele oferece 2.150 títulos de periódicos, livros e dissertações de muitos países e abrange os campos da psicologia, aspectos psicológicos da fisiologia, linguística, antropologia, administração e direito. Há um *Thesaurus of Psychological Index Terms* para a localização de termos úteis para uma busca por literatura.

O Psychological Abstracts (American Psychological Association [APA], 1927-) e o PsycINFO (apa.org) oferecem fontes importantes para a localização de artigos de pesquisa sobre tópicos amplamente relacionados à psicologia. O PsycINFO está disponível por meio das bibliotecas e pode ser acessado por outros serviços, como o EBSCO, Ovid ou ProQuest. O PsycINFO processa aproximadamente 2.500 periódicos em 22 grandes categorias e fornece citações bibliográficas, resumos para artigos científicos, dissertações, relatórios técnicos, livros e capítulos de livros publicados no mundo inteiro. Similar a um registro no ERIC, um resumo no PsycINFO inclui *identificadores* de expressões-chave, além do autor, título, fonte e um breve resumo do artigo.

Outro banco de dados comercial disponível nas bibliotecas é o *Social Sciences Citation Index* (SSCI, Web of Knowledge, Thomson Scientific [http://isiwebofknowledge.com]). Ele oferece 1.700 periódicos de 50 disciplinas e organiza seletivamente itens relevantes de mais de 3.300 revistas científicas e técnicas. Ele pode ser utilizado para localizar artigos e autores que conduziram pesquisa sobre um determinado tópico. Essa base é especialmente útil para localizar estudos que fizeram referência a um estudo importante. O SSCI permite rastrear todos os estudos relacionados desde a publicação do estudo principal que citou a obra. Com esse sistema, você pode desenvolver uma lista cronológica das referências que documentam a evolução histórica de uma ideia ou estudo. Essa lista cronológica pode ser importante para rastrear o desenvolvimento de ideias sobre a revisão de literatura de seu tópico.

Em resumo, nossas **dicas de pesquisa** para a busca em bancos de dados digitais são as seguintes:

- Utilize tanto os bancos de dados de literatura gratuitos quanto os disponíveis em sua biblioteca universitária.
- Busque em vários bancos de dados, mesmo que ache que seu tópico não esteja estritamente relacionado à educação, como no ERIC, ou à psicologia, como no PsycINFO. Tanto o ERIC quanto o PsycINFO encaram a educação e a psicologia como termos amplos para muitos tópicos.
- Utilize guias de termos, como um *Thesaurus*, quando disponível, para localizar seus artigos.
- Localize um artigo que seja relacionado a seu tópico, examine os termos usados para descrevê-lo e use-os em sua próxima busca.
- Utilize o máximo possível bancos de dados que ofereçam acesso a textos integrais de artigos (por meio de bibliotecas universitárias, de sua conexão a uma biblioteca via internet ou do pagamento de uma taxa) para reduzir o tempo de busca por cópias dos artigos de seu interesse.

Uma prioridade para a seleção do material da literatura

Recomendamos que você estabeleça uma prioridade na busca da a literatura. Quais tipos de literatura podem ser examinados e com qual prioridade? Considere o seguinte:

1. Especialmente se você estiver estudando um tópico pela primeira vez e não tiver informações do que já foi pesquisado sobre ele, comece com uma síntese ampla da literatura, como as ideias gerais encontradas em enciclopédias (p. ex., Aikin, 1992; Keeves, 1988). Procure também explicações concisas da literatura sobre seu tópico em artigos de periódico ou em compilações de resumos (p. ex., *Annual Review of Psychology, 1950-*).
2. Em seguida, recorra a artigos de periódicos nacionais respeitados, especialmente os que relatem estudos de pesquisa. Por *pesquisa*, entendemos que o autor ou autores propõem uma pergunta ou hipótese, coletam dados e tentam responder a pergunta ou confirmar a hipótese. No seu campo de pesquisa, há periódicos bastante lidos que geralmente são publicados com um conselho editorial de alta qualidade, formado por indivíduos de todo o país ou do exterior. Ao examinar as primeiras páginas, é possível determinar se há um conselho editorial e de onde são os indivíduos que o compõem. Comece com os números mais recentes desses periódicos e procure estudos sobre seu tópico, depois busque estudos mais antigos. Busque nas referências no final dos artigos mais fontes para ler.
3. Recorra a livros relacionados ao seu tópico. Comece com monografias de pesquisa que resumam a literatura acadêmica. Depois procure livros inteiros sobre um único tópico, de um ou mais autores, ou livros que contenham capítulos escritos por diferentes autores.
4. Continue essa busca em artigos de eventos acadêmicos recentes. Procure grandes eventos nacionais e os trabalhos apresentados nelas. Na maioria das vezes, os artigos em eventos relatam os últimos desenvolvimentos de pesquisas. Muitos eventos solicitam que os autores submetam seus

textos para serem incluídos em índices digitais. Entre em contato com os autores de estudos relevantes. Procure-os em eventos. Escreva ou telefone para eles, perguntando-lhes se conhecem estudos relacionados a sua área de interesse e se têm algum instrumento que possa ser usado ou modificado em seu estudo.

5. Se o tempo permitir, dê uma olhada nas entradas no *Dissertation Abstracts* (University Microfilms, 1938-). A qualidade das dissertações varia imensamente, por isso é preciso escolher algumas para examinar. Essa busca nos *Abstracts* pode resultar em uma ou duas dissertações importantes, as quais você pode pegar emprestadas em bibliotecas ou na University of Michigan Microfilm Library.
6. A internet também oferece materiais úteis para revisar a literatura. Essa fonte é atrativa graças ao fácil acesso e à possibilidade de se obterem artigos inteiros. Entretanto, é necessário examinar atentamente a qualidade dos artigos e ter cautela ao verificar se relatam uma pesquisa rigorosa, criteriosa e sistemática. Por outro lado, os periódicos *on-line* frequentemente incluem artigos que foram revisados rigorosamente por conselhos editoriais. Verifique se os periódicos têm um conselho editorial que avalie os manuscritos e que tenha publicado seus critérios de aceitação de manuscritos.

Em suma, artigos de periódicos avaliados por pares estão no topo da lista porque são os mais fáceis de localizar e reproduzir. Além disso, eles relatam estudos sobre um tópico. Dissertações e teses são listadas em um nível menor de prioridade porque variam consideravelmente na qualidade e são o material de leitura mais difícil de localizar e reproduzir. Deve-se ter cautela deão escolher artigos de periódicos na internet, a menos que façam parte das revistas *on-line* avaliadas por especialistas.

Um mapa da literatura da pesquisa

Uma das primeiras tarefas de um pesquisador que inicia um estudo sobre um tópico novo é organizar a literatura. Como foi anteriormente mencionado, essa organização permite compreender como o trabalho proposto contribui para a pesquisa na área, amplia os estudos realizados ou replica seus resultados.

Nessa etapa, é útil montar um mapa da literatura. Essa é uma ideia que desenvolvemos há vários anos e achamos ser útil para os estudantes organizarem sua revisão de literatura para apresentá-la ao corpo docente, em um evento acadêmico ou para escrever um artigo para publicação em um periódico.

Esse mapa resume visualmente a pesquisa que já foi conduzida por outros e é geralmente representado por uma figura. Mapas são organizados de diferentes maneiras. Uma delas pode ser uma estrutura hierárquica iniciando na parte mais geral e se estendendo até a mais específica da literatura, terminando com o estudo proposto. Outra maneira pode ser similar a um fluxograma, em que a literatura se desdobra da esquerda para a direita e que a seção mais à direita apresenta o estudo proposto. Um terceiro modelo pode ser um conjunto de círculos, cada um deles representando um campo da literatura, e a intersecção dos círculos, o local em que a pesquisa futura está posicionada. Já vimos exemplos de todas essas possibilidades, e todas são eficazes.

O objetivo principal é que o pesquisador comece a construir um esquema visual da pesquisa existente sobre um tópico. Esse mapa da literatura apresenta uma visão geral da literatura. A Figura 2.1 é uma ilustração de um mapa que apresenta a literatura sobre justeza procedimental em estudos organizacionais (Janovec, 2001). O mapa de Janovec ilustra um desenho hierárquico, e ela utilizou vários princípios para a montagem de um bom mapa.

- Ela colocou o tópico de pesquisa no topo do mapa.
- Em seguida, ela procurou cópias dos estudos que encontrou na literatura e organizou-os em três amplos subtópicos (i.e., formação de percepções de justiça, efeitos de justiça e a justiça na mudança organizacional). Para outro mapa, o pesquisador pode ter mais ou menos do que três categorias principais, dependendo da extensão e do número de publicações sobre o tópico.
- Cada categoria tem um rótulo que descreve a natureza desses estudos (p. ex., resultados).

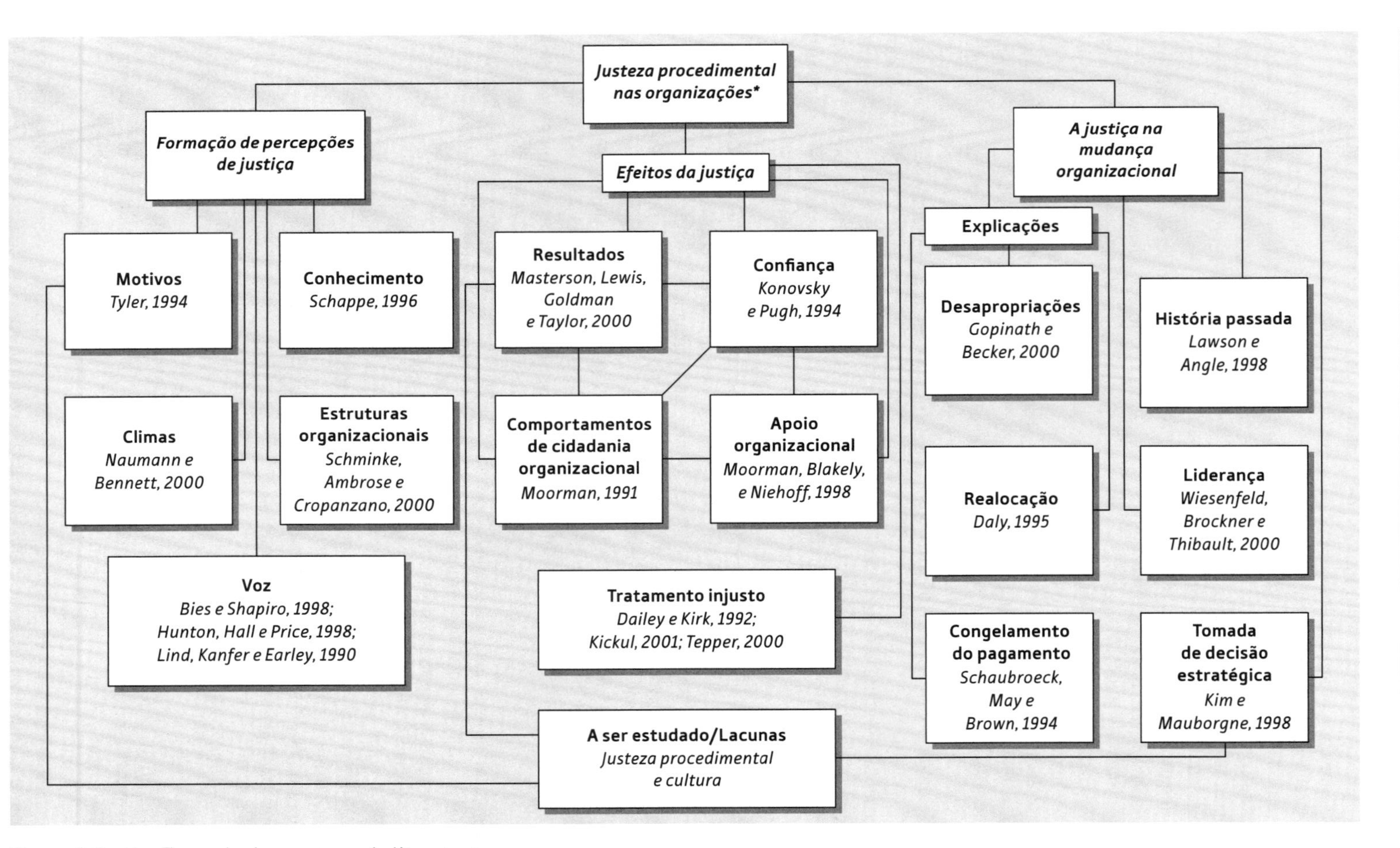

Figura 2.1 Um Exemplo de um mapa da literatura.

*Preocupações dos empregados sobre a justeza e a tomada de decisões diretivas.
Fonte: Janovec (2001). Reprodução autorizada.

- Também cada categoria contém referências às principais citações que ilustram seu conteúdo. Recomendamos utilizar referências atuais que ilustrem o tópico em questão e apresentá-la sem um estilo de formatação apropriado, como o da APA (APA, 2010).
- Pense sobre os vários níveis do seu mapa da literatura. Em outras palavras, os tópicos mais gerais conduzem a subtópicos e depois a sub-subtópicos.
- Algumas seções do mapa vão estar mais desenvolvidas do que outras. Esse desenvolvimento depende da quantidade de literatura disponível e do quão profundamente ela foi investigada.
- Depois de organizar a literatura em um diagrama, Janovec (2001) considerou as seções do mapa que proporcionavam um trampolim para seu próprio estudo. Ela colocou a categoria "Lacunas" (ou proposta de estudo) na parte de baixo do mapa, identificou brevemente a natureza dessa ideia de estudo (Justeza Procedimental e Cultura) e então conectou-a com linhas à literatura existente que seu estudo *ampliaria*. Ela se baseou em ideias escritas por outros pesquisadores na seção de pesquisas futuras, geralmente ao final de artigos, para propor um novo estudo.
- Inclua estudos quantitativos, qualitativos e de métodos mistos em seu mapa da literatura.
- Escreva um breve texto descrevendo em forma de narrativa o seu mapa iniciando com o seu tópico (o topo do mapa), os bancos de dados que você revisou, o tópico mais geral da literatura, o tópico específico que você planeja estudar (a parte de baixo do mapa) e como o seu tópico se relaciona com várias áreas na literatura (as linhas que conectam o seu estudo a outros trabalhos para os quais ele contribui e de que forma o faz).

Compor um mapa da literatura pode ser desafiador. É possível que quem veja esse mapa não esteja familiarizado com essa estratégia de organização da literatura e de defender o seu estudo. É preciso informar a intenção desse mapa. Desenvolver um mapa como esse e localizar a literatura para adicionar a ele exige tempo. Para um mapa preliminar, recomendamos coletar uns 25 estudos. Para um mapa completo de uma dissertação ou tese, sugerimos o desenvolvimento de um mapa com no mínimo 100 estudos. Também leva tempo descobrir como o seu estudo contribui para a literatura. Ele pode contribuir para a discussão de diversos tópicos de pesquisa em seu mapa da literatura. Porém, nós evitaríamos atrelá-lo a todas as suas subdivisões; selecione uma ou duas delas apenas. Outro desafio pode ser descobrir qual tópico abrangente colocar no topo do mapa. Esse é o tópico ao qual seu mapa da literatura se soma. Pergunte a outras pessoas que conheçam a sua literatura, veja como os estudos se agrupam de acordo com uma síntese da literatura e questione-se sempre sobre para qual campo da literatura o seu estudo está contribuindo. Talvez você tenha que construir diversas versões do seu mapa antes de concluí-lo. Faça seu mapa, escreva a discussão e confira com outras pessoas.

Resumo de estudos

Quando os pesquisadores revisam a literatura para seus estudos, eles localizam artigos e escrevem resumos breves dos materiais utilizados na revisão. Um **resumo** é uma revisão breve da literatura (geralmente um parágrafo curto) que resume os principais elementos para que o leitor entenda os aspectos fundamentais do artigo (ver Exemplo 2.1). Ao desenvolver um resumo, os pesquisadores precisam considerar quais informações extrair e resumir. Isso é importante ao examinar dezenas, talvez centenas, de estudos. Um bom resumo de uma pesquisa publicada em um periódico pode incluir os seguintes aspectos:

- mencionar o problema a ser abordado;
- declarar o objetivo central ou o foco do estudo;
- apresentar brevemente informações sobre a amostra, a população ou os participantes;
- examinar os resultados fundamentais relacionados ao seu estudo;
- caso se trate de uma resenha crítica ou uma revisão de método (Cooper, 2010), indicar as falhas técnicas e metodológicas do estudo.

Esses aspectos podem ser encontrados em determinadas partes do relatório de um estudo

Exemplo 2.1 Resumo na revisão da literatura de um estudo quantitativo

O parágrafo a seguir resume os principais componentes de um estudo quantitativo (Creswell, Seagren e Henry, 1979) de uma maneira geralmente usada em uma seção de literatura de dissertação ou artigo de periódico. Nesta passagem, escolhemos as características-chave a serem resumidas.

Creswell e colaboradores (1979) testaram o modelo de Biglan, um modelo tridimensional que agrupa 36 áreas acadêmicas nas categorias "difícil", "fácil", "pura", "aplicada", "relacionada à vida", e "não relacionada à vida", como um previsor das necessidades de desenvolvimento profissional de diretores de departamento. Oitenta diretores de departamento de quatro faculdades estaduais e de uma universidade do Meio-oeste participaram do estudo. Os resultados mostraram que os diretores de departamento das diferentes áreas acadêmicas diferiam em relação às suas necessidades de desenvolvimento profissional. A partir desses resultados, os autores recomendaram que os diretores que desenvolvem programas internos deveriam considerar as diferenças entre as disciplinas ao planejá-los.

para a escrita do resumo. Em artigos bem estruturados de periódicos, o problema e os objetivos de pesquisa são explicitamente apresentados na introdução. As informações sobre a amostra, a população ou os participantes podem ser encontradas em uma seção dedicada ao método (ou procedimentos), e os resultados são frequentemente relatados mais ao final do texto. Na seção de resultados, procure passagens em que os pesquisadores relatam informações que respondam ou estejam relacionadas às perguntas ou hipóteses de pesquisa. Em estudos longos, com extensão de livro, procure esses mesmos aspectos.

O resumo inicia com uma referência formatada de acordo com o estilo sugerido no *Publication Manual* da APA (APA, 2010). Em seguida, examinamos o propósito central do estudo e apresentamos informações sobre a coleta de dados. O resumo termina apontando os principais resultados e indicando suas implicações práticas.

Como são feitos os resumos de ensaios, artigos de opinião, tipologias e sínteses de literatura já que não são estudos de pesquisa? As informações a serem extraídas desses estudos não empíricos seriam as seguintes:

- mencionar o problema que está sendo abordado pelo artigo ou livro;
- identificar o tema central do estudo;
- apontar as principais conclusões relacionadas a esse tema;
- se for uma revisão metodológica, mencionar as falhas na argumentação, na lógica, na força do argumento, etc.

O Exemplo 2.2 ilustra a inclusão desses aspectos:

Nesse exemplo, os autores citaram o estudo com uma referência no texto, mencionaram o problema ("a capacidade de um hospital de se adaptar a mudanças"), identificaram o tema central ("um processo que chamam de análise ambiental") e apresentaram as conclusões relacionadas a esse tema (p. ex., "nenhum modelo conceitual", "desenvolveram a tipologia").

Manuais de estilo

Nesses dois exemplos, mencionamos o uso de um estilo de formatação adequado, como o da APA, para construir a referência ao artigo no início do resumo. Os **manuais de estilo** apresentam diretrizes para a criação de um estilo acadêmico de formatação de textos, por exemplo um formato consistente para citar as referências, criar títulos, apresentar tabelas e figuras e utilizar linguagem não discriminatória. Um princípio básico na escrita da revisão da literatura é usar um estilo de formatação de referências apropriado e consistente. Ao identificar um documento útil, monte uma referência

Exemplo 2.2 Resumo de revisão da literatura em um estudo tipológico

Sudduth (1992) realizou uma dissertação com métodos quantitativos em ciência política sobre o uso de adaptação estratégica em hospitais rurais. Ele apresentou a revisão de literatura em vários capítulos no início do estudo. Para exemplificar o resumo de um estudo isolado que desenvolve uma tipologia, Sudduth resumiu o problema, o tema e a tipologia:

> Ginter, Duncan, Richardson e Swayne (1991) reconhecem o impacto do ambiente externo na capacidade de um hospital de se adaptar a mudanças. Eles defendem um processo que chamam de análise ambiental, que permite à organização determinar estrategicamente as melhores reações a mudanças no ambiente. Entretanto, depois de examinar as várias técnicas usadas na análise ambiental, parece que nenhum esquema conceitual ou modelo computacional que realize uma análise completa das questões ambientais foi desenvolvido (Ginter et al., 1991). O resultado é parte essencial de mudanças estratégicas e baseia-se intensamente em um processo de avaliação não quantificável e crítico. Para ajudar o administrador do hospital a avaliar criteriosamente o ambiente externo, Ginter e colaboradores (1991) desenvolveram a tipologia apresentada na Figura 2.1. (p. 44)

completa dessa fonte, usando um estilo adequado. No caso de estudos de pós-graduação, os estudantes devem buscar a orientação do corpo docente, dos membros dos programas de pós-graduação ou dos funcionários do departamento ou da faculdade sobre qual estilo de formatação escolher para citar as referências.

O *Manual de publicação da APA* (APA, 2010) é o manual de estilo mais popular nos campos da educação e da psicologia nos Estados Unidos. O *Chicago Manual of Style* (University of Chicago Press, 2010) também é usado, mas, nas ciências sociais, menos frequentemente do que o da APA. Alguns periódicos desenvolveram suas próprias variações desses estilos. Recomendamos identificar um estilo que seja bem aceito pelo seu público-alvo e adotá-lo desde o início da escrita, já no planejamento.

As considerações mais importantes em relação ao estilo envolvem o uso de citações no corpo do texto, no final do texto, nos títulos, figuras e tabelas. Seguem algumas sugestões para o uso de estilos de formatação para a escrita acadêmica:

- Ao usar referências no corpo do texto, preste atenção aos diferentes formatos para cada tipo de referência, em especial ao formato das citações com múltiplos autores.
- Ao usar referências no final do texto, observe se o estilo requer que elas sejam apresentadas em ordem alfabética ou numeradas. Além disso, certifique-se de que cada citação no corpo do texto seja acompanhada de uma referência ao final do texto.
- Em um texto acadêmico, as seções são ordenadas em níveis. Primeiro, observe quantos níveis você terá em seu trabalho escrito. Depois, consulte o manual de estilo para se informar sobre o formato adequado de cada um deles. Em geral, os relatórios de pesquisa contêm entre dois e quatro níveis de seções.
- Se utilizar notas de rodapé, consulte o manual de estilo para verificar onde devem estar localizadas. As notas de rodapé são usadas menos frequentemente em textos acadêmicos do que eram há alguns anos. Se for incluí-las, observe se serão inseridas no final da página, de cada capítulo ou do texto.
- Tabelas e figuras têm um formato específico em cada estilo. Observe características como linhas e títulos em negrito e espaçamento nos exemplos apresentados nos manuais.

Em resumo, o aspecto mais importante da utilização de um estilo de formatação é manter a consistência de uso em toda a extensão do trabalho.

A definição de termos

Outro tópico relacionado à revisão da literatura é a identificação e a definição dos termos que os leitores vão precisar saber para entender a sua proposta de estudo. Uma seção de **definição de termos** pode ser encontrada separada da revisão da literatura, incluída como parte da revisão da literatura ou colocada em diferentes seções de um projeto.

Defina os termos que as pessoas de fora do seu campo de estudo possam não entender e que extrapolem a linguagem comum (Locke, Spirduso e Silverman, 2013). Evidentemente, cada pesquisador irá decidir quais termos irá definir, mas vale definir um termo se houver qualquer probabilidade de os leitores não conhecerem seu significado. Além disso, defina-os quando aparecerem pela primeira vez, para que o leitor não prossiga na leitura do estudo com um conjunto de definições em mente e descubra, mais adiante, que o autor estava utilizando um conjunto diferente. Como comentou Wilkinson (1991), "os cientistas definem claramente os termos para pensar com clareza sobre suas pesquisas e comunicar suas descobertas e ideias com precisão." (p. 22). Definir os termos usados também torna um estudo científico mais exato, como declara Firestone (1987):

> As palavras da linguagem cotidiana são ricas em múltiplos significados. Como outros símbolos, seu poder vem da combinação de significados em um contexto específico... A linguagem científica remove ostensivamente essa multiplicidade de significados das palavras no interesse da precisão. Essa é a razão pela qual são atribuídos aos termos comuns "significados técnicos" para propósitos científicos. (p. 17)

Em função dessa necessidade de precisão, os termos estão descritos já na introdução dos artigos. Nas propostas de dissertações e de teses, geralmente os termos são definidos em uma seção especial do estudo. A justificativa é que, na pesquisa formal, os estudantes devem ser exatos sobre como utilizam a linguagem e os termos. A boa ciência é constituída da necessidade de fundamentar o raciocínio em definições consagradas.

Defina os termos introduzidos em todas as seções do plano de pesquisa:

- O título do estudo
- A declaração do problema
- A descrição do objetivo
- As perguntas, as hipóteses ou os objetivos de pesquisa
- A revisão da literatura
- A teoria que constitui a base do estudo
- A seção de métodos

Há termos especiais que precisam ser definidos em todos os três tipos de estudos: qualitativos, quantitativos e de métodos mistos.

- Nos estudos qualitativos, por causa do desenho metodológico indutivo que está em evolução, os investigadores talvez definam poucos termos no início, embora possam propor definições temporárias. Em vez disso, temas (ou perspectivas ou dimensões) podem emergir pela análise dos dados. Na seção de procedimentos, os autores definem esses termos à medida que aparecem durante o processo de pesquisa. Essa abordagem visa a adiar a definição dos termos até que eles apareçam no estudo e torna essas definições difíceis de especificar nas propostas de pesquisa. Por essa razão, frequentemente as propostas qualitativas não incluem seções separadas para a definição de termos. Em vez disso, os autores propõem definições provisórias e qualitativas antes de irem a campo.
- Por outro lado, os estudos quantitativos, que operam mais dentro do modelo dedutivo com objetivos de pesquisa fixos e já estabelecidos, incluem definições extensivas desde o início da proposta de pesquisa. Os investigadores podem colocá-los em seções separadas e defini-los com precisão. Os pesquisadores tentam definir de forma abrangente todos os termos relevantes no início do estudo e utilizar as definições aceitas que são encontradas na literatura.
- Nos estudos de métodos mistos, as definições podem vir em uma seção separada se o estudo iniciar com uma primeira fase

de coleta de dados quantitativos. Se começar com uma coleta de dados qualitativos, então os termos podem emergir durante a pesquisa e serão definidos na seção de resultados do relatório final. Se a coleta de dados quantitativos e qualitativos ocorrer simultaneamente, então a prioridade dada a um método ou a outro é que vai direcionar a abordagem das definições. Entretanto, em todos os estudos de métodos mistos, há termos que podem não ser familiares aos leitores – por exemplo, a definição de um estudo de métodos mistos em si na discussão dos procedimentos (ver Cap. 10). Além disso, é importante esclarecer os termos relacionados ao desenho de pesquisa usado, como concomitante ou sequencial, e o seu nome específico (p. ex., estudo convergente paralelo, conforme discutido no Cap. 10).

Nenhuma abordagem determina como uma pessoa define os termos em um estudo, mas temos várias sugestões (ver também Locke et al., 2013):

- Defina um termo quando ele aparecer pela primeira vez no seu texto. Na introdução, por exemplo, um termo pode requerer esclarecimento para ajudar o leitor a entender o problema de pesquisa e as perguntas ou hipóteses do estudo.
- Escreva as definições de forma operacional específica ou aplicada. As definições operacionais são escritas em uma linguagem específica, em vez de se utilizar explicações abstratas e conceituais. Como a seção de definições em uma dissertação é uma oportunidade para o autor ser específico sobre os termos usados no estudo, é preferível usar definições operacionais.
- Não defina os termos em linguagem cotidiana; em vez disso, use a linguagem de pesquisa aceita que está disponível na literatura. Assim, os termos serão fundamentados na literatura, e não inventados (Locke et al., 2013). É possível que a definição precise de um termo que não esteja disponível na literatura e que a linguagem cotidiana precise ser usada. Nesse caso, insira a definição e use o termo consistentemente durante todo o projeto e o estudo (Wilkinson, 1991).
- Os pesquisadores podem definir termos para atingirem objetivos diferentes. Uma definição pode descrever uma palavra da linguagem comum (p. ex., organização). Pode também estar relacionada a uma limitação (p. ex., o currículo pode estar limitado). Ela pode estabelecer um critério (p. ex., uma média de pontuação alta) e também pode definir um termo operacionalmente (p. ex., o reforço vai se referir à listagem).
- Embora não exista um formato único para definir os termos, uma abordagem seria construir uma seção separada, chamada "Definição de termos", e relacionar claramente os termos e suas definições destacando o termo. Dessa maneira, um significado constante é designado à palavra (Locke et al., 2013). Geralmente, essa seção não tem mais do que duas ou três páginas.

Os Exemplos 2.3 e 2.4 ilustram meios variados de definir termos em um estudo.

Uma revisão da literatura de métodos quantitativos ou mistos

Quando se escreve uma revisão de literatura, é difícil determinar a quantidade de literatura a ser revista. Para lidar com esse problema, desenvolvemos um modelo que oferece parâmetros para a revisão de literatura, especialmente quando ela pode ser utilizada para um estudo quantitativo ou de métodos mistos que empregue uma seção padronizada de revisão de literatura. Em um estudo qualitativo, é possível explorar aspectos do fenômeno central que está sendo tratado e fazer divisões em tópicos. Entretanto, a revisão da literatura de um estudo qualitativo, como foi discutido anteriormente, pode ser posicionada no texto de várias maneiras (p. ex., como uma justificativa para o problema de pesquisa, como uma seção separada, como uma discussão que permeia todo o estudo, como uma comparação com outros resultados).

Para um estudo quantitativo ou para a parte quantitativa de um estudo de métodos mistos, escreva uma revisão de literatura que contenha seções sobre a literatura relacionada às suas variáveis independentes e dependentes e

Exemplo 2.3 Termos definidos em uma seção de variáveis independentes

Estes dois exemplos ilustram uma forma breve de escrever definições para um estudo. O primeiro exemplifica uma definição operacional específica de um termo-chave, e o segundo, uma definição procedimental. Vernon (1992) estudou como o divórcio causa impactos nos relacionamentos dos avós com seus netos quando ocorre na geração intermediária. Essas definições foram incluídas em uma seção sobre variáveis independentes.

Relacionamento de proximidade com os netos

Relacionamento de proximidade com os netos refere-se ao fato de os avós serem maternos ou paternos. A pesquisa anterior (p. ex., Cherlin e Furstenberg, 1986) sugere que os avós maternos tendem a ser mais próximos a seus netos.

Sexo dos avós

Observou-se que ser um *avô* ou uma *avó* é um fator importante no relacionamento avô(avó)/neto(a) (i.e., as avós tendem a ser mais envolvidas do que os avôs, o que se imagina estar relacionado ao papel de cuidadora das mulheres dentro da família) (p. ex., Hagestad, 1988, p. 35-36).

Exemplo 2. 4 Termos definidos em uma dissertação de métodos mistos

Este exemplo ilustra uma longa definição de um termo apresentada em um estudo de métodos mistos em uma seção do primeiro capítulo, introduzindo o estudo.

VanHorn-Grassmeyer (1998) estudou como 119 novos profissionais de supervisão acadêmica em faculdades e em universidades realizam reflexão – individual ou colaborativamente. Ela entregou-lhes questionários para responderem e também realizou entrevistas aprofundadas com eles. Como estudou a reflexão individual e colaborativa entre os profissionais de supervisão acadêmica, apresentou definições detalhadas desses termos no início do estudo. Ilustramos a seguir dois de seus termos. Observe, a seguir, como ela fez a referência de suas definições utilizando significados criados por outros autores na literatura.

Reflexão individual

Schon (1983) dedicou todo um livro a conceitos que chamou de pensamento reflexivo, reflexão na ação e prática reflexiva; isso depois de ter escrito um livro uma década antes com Argyris (Argyris e Schon, 1978) para introduzir esses conceitos. Por isso, foi difícil conseguir uma definição concisa do entendimento desse pesquisador sobre a reflexão individual que fizesse justiça a algo que a maioria muito apropriadamente havia identificado como um ato intuitivo. Entretanto, as características mais salientes da reflexão individual, para os propósitos deste estudo, foram as três seguintes: (a) um "talento artístico para a prática" (Schon, 1983); (b) como uma pessoa pratica abertamente o que sabe intuitivamente; (c) como um profissional melhora sua prática por meio do discurso construído na mente.

Profissional de supervisão acadêmica

Profissionais foram descritos de muitas maneiras. Uma descrição identificou um indivíduo que exibia "um alto grau de capacidade de julgamento independente, com base em um corpo de ideias, perspectivas, informações, normas e hábitos coletivos e aprendidos [e que está engajado no saber profissional]" (Baskett e Marsick, 1992, p. 3). Os profissionais de supervisão acadêmica exibiam esses traços no serviço aos alunos de uma instituição de educação superior, em qualquer uma das várias funções que apoiam o sucesso acadêmico e cocurricular (p. 11-12).

a estudos que as relacionem (há mais informações sobre as variáveis no Cap. 3). Essa abordagem parece adequada para dissertações e para a seção de literatura de um artigo de periódico. Considere uma revisão da literatura composta de cinco componentes: (a) uma introdução, (b) tópico 1 (sobre a variável independente), (c) tópico 2 (sobre a variável dependente), (d) tópico 3 (estudos que tratam tanto da variável independente quanto da dependente) e (e) um resumo. Seguem mais detalhes sobre cada seção:

1. Introduza a revisão informando o leitor sobre as seções em que está dividida. Assim, você explica a organização da seção.
2. Examine o tópico 1, que trata da literatura acadêmica sobre a(s) variável(is) *independente(s)*. Quando há várias variáveis independentes, considere usar subseções ou concentre-se na variável mais importante. Lembre-se de tratar apenas da literatura sobre a variável independente; neste modelo, mantenha a literatura sobre as variáveis independentes e dependentes separada.
3. Examine o tópico 2, que incorpora a literatura acadêmica sobre a(s) variável(is) *dependente(s)*. Se houver muitas variáveis dependentes, escreva as subseções sobre cada variável ou concentre-se em uma única variável.
4. Examine o tópico 3, que inclui a literatura acadêmica que relaciona a variável independente à dependente. Aqui estamos no ponto crucial do estudo que você está propondo. Por isso, esta seção deve ser relativamente curta e conter estudos extremamente próximos ao tópico do seu estudo. Talvez nada tenha sido escrito sobre o tópico. Construa uma seção o mais próximo possível do tópico ou dos estudos de revisão que lidem com ele em um nível mais geral.
5. Apresente um resumo que destaque os estudos mais importantes, capture os principais temas, sugira por que são necessárias mais pesquisas sobre o tópico e indique como o seu estudo vai preencher essa lacuna.

Esse modelo se concentra na revisão da literatura, relaciona-a intimamente às variáveis das perguntas e hipóteses da pesquisa e limita suficientemente o escopo do estudo. As etapas mencionadas tornam-se um ponto de partida lógico para as perguntas de pesquisa e para o método.

Resumo

Antes de iniciar uma busca na literatura, identifique seu tópico utilizando estratégias como esboçar um título curto ou escrever uma pergunta fundamental de pesquisa. Considere também se esse tópico pode e deve ser pesquisado, examinando se há acesso aos participantes e aos recursos e se o tópico irá acrescentar algo à literatura, ser de interesse para os outros e ser consistente com os seus objetivos pessoais.

Os pesquisadores usam a literatura acadêmica em um estudo para apresentar resultados de estudos similares, para relacionar o estudo atual com um diálogo contínuo na literatura e para sugerir uma estrutura para comparar os resultados de um estudo com os de outros. A literatura serve a diferentes propósitos dependendo do desenho do estudo. Na pesquisa qualitativa, a literatura ajuda a substanciar o problema de pesquisa, mas não restringe o ponto de vista dos participantes. É comum incluir mais literatura no final de um estudo qualitativo do que no início. Na pesquisa quantitativa, a literatura não apenas ajuda a substanciar o problema, mas também sugere possíveis perguntas ou hipóteses que precisam ser tratadas. Geralmente, encontra-se a revisão de literatura em uma seção separada em estudos quantitativos. Na pesquisa de métodos mistos, o uso da literatura vai depender do tipo de desenho e do peso atribuído aos aspectos qualitativos e quantitativos.

Quando realizar uma revisão da literatura, identifique palavras-chave para buscar na literatura. Depois faça sua busca nos bancos de dados *on-line*, como o ERIC, o EBSCO, o ProQuest, o Google Scholar, o PubMed e bancos de dados mais especializados, como o PsycINFO, o Sociofile e o SSCI. Em seguida, localize artigos e livros e priorize a busca por artigos de periódicos e depois por livros. Identifique referências que contribuam com a sua revisão da literatura. Agrupe esses estudos em um mapa da literatura que mostre as principais categorias dos estudos e o posicionamento do seu estudo nessas categorias. Comece escrevendo resumos dos estudos, registrando referências completas de acordo com um estilo de formatação (p. ex., APA, 2010) e extraindo informações sobre a pesquisa que incluam problema de pesquisa, perguntas de pesquisa, coleta e análise dos dados e resultados finais.

Defina as palavras-chave e, se possível, construa uma seção de definição de termos ou as inclua na revisão de literatura. Finalmente, pense na estrutura geral para organizar esses estudos. Um modelo de pesquisa quantitativa divide a revisão em seções segundo as principais variáveis (uma abordagem quantitativa) ou os principais subtemas do fenômeno central (uma abordagem qualitativa) que você está estudando.

Exercícios de escrita

1. Desenvolva um mapa da literatura sobre seu tópico. Inclua no mapa o seu estudo e trace linhas conectando-o às categorias de outros estudos no mapa para que um leitor possa facilmente perceber como seu estudo vai ampliar a literatura existente.

2. Organize uma revisão da literatura para um estudo quantitativo e siga o modelo de delimitação da literatura de modo a demonstrar as variáveis no estudo. Além disso, organize uma revisão de literatura para um estudo qualitativo e inclua-a em uma introdução como justificativa para o problema de pesquisa.

3. Pratique o uso de um banco de dados digital para buscar literatura sobre o seu tópico. Realize várias buscas até encontrar um artigo que seja o mais próximo possível de seu tópico de pesquisa. Depois realize uma segunda busca usando os descritores mencionados nesse artigo. Localize 10 artigos que você selecionaria e resumiria para sua revisão da literatura.

4. Com base nos resultados de sua busca do Exercício 3, escreva um resumo quantitativo e outro qualitativo de dois estudos de pesquisa encontrados em sua busca *on-line*. Use as diretrizes apresentadas neste capítulo para incluir elementos em seus resumos.

Leituras complementares

American Psychological Association. (2010). *Publication Manual of the American Psychological Association* (6th ed.). Washington, DC: Author.

O manual de estilo mais recente da APA é indispensável na biblioteca de todo pesquisador. Ele inclui um capítulo inteiro com exemplos de como apresentar trabalhos em uma lista de referências. Os exemplos são extensos – desde revistas (ou periódicos) até patentes. Estão disponíveis, ainda, outras diretrizes para apresentação de tabelas e figuras, com bons exemplos que você pode usar. Este manual também possui capítulos sobre a escrita acadêmica e os mecanismos de estilo utilizados nesse tipo de escrita. Para aqueles que planejam publicar seu trabalho, o manual fornece informações úteis sobre os elementos básicos de um manuscrito de artigo, bem como as questões éticas que devem ser levadas em consideração.

Boote, D. N. e Beile, P. (2005). Scholars before researchers: On the centrality of the dissertation literature review in search preparation. *Educational Researcher*, 34(6), 3-15.

David Boote e Penny Beile discutem a importância de que alunos que fazem dissertação compilem revisões da literatura sofisticadas.

Para esse fim, eles apresentam cinco critérios que devem estar incluídos em uma revisão rigorosa da literatura. O autor deve justificar a inclusão e a exclusão da literatura (abrangência), examinar criticamente o estado do campo, situar o tópico dentro da literatura mais ampla, examinar a história do tópico, indicar ambiguidades nas definições e na literatura e oferecer novas perspectivas (síntese). A revisão também deve criticar os métodos de pesquisa (metodologia) e a importância prática e acadêmica da pesquisa (importância) e estar bem escrita de uma maneira coerente (retórica).

Locke, L. F., Spirduso, W. W. & Silverman, S. J. (2010). *Proposals that work: A guide for planning dissertations and grant proposals* (6th ed.). Thousand Oaks, CA: Sage.

Lawrence Locke, Waneen Spirduso e Stephen Silverman descrevem vários estágios da revisão de literatura: desenvolver os conceitos que justificam o estudo, desenvolver subtópicos de conceitos importantes e acrescentar as referências essenciais que os corroboram. Eles também apresentam cinco regras para definir os termos em um estudo acadêmico: (a) nunca invente palavras, (b) apresente as definições no início do trabalho, (c) não use palavras da linguagem comum, (d) apresente as definições já na primeira menção e (e) use definições específicas para os termos.

Punch, K. F. (2014). *Introduction to social research: Quantitative and qualitative approaches* (3rd ed.). Thousand Oaks, CA: Sage.

Keith Punch apresenta um guia para a pesquisa social que trata igualmente das abordagens quantitativa e qualitativa. Suas concepções das questões principais que dividem as duas abordagens tratam de diferenças fundamentais. Punch observa que, ao escrever uma proposta de estudo ou relatório, o momento em que se deve concentrar na literatura varia de acordo com os diferentes estilos de pesquisa. Fatores que afetam essa decisão incluem o estilo da pesquisa, a estratégia geral da pesquisa e o quão atentamente o estudo vai seguir as direções da literatura.

3

Uso da teoria

Um dos componentes da revisão da literatura é determinar quais teorias podem ser utilizadas para explorar perguntas em um estudo acadêmico. Na *pesquisa quantitativa*, os pesquisadores geralmente testam hipóteses provenientes de teorias. Em uma tese de base quantitativa, uma seção inteira do trabalho deve ser dedicada a apresentar a teoria mais abrangente que orienta as hipóteses do estudo. Na *pesquisa qualitativa*, o modo como a teoria é usada é muito mais variado. O investigador pode gerar uma teoria como resultado final de um estudo e colocá-la no fim do texto, como nas teorias fundamentadas. Em outros estudos qualitativos, ela aparece no início e proporciona uma lente que define o que o pesquisador observa e as perguntas que faz, como nas etnografias ou na pesquisa participativa-de justiça social. Na *pesquisa de métodos mistos*, os pesquisadores podem tanto testar teorias quanto gerá-las. Além disso, a pesquisa de métodos mistos pode conter uma estrutura teórica dentro da qual são coletados tanto dados quantitativos quanto qualitativos. Essas estruturas podem ser extraídas de perspectivas como a feminista, a racial, a de classes, entre outras, e fluem pelas diferentes partes de um estudo de métodos mistos.

As teorias podem ser usadas em estudos quantitativos, qualitativos e de métodos mistos. Iniciamos este capítulo nos concentrando no uso da teoria em um estudo quantitativo. Examinamos uma definição de teoria, o uso das variáveis em um estudo quantitativo, o posicionamento da teoria e as formas alternativas que ela pode assumir em um trabalho escrito. Em seguida, são apresentados os procedimentos de identificação de uma teoria, seguidos de um roteiro de uma seção de base teórica de uma proposta de pesquisa quantitativa. Então a discussão passa para o uso da teoria em um estudo qualitativo. Os investigadores qualitativos usam termos diferentes para as teorias, como *padrões*, *lente teórica* ou *generalizações naturalísticas*, para descrever as explicações mais amplas utilizadas ou desenvolvidas em seus estudos. Os exemplos apresentados neste capítulo ilustram as alternativas disponíveis aos pesquisadores qualitativos. Por fim, o capítulo passa a se referir ao uso das teorias na pesquisa de métodos mistos e ao uso de teorias das ciências sociais e pesquisa participativa-de justiça social.

Uso da teoria quantitativa

Testando afirmações causais na pesquisa quantitativa

Antes de discutir as variáveis, seus tipos e sua utilização na pesquisa quantitativa, precisamos primeiramente visitar o conceito de *causalidade* em pesquisa quantitativa. Um autor importante na área foi Blalock (1991). Causalidade significa que esperaríamos que a variável X causasse a variável Y. Um exemplo simples seria: beber uma taça de vinho tinto *causa* uma redução do risco de ter um ataque cardíaco? Nesse caso, o consumo diário de vinho é a variável X, e a ocorrência de um ataque cardíaco seria a variável Y. Uma consideração extremamente importante ao avaliar declarações de causa (como esse exemplo do consumo de vinho tinto) é se uma terceira variável não mensurável (Z) pode ser a causa do desfecho que você está medindo. Por exemplo, pode haver uma variável Z (como exercitar-se diariamente) que esteja associada positivamente ao consumo moderado de vinho tinto e negativamente a ataques cardíacos, e esse pode ser o fator causal para a redução de ataques cardíacos (e não o consumo moderado de vinho tinto!). Na pesquisa quantitativa, essa terceira variável é denominada *variável de confusão* e pode se tornar problemática para estabelecer causalidade se ela não for medida em um estudo. Não iríamos querer inferir erroneamente que o consumo moderado de vinho tinto promove a saúde cardíaca se ele não desempenhar um papel causal na redução de ataques cardíacos. Se o seu objetivo é testar uma afirmação causal sobre a relação entre duas ou mais variáveis em um estudo quantitativo, a sua melhor opção é conduzir um experimento verdadeiro*, que possibilitará maior controle sobre potenciais variáveis de confusão (ver Cap. 8). Se você estiver menos interessado em testar uma afirmação causal ou se não puder realizar um experimento, então podem ser usados métodos de investigação para testar as afirmações sobre as associações hipotéticas entre as variáveis (ver Cap. 8). Por exemplo, você pode estar interessado inicialmente em estabelecer se existe uma correlação positiva entre o consumo diário moderado de vinho tinto e os marcadores clínicos de risco de doença cardíaca em uma análise de correlação.** De fato, inúmeros estudos epidemiológicos da ciência da saúde destacam uma associação positiva entre o consumo diário moderado de vinho tinto (1-2 doses por dia) e uma redução de 20% no risco de doença cardíaca (p. ex., Szmitko e Verma, 2005).

Variáveis na pesquisa quantitativa

Antes de discutir as teorias quantitativas, é importante entender variáveis, os seus tipos e quais são utilizados na geração de teorias. Uma **variável** refere-se a uma característica ou atributo de um indivíduo ou de uma organização que pode ser medida ou observada e que varia entre as pessoas ou organizações que estão sendo estudadas. As variáveis geralmente medidas nos estudos são sexo, idade, *status* socioeconômico (SSE) e atitudes ou comportamentos, como racismo, controle social, poder político ou liderança. Vários textos discutem detalhadamente os tipos de variáveis que podem ser usados e suas escalas de medida (p. ex., Isaac e Michael, 1981; Keppel, 1991; Kerlinger, 1979; Thompson, 2006; Thorndike, 1997). As variáveis são distinguidas por duas características: (a) ordem temporal e (b) sua medição (ou observação).

Ordem temporal significa que uma variável precede outra no tempo. Devido a essa ordenação do tempo, diz-se que uma variável afeta ou prevê outra variável, embora uma declaração mais exata seria que uma variável *provavelmente* causa outra. Ordem temporal também significa que os pesquisadores pensam sobre as variáveis em uma ordem da "esquerda para a direita" (Punch, 2014) e as ordenam conforme objetivos, perguntas de pesquisa e modelos visuais, mantendo a direção da esquerda para a direita, causa e efeito. Os tipos de variáveis são os seguintes:

- *Variáveis independentes* são aquelas que influenciam ou afetam os resultados em estudos experimentais. Elas são descritas como "independentes" porque são manipuladas em um experimento e, assim, independentes de todas as outras influências. Utilizando o exemplo anterior, imagine que você conduza um estudo experimental, durante oito semanas, em que pede para um grupo de participantes beber uma taça de vinho tinto diariamente (grupo do vinho tinto), enquanto outro grupo será instruído a manter seus padrões normais de consumo (grupo-controle). Você está manipulando sistematicamente o consumo de vinho tinto, e, portanto, o consumo moderado de vinho tinto é uma variável independente nesse estudo. As variáveis independentes também são chamadas de variáveis de *tratamento* ou *manipuladas* em estudos experimentais.

---

*N. de R.T. Experimento verdadeiro é aquele em que se usa um grupo-controle, isto é, que não é submetido à experiência e os sujeitos são distribuídos aleatoriamente. Por exemplo: em um grupo de 120 sujeitos são sorteados aleatoriamente dois subgrupos de 60 pessoas cada. Um experimental e um controle. Para os dois grupos apresenta-se um questionário sobre as suas percepções sobre o trabalho social voluntário. Para o experimental é dada uma palestra sobre a importância do trabalho social voluntário. Após uma semana, volta-se a aplicar um questionário para os dois grupos sobre a vontade de se realizar tal trabalho. Busca-se, em seguida, a análise dos resultados com o uso de um teste estatístico. Para mais detalhes, ver: Sampieri, R. H., Collado, C. F., & Lucio, M. P. B. (2013). *Metodologia de pesquisa.* (5.ed.) Porto Alegre: Penso.

**N. de R.T. Correlação indica a "força" entre duas variáveis ou "o quanto elas se relacionam. Por exemplo: há uma forte correlação entre a altura e o peso de crianças no primeiro ano de vida. Para mais detalhes, ver: Field, A. (2009). *Descobrindo a estatística usando o SPSS.* (2. ed.). Porto Alegre: Penso.

- *Variáveis dependentes* são as que dependem das variáveis independentes; são as consequências ou os resultados da influência das independentes. Recomendamos medir múltiplas variáveis dependentes em estudos experimentais; no exemplo do vinho tinto, um pesquisador poderia considerar medir variáveis dependentes, como a incidência de ataque cardíaco, AVC e/ou a quantidade de formações de placas ateroscleróticas arteriais.
- *Variáveis previsoras* (também denominadas *antecedentes*) são aquelas que são usadas para prever um resultado de interesse em pesquisas de opinião. As variáveis previsoras são semelhantes às variáveis independentes na medida em que hipoteticamente afetam o desfecho em um estudo, mas diferentes porque o pesquisador não é capaz de manipulá-las sistematicamente. Neste tipo de variável, pode não ser possível ou viável designar indivíduos para um grupo experimental de consumo de vinho tinto ou um grupo-controle (como seria em uma variável independente), mas pode ser possível medir o consumo de vinho tinto que ocorre naturalmente em uma amostra da população.
- *Variáveis de resultado* (também denominadas *de critério* ou *de resposta*) são consideradas consequências ou resultados de variáveis previsoras em pesquisas de opinião. Elas compartilham as mesmas propriedades das variáveis dependentes (descritas anteriormente).

Outros tipos de variáveis auxiliam na pesquisa quantitativa, e recomendamos que você se esforce para identificar e medir essas variáveis em seu estudo de pesquisa quantitativa.

- As *variáveis intervenientes* ou *mediadoras* situam-se entre as variáveis independentes e as dependentes e transmitem os efeitos da variável independente para uma variável dependente (para uma revisão, ver MacKinnon, Fairchild e Fritz 2007). Uma variável mediadora pode ser testada com diferentes tipos de análises de mediação estatística (ver MacKinnon et al., 2007, para alguns exemplos) e oferece uma avaliação quantitativa de como a variável independente está exercendo seus efeitos sobre a variável dependente (ou, no caso de estudos de pesquisa de opinião, como uma variável previsora pode estar exercendo seus efeitos sobre uma variável de resultado de interesse). Retomando o exemplo anterior, uma ideia popular é que os compostos de polifenol no vinho tinto são o que impulsiona os benefícios de saúde resultantes do consumo moderado de vinho tinto (p. ex., Szmitko e Verma, 2005); portanto, uma possibilidade seria medir a quantidade de polifenóis presentes no vinho tinto como uma variável mediadora. Os pesquisadores usam procedimentos estatísticos (p. ex., análise de covariância [ANCOVA]*) para controlar essas variáveis.
- *Variáveis moderadoras* são variáveis previsoras que afetam a direção e/ou a força da relação entre as variáveis independentes e dependentes, ou entre as variáveis previsoras e as de resultado (Thompson, 2006). Essas variáveis atuam sobre as independentes ou se sobrepõem a elas e, então, em combinação com as variáveis independentes, influenciam as dependentes. As variáveis moderadoras são poderosas, já que são capazes de identificar possíveis condições limítrofes (p. ex., o sexo do participante – os efeitos do consumo moderado de vinho tinto na incidência de ataques cardíacos são muito maiores para os homens em comparação com as mulheres?) do efeito de interesse.

Em um estudo de pesquisa quantitativa, as variáveis estão relacionadas a respostas a uma pergunta da pesquisa, e, embora tenhamos focado nossa discussão na simples relação entre consumo de vinho e ataque cardíaco, essas variáveis e relações podem ser estendidas para uma multiplicidade de outros fenômenos

---

*N. de R.T. ANCOVA (análise de covariância) é um caso da ANOVA (análise de variância). Os dois testes estatísticos comparam três ou mais amostras (p. ex., variável independente: velhos, adultos e jovens) com respeito a alguma variável independente (consumo de vinho). No caso da ANCOVA, os dados são normalizados. Ver: Field, A. (2009). *Descobrindo a estatística usando o SPSS*. (2. ed.). Porto Alegre: Penso.

que desejemos entender (p. ex., "Como a autoestima influencia a formação de amizades entre adolescentes?"; "O número de horas extras trabalhadas causa maior esgotamento entre enfermeiros?"). Em outras palavras, usamos nossas teorias e variáveis específicas para gerar hipóteses. Uma *hipótese* é uma previsão sobre um evento específico ou uma relação entre variáveis.

Definição de teoria na pesquisa quantitativa

Com esse pano de fundo sobre as variáveis, podemos prosseguir para o uso das teorias quantitativas. Na pesquisa quantitativa, há alguns precedentes históricos para encarar uma teoria como uma previsão ou explicação científica do que o pesquisador espera encontrar (ver Thomas, 1997, para maneiras diferentes de conceituar as teorias e de como elas podem restringir o raciocínio). Por exemplo, a definição de Kerlinger (1979) de teoria ainda parece ser válida hoje. Ele disse que uma teoria é "um conjunto de construtos* inter-relacionados (variáveis latentes), de definições e de proposições que apresentam uma visão sistemática dos fenômenos por meio da especificação das relações entre as variáveis, com o objetivo de explicar fenômenos naturais" (p. 64).

Nessa definição, uma **teoria na pesquisa quantitativa** é um conjunto de construtos (ou variáveis latentes) inter-relacionados que são transformados em proposições, ou hipóteses, que especificam a relação entre as variáveis (geralmente em termos de magnitude ou direção). Uma teoria pode aparecer em um estudo de pesquisa como um argumento, uma discussão, uma figura, uma justificativa ou uma estrutura conceitual e ajuda a explicar (ou a prever) fenômenos que ocorrem no mundo. Labovitz e Hagedorn (1971) adicionaram a essa definição a ideia de uma *justificativa teórica*, que definem como "especificando como e por que as variáveis e as afirmações de relacionamento estão inter-relacionadas" (p. 17). Por que uma variável independente X influencia ou afeta uma variável dependente Y? A teoria proporcionaria uma explicação para essa expectativa ou previsão. Uma discussão sobre essa teoria apareceria em um estudo na revisão de literatura ou em uma seção separada denominada *bases teóricas*, *justificativa teórica*, *perspectiva teórica* ou *estrutura conceitual*. Preferimos o termo *perspectiva teórica* porque ele tem sido bastante usado como uma seção necessária à submissão de um trabalho para apresentação na conferência anual da American Educational Research Association.

A metáfora de um arco-íris pode ajudar a visualizar como uma teoria funciona. Suponha que o arco-íris *seja uma ponte que conecta* as variáveis independentes e dependentes (ou entre os construtos) em um estudo. Esse arco-íris une as variáveis e proporciona uma explicação abrangente para *como* e *por que* esperaríamos que essa variável independente explicasse ou previsse a dependente. As teorias se desenvolvem quando os pesquisadores testam uma previsão várias vezes.

Por exemplo, o processo de desenvolvimento de uma teoria funciona da seguinte forma. Os investigadores combinam as variáveis independentes, mediadoras e dependentes em perguntas baseadas em diferentes formas de medição desses construtos. Essas perguntas proporcionam informações sobre o tipo de relação (positiva, negativa ou desconhecida) e sua magnitude (p. ex., forte ou fraca). Para transformar essas informações em previsões (hipóteses), um pesquisador pode escrever "Quanto maior a centralização do poder nos líderes, maior a negação dos direitos dos seguidores". Quando os pesquisadores testam repetidamente uma hipótese como essa em diferentes locais e com diferentes populações (p. ex., os escoteiros, uma igreja presbiteriana, o Rotary Club e um grupo de alunos do ensino médio), uma teoria emerge e recebe um nome (p. ex., uma teoria de atribuição). Assim, uma teoria desenvolve-se como uma explicação que promove o avanço do conhecimento em campos específicos (Thomas, 1997).

*N. de R.T. Construto é uma construção mental humana (p. ex., simpatia, fidelidade, satisfação, motivação etc.). Não pode ser mensurados diretamente, mas sim por um conjunto de outras variáveis, motivo pelo qual é denominado "variável latente". Ver: Hair Jr., J. F., Babin, B., Money, A. H., & Samouel, P. (2005). *Fundamentos de métodos de pesquisa em administração*. Porto Alegre: Bookman.

Outro aspecto das teorias é que elas variam na amplitude dos assuntos que abrangem. Neuman (2009) examina teorias em três níveis: (a) micro, (b) meso e (c) macro. As teorias do nível micro proporcionam explicações limitadas para pequenos períodos, de espaço ou números de pessoas, como a teoria do trabalho de face de Goffman, que explica como as pessoas se envolvem em rituais durante interações cara a cara. As teorias de nível meso interligam os níveis micro e macro. Essas são teorias de organizações, movimentos sociais ou comunidades, como a teoria do controle nas organizações de Collins. As teorias de nível macro explicam agregados maiores, como instituições sociais, sistemas culturais e sociedades inteiras. A teoria da estratificação social de nível macro de Lenski, por exemplo, explica como a quantidade de excedente que uma sociedade produz aumenta com o desenvolvimento da sociedade.

Teorias são encontradas em disciplinas de ciências sociais, como psicologia, sociologia, antropologia, educação e economia, e também em muitos subcampos. Localizar essas teorias e ler sobre elas requer buscas em bancos de dados (p. ex., *Psychological Abstracts, Sociological Abstracts*) ou em guias da literatura sobre teorias (p. ex., ver Webb, Beals e White, 1986).

Formas de teorias na pesquisa quantitativa

Os pesquisadores declaram suas teorias nas propostas de pesquisa de várias maneiras, na forma de uma série de hipóteses, de declarações lógicas se-então ou de modelos visuais. Primeiro, é possível afirmar teorias na forma de hipóteses interconectadas. Por exemplo, Hopkins (1964) comunicou sua teoria dos processos de influência em uma série de 15 hipóteses. Algumas das hipóteses são as seguintes (elas foram ligeiramente alteradas para remover os pronomes específicos de gênero):

1. Quanto mais elevada a posição da pessoa, maior sua centralidade.
2. Quanto maior a centralidade da pessoa, maior a sua capacidade de observar.
3. Quanto mais elevada a posição da pessoa, maior a sua capacidade de observar.
4. Quanto maior a centralidade da pessoa, maior a sua conformidade.
5. Quanto mais elevada a posição da pessoa, maior a sua conformidade.
6. Quanto maior a observabilidade da pessoa, maior a sua conformidade.
7. Quanto maior a conformidade da pessoa, maior a sua capacidade de observar. (p. 51)

Uma segunda maneira de escrever uma teoria é construir uma série de afirmações do tipo se/então que expliquem por que se esperaria que as variáveis independentes influenciassem ou causassem as dependentes. Por exemplo, Homans (1950) explicou uma teoria da interação:

> Se a frequência da interação entre duas ou mais pessoas aumenta, o grau de vinculação entre elas também aumentará, e vice-versa... As pessoas que têm sentimentos de vínculo uma com a outra expressarão esses sentimentos em atividades além e acima das atividades do sistema externo, e essas atividades podem fortalecer ainda mais os sentimentos de vínculo. Quanto maior a frequência com que as pessoas interagem uma com a outra, mais semelhantes em alguns aspectos suas atividades e seus sentimentos tendem a se tornar. (p. 112, 118, 120)

Uma terceira opção é o autor apresentar uma teoria como um modelo visual. Traduzir as variáveis na forma de um quadro visual é útil. Blalock (1969, 1985, 1991) defendeu o uso da modelagem causal e reformulou as teorias verbais em modelos causais para que o leitor pudesse visualizar as interconexões das variáveis. Dois exemplos simplificados são apresentados aqui. Como mostra a Figura 3.1, três variáveis independentes influenciam uma única variável dependente, mediada pela influência de duas variáveis intervenientes. Um diagrama como esse mostra a possível sequência causal entre as variáveis para depois seguir para a modelagem por meio da análise de caminhos e de análises mais avançadas utilizando medidas múltiplas de variáveis, como vemos na modelagem de equação estrutural (ver Kline, 1998). Em um nível introdutório, Duncan (1985) apresenta sugestões úteis sobre a notação para a construção desses diagramas causais visuais:

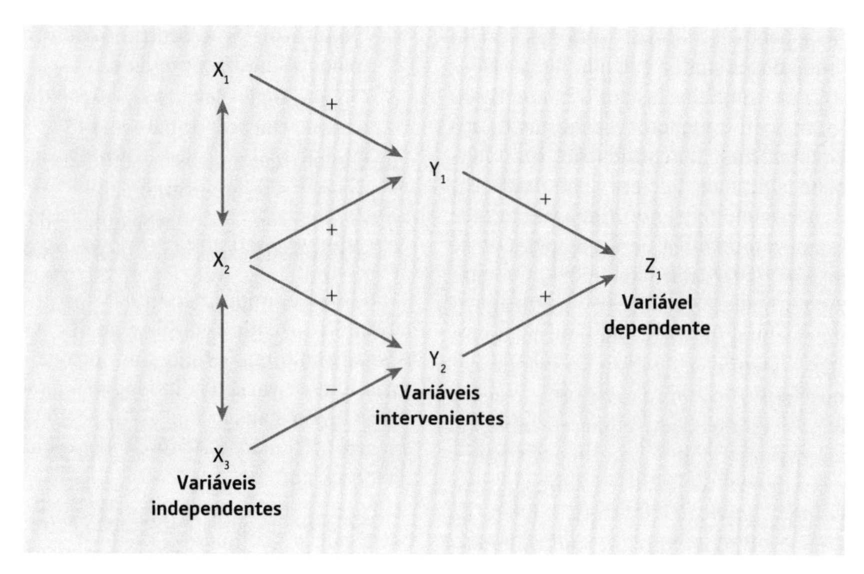

Figura 3.1 Três variáveis independentes influenciam uma única variável dependente mediada por duas variáveis intervenientes.

- Posicione as variáveis dependentes à direita no diagrama e as independentes à esquerda.
- Use setas unidirecionais partindo de cada variável determinante (preditora ou independente) para cada variável dependente.
- Indique a força da relação entre as variáveis inserindo sinais de valência (+ ou –) nos caminhos. Use valências positivas ou negativas que postulem ou infiram relações.
- Use setas bidirecionais conectadas para mostrar correlações entre as variáveis não dependentes de outras relações no modelo

Diagramas causais mais complicados podem ser construídos adicionando mais notações. Este retrata um modelo básico de variáveis limitadas, como aquelas geralmente encontradas em uma pesquisa de opinião.

Uma variação possível é comparar grupos controles e experimentais de uma variável independente em termos de um resultado (variável dependente). Como mostra a Figura 3.2, dois grupos da variável X são comparados em relação à sua influência sobre Y, a variável dependente. Esse é um desenho experimental

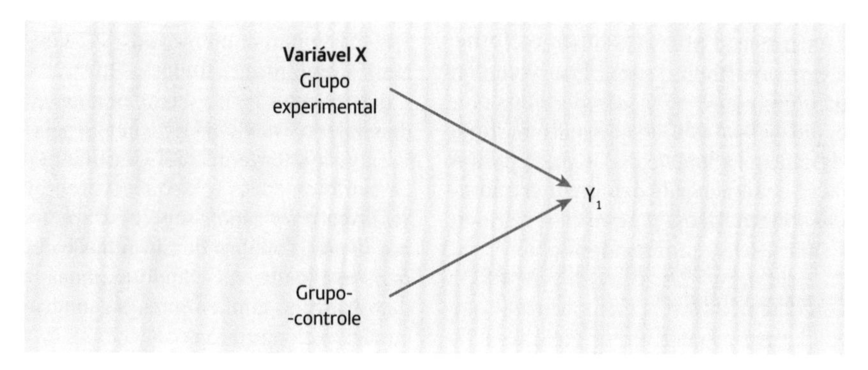

Figura 3.2 Dois grupos com diferentes tratamentos em X são comparados em termos de Y.
Fonte: Jungnickel (1990). Reprodução autorizada.

entre grupos (ver Cap. 8). As regras de notação que já discutimos podem ser aplicadas.

Esses dois modelos apenas introduzem possibilidades para conectar variáveis independentes e dependentes ao construir teorias. Desenhos mais complicados empregam múltiplas variáveis independentes e dependentes em modelos causais elaborados (Blalock, 1969, 1985, 1991). Por exemplo, Jungnickel (1990), em uma proposta de tese de doutorado sobre a produtividade em pesquisa entre docentes das faculdades de farmácia, apresentou um modelo visual complexo, como mostra a Figura 3.3. Jungnickel estava interessado nos fatores que influenciam o desempenho de um docente na pesquisa acadêmica. Depois de identificar esses fatores na literatura, adaptou uma estrutura teórica encontrada na pesquisa em enfermagem (Megel, Langston e Creswell, 1987) e desenvolveu um modelo visual retratando a relação entre tais fatores, seguindo as regras de construção de um modelo de que falamos antes. Ele listou as variáveis independentes na extrema esquerda, as intervenientes no meio e as dependentes à direita. A direção da influência fluiu da esquerda para a direita, e ele usou sinais de mais e de menos para indicar a direção hipotética.

Posicionamento das teorias quantitativas

Nos estudos quantitativos, a teoria é utilizada dedutivamente e é posicionada no início do estudo proposto. Com o objetivo de testar ou de verificar uma teoria em vez de desenvolvê-la, o pesquisador propõe uma teoria, coleta os dados para testá-la e reflete sobre sua confirmação ou não confirmação por meio dos resultados. A teoria estrutura todo o estudo, serve como um modelo de organização das perguntas ou hipóteses de pesquisa e do procedimento de coleta dos dados. O modelo dedutivo do pensamento usado em um estudo quantitativo é apresentado na Figura 3.4. O pesquisador testa ou verifica uma teoria examinando hipóteses ou perguntas dela derivadas. Essas hipóteses ou perguntas contêm variáveis (ou construto) que o pesquisador precisa definir. Como alternativa, definições aceitáveis podem ser encontradas na literatura. A partir daí, o investigador localiza um instrumento para medir ou observar as atitudes ou comportamentos dos participantes em um estudo. Depois, o investigador utiliza as pontuações nesses instrumentos para confirmar ou para desmentir a teoria.

Essa abordagem dedutiva de pesquisa em um desenho quantitativo tem implicações para o *posicionamento de uma teoria* em um estudo de pesquisa quantitativo (ver Quadro 3.1).

Uma diretriz geral é introduzir a teoria no início de um projeto ou estudo: na introdução, na seção de revisão da literatura, imediatamente após as hipóteses ou perguntas da pesquisa (como uma justificativa para as conexões entre as variáveis) ou em uma seção separada do estudo. Cada posição tem suas vantagens e desvantagens.

Aqui vai uma **dica de pesquisa**: escrevemos a teoria em uma seção à parte em uma proposta de pesquisa para que os leitores possam identificar claramente a teoria em relação aos outros componentes. Essa separação proporciona uma explicação completa da seção da teoria, de seu uso e de como ela se relaciona com o estudo.

Escrita de uma perspectiva teórica quantitativa

A partir dessas ideias, apresento em seguida um modelo para escrever uma seção de perspectiva teórica quantitativa em um projeto de pesquisa. Suponha que a tarefa seja identificar uma teoria que explique a relação entre variáveis independentes e dependentes.

1. Procure uma teoria na literatura da sua área. Se a unidade de análise de variáveis for sujeitos, procure na literatura da psicologia; para estudar grupos e organizações, procure na literatura da sociologia. Se o desenho examina indivíduos e grupos, considere a literatura da psicologia social. É claro que as teorias de outras áreas também podem ser úteis (p. ex., para estudar uma questão econômica, a teoria pode ser encontrada na economia).
2. Examine também estudos anteriores que tratem do seu tópico ou de um tópico intimamente relacionado. Quais teorias os autores usaram? Limite o número de teorias e tente identificar *uma teoria abrangente*

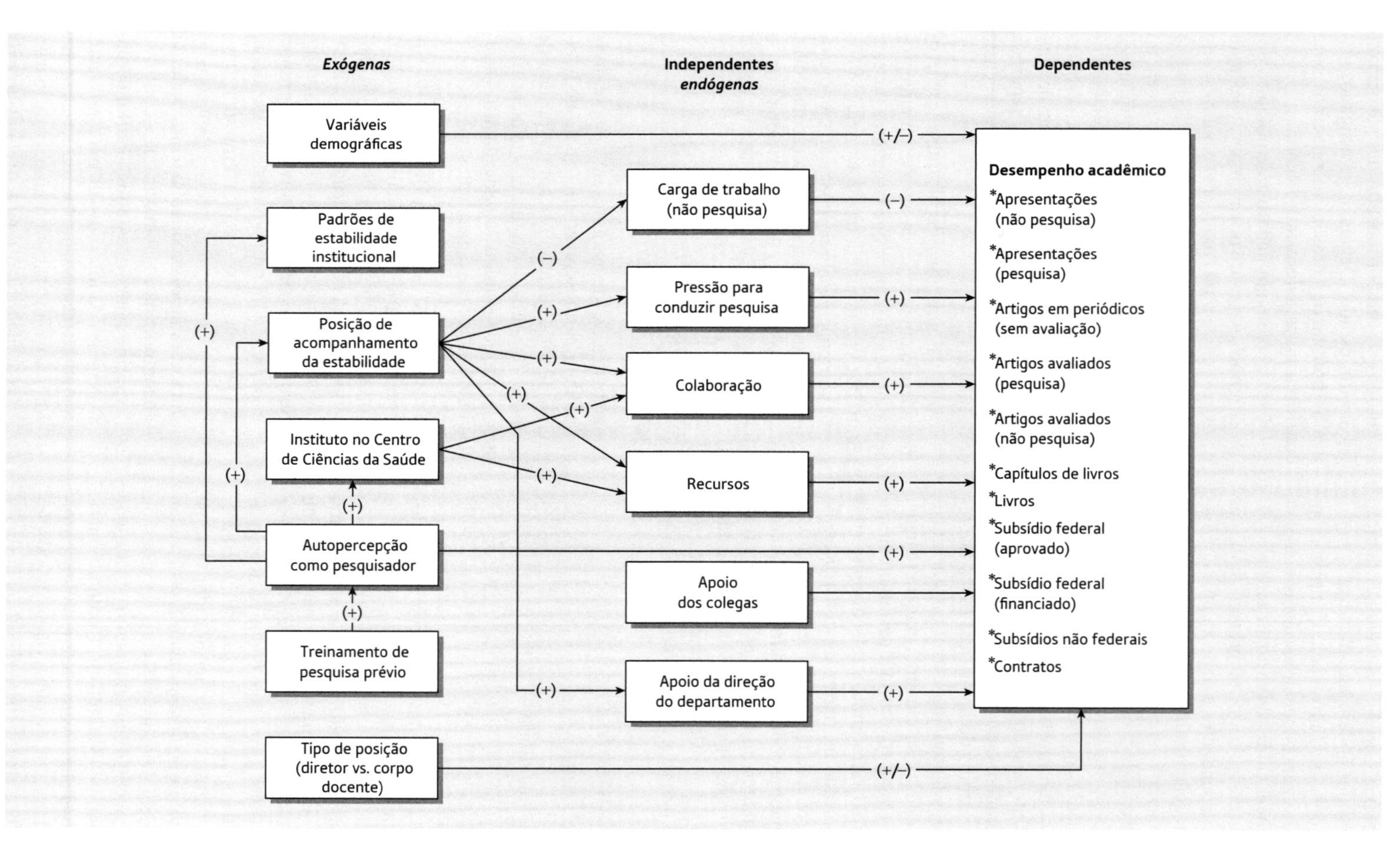

Figura 3.3 Modelo visual de uma teoria do desempenho do corpo docente acadêmico.

Fonte: Jungnickel (1990). Reprodução autorizada.

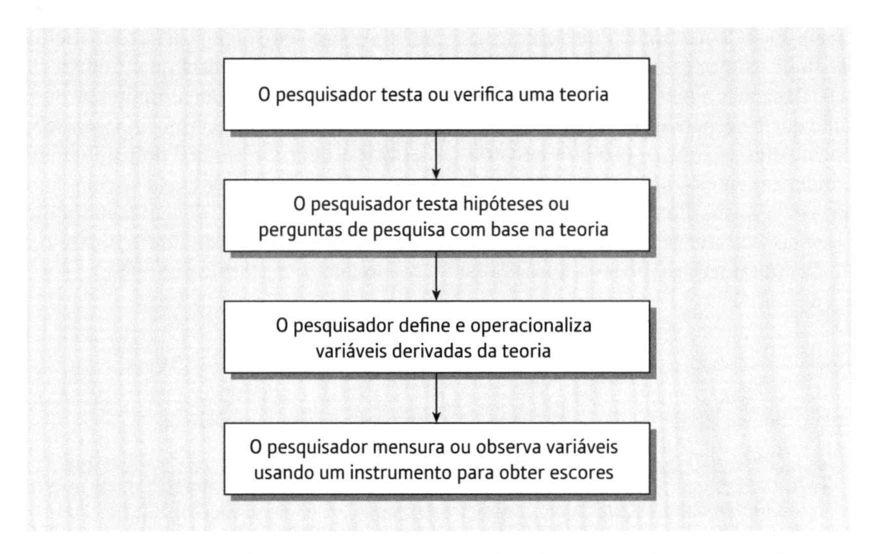

Figura 3.4 A abordagem dedutiva frequentemente utilizada na pesquisa quantitativa.

Quadro 3.1 Opções para colocar a teoria em um estudo quantitativo

Posicionamento	Vantagens	Desvantagens
Na introdução	Por ser uma abordagem frequentemente encontrada em artigos de periódicos, será familiar aos leitores. Transmite uma abordagem dedutiva.	É difícil para o leitor isolar e separar a base teórica de outros componentes do processo de pesquisa (p. ex., os métodos).
Na revisão da literatura	As teorias são encontradas na literatura, e sua inclusão em uma revisão de literatura é uma extensão lógica ou parte da literatura.	É difícil para o leitor enxergar a teoria isoladamente dos tópicos que estão sendo revisados na literatura.
Depois das hipóteses ou perguntas de pesquisa como justificativa	A discussão da teoria é uma extensão lógica das hipóteses ou perguntas de pesquisa porque explica como e por que as variáveis estão relacionadas.	Um escritor pode incluir uma justificativa teórica depois das hipóteses e das perguntas e omitir uma ampla discussão sobre a origem e a justificativa para o uso da teoria.
Em uma seção separada	Esta abordagem separa claramente a teoria dos outros componentes do processo de pesquisa e permite ao leitor identificar e entender melhor a base teórica do estudo.	A discussão da teoria fica isolada dos outros componentes do processo de pesquisa (p. ex., as perguntas ou os métodos), e, assim, um leitor pode não conectá-la facilmente com outros componentes do processo de pesquisa.

que explique a hipótese central ou a principal pergunta de pesquisa.

3. Como mencionado anteriormente, faça uma pergunta abrangente que una as variáveis independentes e dependentes: O que explica por que as variáveis independentes influenciariam as dependentes?

4. Faça um roteiro da seção teórica. Siga estas frases principais: "A teoria que eu utilizo é ________ (nomeie a teoria). Ela foi desenvolvida por ________ (identifique a origem, a fonte ou o autor que desenvolveu a teoria) e foi utilizada para estudar ________ (identifique os tópicos em que se encontra aplicada

a teoria). Essa teoria indica que ________ (identifique as proposições ou hipóteses da teoria). Aplicada a meu estudo, essa teoria permite que eu espere que minhas variáveis independentes ________ (declare as variáveis independentes) influenciem ou expliquem as variáveis dependentes ________ (declare as variáveis dependentes), pois ________ (dê uma justificativa baseada na lógica da teoria)."

Assim, os tópicos a serem incluídos em uma discussão da teoria quantitativa são a teoria que será usada, suas hipóteses ou proposições fundamentais, as informações sobre como essa teoria já foi usada e aplicada e as afirmações que refletem como ela se relaciona ao seu estudo. O Exemplo 3.1, que contém um trecho da tese de Crutchfield (1986), ilustra o uso desse modelo.

Exemplo 3.1 Uma seção de teoria quantitativa

Crutchfield (1986) escreveu uma tese de doutorado intitulada *Locus of Control, Interpersonal Trust, and Scholarly Productivity*. Ao entrevistar educadores de enfermagem, sua intenção foi determinar se o lócus do controle e da confiança interpessoal afetava os níveis das publicações do docente. Sua tese incluía uma seção separada no capítulo introdutório, intitulada "Perspectiva Teórica", a qual segue abaixo. Ela inclui os seguintes pontos:

- A teoria que a autora planejou usar
- As hipóteses centrais da teoria
- Informações sobre quem usou a teoria e sua aplicabilidade
- Uma adaptação da teoria às variáveis de seu estudo usando uma lógica se/então

Acrescentamos anotações em itálico para marcar trechos importantes.

Perspectiva teórica

Na formulação de uma perspectiva teórica para o estudo da produtividade acadêmica do docente, a teoria da aprendizagem social proporciona um protótipo útil. Essa concepção do comportamento tenta produzir uma síntese equilibrada da psicologia cognitiva com os princípios de modificação do comportamento (Bower e Hilgard, 1981). Basicamente, essa estrutura teórica unificada "aborda a explicação do comportamento humano em termos de uma interação contínua (recíproca) entre os determinantes cognitivos, comportamentais e ambientais" (Bandura, 1977, p. vii). *[A autora identifica a teoria para o estudo].*

Embora a teoria da aprendizagem social aceite a aplicação de reforços, como a moldagem de princípios, ela tende a enxergar o papel das recompensas tanto na transmissão de informações sobre a resposta ótima, quanto o incentivo para um determinado ato devido à recompensa prevista. Além disso, os princípios de aprendizagem dessa teoria colocam uma ênfase especial nos papéis importantes desempenhados pelos processos vicários*, simbólicos e autorregulatórios (Bandura, 1971).

A teoria da aprendizagem social não apenas lida com a aprendizagem, mas também procura descrever como um grupo de competências sociais e pessoais (a chamada personalidade) pode evoluir a partir das condições sociais dentro das quais ocorre a aprendizagem. Ela também lida com técnicas de avaliação da personalidade (Mischel, 1968) e de modificação do comportamento em ambientes clínicos e educacionais (Bandura, 1977; Bower e Hilgard, 1981; Rotter, 1954). *[A autora descreve a teoria da aprendizagem social.]*

Além disso, os princípios da teoria da aprendizagem social têm sido aplicados a uma ampla série de comportamentos sociais, como competitividade, agressividade, papéis dos sexos, desvios e comportamento patológico (Bandura e Walters, 1963; Bandura, 1977; Mischel, 1968; Miller e Dollard, 1941; Rotter, 1954; Staats, 1975). *[A autora descreve o uso da teoria.]*

Explicando a teoria da aprendizagem social, Rotter (1954) indicou que devem ser consideradas quatro classes de variáveis: comportamento, expectativas, reforço e situações psicológicas. Foi proposta uma fórmula geral para o comportamento, a qual afirma que: "o potencial para um comporta-

*N. de R.T. Vicário significa "que substitui algo ou alguém; que é feito por outra pessoa".

mento pode ocorrer em qualquer situação psicológica específica é a função da expectativa de que o comportamento conduza a um reforço específico nessa situação e ao valor desse reforço" (Rotter, 1975, p. 57).

A expectativa dentro da fórmula refere-se ao grau de certeza (ou probabilidade) percebido de que em geral exista uma relação causal entre comportamento e recompensas. Esse construto de expectativa generalizada tem sido definido como um lócus interno de controle quando um indivíduo acredita que os reforços são uma função de um comportamento específico, ou como um lócus externo de controle quando os efeitos são atribuídos à sorte, ao destino ou a pessoas poderosas. As percepções das relações causais não precisam ser posições absolutas; pelo contrário, tendem a variar em grau ao longo de um contínuo, dependendo das experiências prévias e das complexidades situacionais (Rotter, 1966). *[A autora explica as variáveis na teoria.]*

Na aplicação da teoria da aprendizagem social a este estudo da produtividade acadêmica, as quatro classes de variáveis identificadas por Rotter (1954) serão definidas da seguinte maneira:

1. A produtividade acadêmica é o comportamento ou a atividade desejada.
2. O lócus do controle é a expectativa generalizada de que as recompensas sejam ou não dependentes de comportamentos específicos.
3. Os reforços são as recompensas do trabalho acadêmico e o valor relacionado a elas.
4. A instituição educacional é a situação psicológica que proporciona muitas recompensas à produtividade acadêmica.

Com essas variáveis específicas, a fórmula para o comportamento desenvolvida por Rotter (1975) seria adaptada da seguinte forma: o potencial para o comportamento acadêmico ocorrer em uma instituição educacional é uma função da expectativa de que essa atividade conduza a recompensas específicas e do valor que o membro do corpo docente atribui a tais recompensas. Além disso, a interação da confiança interpessoal com o lócus do controle deve ser considerada em relação à expectativa de se conseguir recompensas por meio de comportamentos (Rotter, 1967). Por fim, algumas características, como a preparação educacional, a idade cronológica, bolsas de pós-doutorado, a estabilidade no emprego ou a dedicação exclusiva ou não, podem estar associadas à produtividade acadêmica do docente de enfermagem de uma maneira similar à observada em outras disciplinas. *[A autora aplicou os conceitos a seu estudo.]*

A afirmação a seguir representa a lógica subjacente para o planejamento e a condução deste estudo. Se o docente acredita que (a) seus esforços e ações na produção de trabalhos acadêmicos conduzirão a recompensas (lócus de controle), (b) pode confiar que outros vão seguir seus passos (confiança interpessoal), (c) as recompensas pela atividade acadêmica valem a pena (valores de recompensa) e (d) as recompensas estão disponíveis em sua área ou instituição (ambiente institucional), então ele atingirá altos níveis de produtividade acadêmica (p. 12-16). *[A autora concluiu com a lógica do se/então para relacionar as variáveis independentes às dependentes.]*

Uso da teoria qualitativa

Variação no uso da teoria na pesquisa qualitativa

Os investigadores qualitativos utilizam teorias em seus estudos de várias maneiras. Primeiro, de uma maneira muito semelhante àquela da pesquisa quantitativa, ela é utilizada como uma explicação ampla para comportamentos e atitudes e pode ser completada com variáveis, construto e hipóteses. Por exemplo, os etnógrafos empregam temas culturais ou aspectos da cultura em seus estudos qualitativos, como controle social, linguagem, estabilidade e mudança, ou organização social, como afinidade ou famílias (ver a discussão de Wolcott [2008] sobre textos que lidam com tópicos culturais na antropologia). Nesse contexto, os temas oferecem uma série de hipóteses prontas a serem testadas com base na literatura. Embora os pesquisadores possam não se referir a elas como teorias, elas apresentam explicações amplas que os antropólogos usam para estudar o comportamento de compartilhamento de cultura e as atitudes das pessoas. Essa abordagem é popular na pesquisa qualitativa das ciências da saúde, em que os investigadores começam com um modelo teórico ou conceitual, como a adoção de práticas de saúde ou uma orientação teórica da qualidade de vida.

Em segundo lugar, os pesquisadores usam cada vez mais uma **visão** ou **perspectiva teórica na pesquisa qualitativa**, a qual proporciona uma visão geral de orientação para o estudo de questões de gênero, classe e raça (ou outros aspectos de grupos marginalizados). Essa lente torna-se uma perspectiva transformativa que molda os tipos de perguntas formuladas, informa como os dados são coletados e analisados e faz um chamado à ação ou à mudança. A pesquisa qualitativa da década de 1980 sofreu uma transformação para ampliar seu escopo de investigação para incluir essas visões teóricas. Elas guiam os pesquisadores com relação às perguntas que devem ser examinadas (p. ex., marginalização, empoderamento, opressão, poder) e às pessoas que precisam ser estudadas (p. ex., mulheres, baixa condição socioeconômica, grupos étnicos e raciais, orientação sexual, incapacidade). Também indicam como o pesquisador se coloca no estudo qualitativo (p. ex., diante ou desviado dos contextos pessoais, culturais e históricos) e como os relatórios finais precisam ser escritos (p. ex., sem marginalizar ainda mais os indivíduos, colaborando com os participantes), incluindo recomendações de mudanças para melhorar as vidas e a sociedade. Nos estudos de etnografia crítica, os pesquisadores iniciam com uma teoria que justifica seus estudos. Essa teoria causal pode ser uma teoria de emancipação ou de repressão (Thomas, 1993).

Algumas dessas perspectivas teóricas qualitativas disponíveis ao pesquisador são as seguintes:

- As *perspectivas feministas* encaram como problemáticas as várias circunstâncias de vida das mulheres e as instituições que estruturam essas situações. Os tópicos de pesquisa podem incluir questões políticas relacionadas à justiça social para as mulheres em contextos específicos ou o conhecimento de situações opressivas para as mulheres (Olesen, 2000).
- Os *discursos raciais* levantam questões importantes sobre o controle e a produção do conhecimento, particularmente sobre as pessoas e as comunidades negras (Ladson-Billings, 2000).
- As perspectivas da *teoria crítica* estão interessadas no empoderamento dos seres humanos para transcenderem as restrições impostas a eles pela raça, pela classe e pelo gênero (Fay, 1987).
- A *teoria queer*, um termo utilizado nessa literatura, se concentra nos indivíduos que se denominam lésbicas, *gays*, bissexuais ou pessoas transgêneras. A pesquisa que usa essa abordagem não tem os indivíduos como objeto, pois está interessada nos meios culturais e políticos, e comunica as vozes e as experiências de indivíduos que têm sido reprimidos (Gamson, 2000).
- A *pesquisa sobre deficiências* trata do entendimento das perspectivas socioculturais dessa população em vez de um estudo biológico das suas incapacidades, permitindo que elas assumam o controle de suas vidas (Mertens, 2009).

Rossman e Rallis (2012) capturaram a ideia de teoria como perspectivas críticas e pós-modernas na investigação qualitativa:

> À medida que o século XX se aproxima do seu fim, as ciências sociais tradicionais passam por um escrutínio e por um ataque cada vez maior uma vez que as pessoas que adotam perspectivas críticas e pós-modernas desafiam os pressupostos objetivos e as normas tradicionais de condução de pesquisas. A tradição crítica está sã e salva nas ciências sociais. Os pós-modernistas rejeitam a noção de que o conhecimento seja definitivo e unívoco. Quatro afirmações inter-relacionadas estão no centro desse ataque: (a) A pesquisa envolve fundamentalmente questões de poder; (b) o relato da pesquisa não é transparente, mas desenvolvido por um indivíduo orientado por questões raciais, políticas, de classe e de gênero; (c) a raça, a classe e o gênero (o triunvirato canônico ao qual

acrescentaríamos a orientação sexual, aptidão física e primeira língua, entre outros) são fundamentais para se compreender a experiência; e (d) historicamente, a pesquisa tradicional tem silenciado os membros dos grupos oprimidos e marginalizados. (p. 91)

Em terceiro lugar, distintos dessa orientação teórica, estão os estudos qualitativos em que a teoria (ou alguma outra explicação geral) torna-se o *objetivo*. Esse é um processo indutivo de reflexão começando nos dados, passando por temas mais amplos e chegando a um modelo ou teoria geral (ver Punch, 2014). A lógica dessa abordagem indutiva é apresentada na Figura 3.5.

O pesquisador começa reunindo informações detalhadas dos participantes e então transforma-as em categorias ou temas. Esses temas são desenvolvidos para formar padrões, teorias ou generalizações amplas que são então comparadas com as experiências pessoais ou a literatura existente sobre o tópico.

Desenvolver os temas e categorias para formar padrões, teorias ou generalizações sugere várias conclusões para os estudos qualitativos. Por exemplo, em estudos de caso, Stake (1995) refere-se a uma afirmação como uma *generalização proposicional* – o resumo das interpretações e afirmações do pesquisador – a que são adicionadas as experiências pessoais do próprio pesquisador, chamadas de "generalizações naturalísticas" (p. 86). Em outro exemplo, a teoria fundamentada proporciona uma conclusão diferente. Os investigadores esperam descobrir e desenvolver uma teoria que é fundamentada nas informações dos participantes (Strauss e Corbin, 1998). Lincoln e Guba (1985) referem-se às "teorias padronizadas" como explicações que se desenvolvem durante a pesquisa naturalística ou qualitativa. Em vez da forma dedutiva encontrada nos estudos quantitativos, tais teorias padronizadas ou generalizações representam pensamentos ou partes interconectadas ligadas a um todo.

Em quarto e último lugar, alguns estudos qualitativos *não empregam uma teoria*

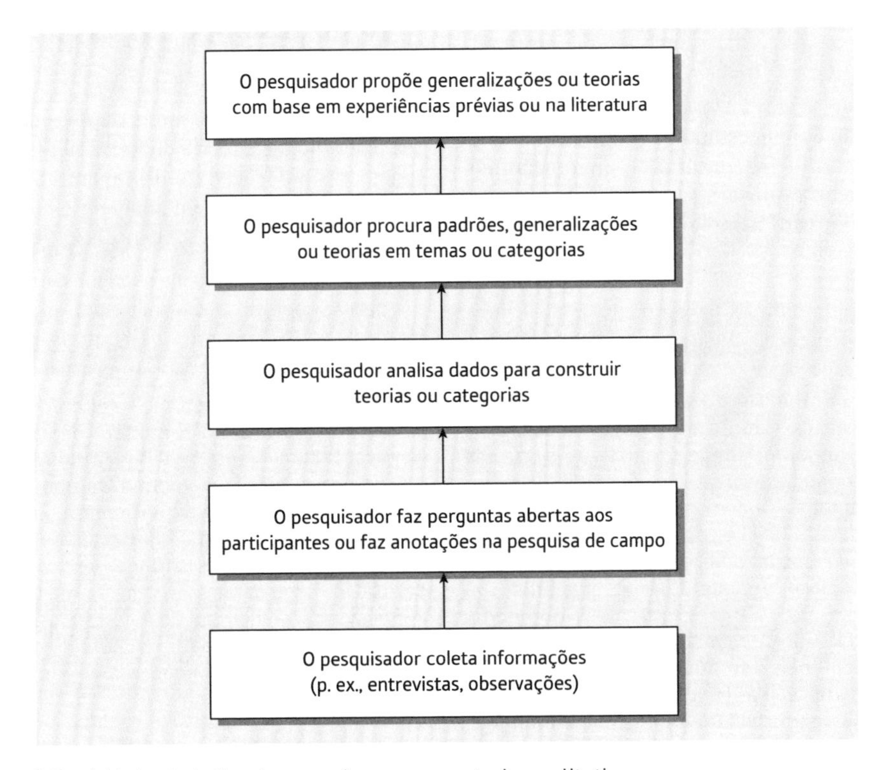

Figura 3.5 A lógica indutiva da pesquisa em um estudo qualitativo.

explícita. Entretanto, pode-se defender a ideia de que nenhum estudo qualitativo começa pela observação pura e que a estrutura conceitual anterior composta de teoria e método proporciona o ponto de partida para todas as observações (Schwandt, 2014). Além disso, podem-se observar estudos qualitativos que não contêm orientação teórica *explícita*, como na fenomenologia, em que os investigadores tentam construir a essência da experiência a partir dos participantes (p. ex., ver Riemen, 1986). Nesses estudos, o investigador constrói uma descrição rica e detalhada de um fenômeno central.

Nossas **dicas** de uso da teoria em um estudo qualitativo são as seguintes:

- Decida se uma teoria será utilizada no estudo qualitativo.
- Se for utilizada, identifique de que forma a teoria será usada – como uma explicação direta, uma conclusão ou uma visão transformativa-reivindicatória.
- Posicione a teoria no início ou no final do estudo.

Posicionando a teoria na pesquisa qualitativa

A maneira como a teoria é utilizada afeta sua colocação em um estudo qualitativo. Nos estudos com um tema cultural ou uma visão teórica, a teoria é inserida na seção de abertura do estudo (ver Exemplo 3.2). Consistente com o desenho emergente da pesquisa qualitativa, a teoria pode aparecer no início e ser modificada ou ajustada de acordo com o ponto de vista dos participantes. Mesmo no desenho qualitativo mais orientado para a teoria, como a etnografia crítica, Lather (1986) qualifica o uso da teoria:

> A construção de uma teoria de base empírica requer uma relação recíproca entre os dados e a teoria. Deve-se permitir que os dados gerem as proposições de uma maneira dialética que permita o uso de estruturas teóricas *a priori*, mas que impeçam uma estrutura particular de se tornar o recipiente em que os dados devem ser despejados. (p. 267)

Como mostra o Exemplo 3.3, desenvolvemos um modelo visual que inter-relacionava as variáveis. Nós o derivamos indutivamente a partir de comentários dos informantes e o colocamos no final do estudo, onde as principais proposições nele encontradas podiam ser contrastadas com as teorias e a literatura existentes.

Uso da teoria de métodos mistos

O **uso da teoria nos estudos de métodos mistos** pode incluir a teoria dedutivamente na testagem e validação da teoria quantitativa, ou indutivamente, como em uma teoria ou padrão qualitativo emergente. Além disso, há várias

Exemplo 3.2 Uma teoria no início de um estudo qualitativo

Murguia, Padilla e Pavel (1991) estudaram a integração de 24 estudantes hispânicos e nativos americanos no sistema social de um *campus* universitário. Eles estavam interessados em como a etnia influenciava a integração social e começaram relacionando as experiências dos participantes a um modelo teórico, o modelo de integração social de Tinto. Eles perceberam que o modelo foi "conceituado de maneira incompleta e, como consequência, entendido e mensurado de forma imprecisa" (p. 433).

Assim, o modelo não estava sendo testado, como seria feito em um desenho quantitativo, mas modificado. No final do estudo, os autores refinaram o modelo de Tinto e apresentaram a sua modificação que descrevia como funciona a etnia dos sujeitos. Em contraste com essa abordagem, em estudos qualitativos com um ponto de chegada teórico (p. ex., uma teoria fundamentada), um padrão, ou uma generalização de uma teoria, a teoria emerge no final do estudo. Essa teoria pode ser apresentada como um diagrama lógico, uma representação visual das relações entre os conceitos.

Exemplo 3.3 Uma teoria no final de um estudo qualitativo

Usando um banco de dados nacional de 33 entrevistas com chefes de departamentos acadêmicos, desenvolvemos (Creswell e Brown, 1992) uma teoria fundamentada inter-relacionando variáveis (ou categorias) da influência do chefe do departamento no desempenho acadêmico dos docentes. A seção teórica foi a última seção do artigo, na qual apresentamos um modelo visual da teoria desenvolvida indutivamente a partir de categorias de informações supridas pelos entrevistados. Além disso, também propusemos hipóteses direcionais que logicamente seguiam o modelo. Além disso, nas seções sobre o modelo e as hipóteses, comparamos os resultados dos participantes com os resultados de outros estudos e especulações teóricas da literatura. Por exemplo, declaramos o seguinte:

> Esta proposição e suas subproposições representam uma evidência pouco comum, até mesmo contrária, a nossas expectativas. Contrariamente à proposição 2.1, esperávamos que os estágios de carreira fossem similares, não no tipo de problema, mas na variação de problemas. Em vez disso, descobrimos que problemas dos docentes após a aquisição de estabilidade abarcavam quase todos os possíveis aspectos na lista. Por que as necessidades dos docentes com estabilidade eram mais extensas do que as dos ainda sem estabilidade? A literatura de produtividade de pesquisa sugere que o desempenho em pesquisa não diminui com a aquisição da estabilidade (Holley, 1977). Talvez os objetivos de carreira difusos do docente com estabilidade expandam os possíveis "tipos" de problemas. Seja como for, essa subproposição concentra a atenção no grupo de carreira menos estudado, o qual deve ser examinado mais detalhadamente como Furniss (1981) nos recorda (p. 58).

maneiras peculiares pelas quais a teoria pode ser incorporada a um estudo de métodos mistos em que os pesquisadores coletam, analisam e integram os dados quantitativos e qualitativos usando diferentes desenhos de métodos mistos. Essa estrutura tem se apresentado de duas formas: (a) utilizando uma estrutura da ciência social e (b) utilizando uma estrutura participativa-de justiça social. Essas duas formas emergiram na literatura de métodos mistos nos últimos 5 a 10 anos (ver Creswell e Plano Clark, 2011).

Uso da teoria das ciências sociais

Uma **teoria das ciências sociais** pode se tornar uma estrutura abrangente para a pesquisa de métodos mistos. Essa teoria das ciências sociais pode ser extraída de diversas teorias encontradas nas ciências sociais, como liderança, economia, ciência política, marketing, mudança comportamental, adoção ou difusão, ou inúmeras outras. Ela pode ser apresentada como uma revisão da literatura, como um modelo conceitual ou como uma teoria que ajuda a explicar o que o pesquisador busca encontrar em um estudo.

A incorporação de uma teoria das ciências sociais aos métodos mistos utiliza os procedimentos identificados no começo deste capítulo para a inclusão de uma teoria quantitativa a um estudo. Os pontos fundamentais do uso dessa teoria são os seguintes:

- Coloque a teoria (modelo ou estrutura conceitual) no começo do artigo como uma estrutura *a priori* para guiar as perguntas/hipóteses no estudo.
- Escreva sobre a teoria apresentando inicialmente o seu nome, seguido por uma descrição de como ela explica os componentes quantitativos e qualitativos de um estudo de métodos mistos. Ela deve pelo menos explicar a principal relação das variáveis no estudo. Discuta os estudos que usaram essa teoria, especialmente estudos

que se relacionam com o tópico que está sendo examinado no seu estudo.

- Inclua um diagrama da teoria que indique a direção das prováveis ligações causais e os principais conceitos ou variáveis.
- Faça com que a teoria forneça uma organização para a coleta de dados quantitativos e qualitativos no estudo.
- Retorne à teoria no final do estudo para revisar como ele explicou os resultados e comparou-os com o uso da teoria em outros estudos.

Um exemplo de uma teoria das ciências sociais pode ser encontrado em um estudo de métodos mistos sobre dor crônica e seu controle por meio dos recursos aprendidos, conduzido por Kennett, O'Hagan e Cezer (2008). Esses autores apresentaram um estudo de métodos mistos para entender como as habilidades empondera os indivíduos. Nesse estudo, eles reuniram as medidas quantitativas no Self-Controle Schedule (SCS) de Rosenbaum e coletaram entrevistas com pacientes que enfrentavam dor crônica. No parágrafo de abertura do seu estudo, eles apresentaram o objetivo:

> Assumindo uma perspectiva crítica realista com base no modelo de autocontrole de Rosenbaum (1990, 2000), combinamos uma medida quantitativa da habilidade aprendida com uma análise textual qualitativa para caracterizar os processos que entram em jogo no autogerenciamento da dor para clientes com alta e baixa habilidade que seguem um programa de controle da dor baseado em um tratamento multigrupo (p. 318).

Depois desse trecho, eles desenvolveram o modelo de habilidade aprendida que guiava o estudo. Eles introduziram os principais componentes do modelo de Rosenbaum. Em seguida, trataram da literatura sobre habilidade como um previsor importante da adoção de comportamento saudável e da discussão de um dos experimentos de Rosenbaum relacionando a habilidade ao enfrentamento da dor. Então, os autores discutiram os fatores do modelo que levam ao autocontrole, como fatores relacionados a cognições reguladoras de processos (p. ex., apoio de família e amigos), estratégias de enfrentamento (p. ex., habilidade para lidar com a dor, como desviar a atenção e reinterpretar a dor) e permanecer nos programas de auxílio (ou não abandoná-los). Nesse momento, os autores possivelmente desenharam um diagrama da teoria para explicitar os fatores que influenciaram o autocontrole. Entretanto, eles apresentaram uma série de perguntas extraídas do modelo de Rosenbaum e da literatura que guiou o estudo para examinar o impacto de um programa cognitivo-comportamental de controle de dor crônica no autogerenciamento e como a habilidade e um senso de autodirecionamento influenciam as habilidades de autogerenciamento da dor crônica. Mais próximo ao final do artigo, eles revisitaram os fatores que levaram ao autogerenciamento e propuseram um diagrama dos fatores mais evidentes.

Uso da teoria participativa--de justiça social

O uso e a aceitação das teorias participativa-de justiça social na pesquisa de métodos mistos vêm crescendo na última década. Sem dúvida, o impulso para que isso acontecesse foi dado pelo trabalho de Mertens (2003, 2009), que não só expressou o objetivo dessa teoria, mas também como ela poderia ser incorporada ao processo de pesquisa geral e aos métodos mistos. As estruturas participativa e de justiça social têm o efeito de envolver os participantes na pesquisa colaborativamente, promovendo mudanças para tratar as desigualdades e ajudando os grupos e populações sub-representados. Inúmeros artigos empíricos apareceram no *Journal of Mixed Methods Research* apresentando o uso dessa teoria de métodos mistos, incluindo um estudo do interesse das mulheres pela ciência (Buck, Cook, Quigley, Eastwood e Lucas, 2009) e um estudo do capital social das mulheres (Hodgkin, 008). Um trabalho de Sweetman (2008) identificou 34 estudos de métodos mistos que utilizaram uma estrutura transformativa. Então, em 2010, Sweetman, Badiee e Creswell (2010) discutiram os critérios transformativos – com base em Mertens (2003, 2009) – que poderiam ser incorporados aos estudos de métodos mistos e pesquisaram 13 estudos que incluíam elementos desses critérios.

A literatura sobre o uso dessa estrutura de orientação teórica e pesquisa de métodos mistos tem crescido. Ela parece especialmente aplicável ao estudo de questões de saúde em comunidades e ao estudo de grupos marginalizados, onde quer que apareçam no mundo. Apoiando essa orientação teórica estaria uma postura filosófica mais abrangente, a estrutura transformativa, conforme discutido no Capítulo 1. Nele, discutimos a concepção transformativa como uma das quatro concepções primárias que embasariam a pesquisa quantitativa, a qualitativa e a de métodos mistos. De fato, poderíamos questionar se a estrutura transformativa se encontra em um nível de concepção filosófica ampla ou em um nível mais teórico e específico, indicando o que poderíamos aprender e explicar em um estudo. Duas perguntas dominaram a discussão do uso de uma estrutura transformativa em um estudo com métodos mistos: (a) o que é uma estrutura transformativa?; e (b) como um pesquisador de métodos mistos a incorporaria a um estudo de métodos mistos rigoroso e sofisticado? Aqui nós a encaramos como uma estrutura teórica que pode envolver e embasar um desenho de métodos mistos.

Uma estrutura transformativa de métodos mistos (também chamada de paradigma da pesquisa transformativa; Mertens, 2009) é um conjunto de pressupostos e procedimentos usados em pesquisa. Alguns temas comuns são os seguintes:

- Pressupostos subjacentes que se baseiam em perspectivas éticas de inclusão e em estruturas sociais opressivas desafiadoras.
- Um processo de entrada na comunidade que é concebido para construir confiança e tornar os objetivos e estratégias transparentes.
- Disseminação dos achados de modo a encorajar o uso dos resultados para melhorar a justiça social e os direitos humanos. (p. 5)

Além do mais, a abordagem transformativa se aplica a pessoas que sofrem discriminação e opressão, incluindo (mas não limitada a) raça/etnia, deficiência, condição de imigrante, conflitos políticos, orientação sexual, pobreza, gênero e idade (Mertens, 2010).

A maneira de integrar essa estrutura a um estudo de métodos mistos ainda está sendo desenvolvida, mas Mertens (2003) identificou vários elementos da estrutura em função de como se relacionam com os passos no processo da pesquisa. Esses elementos são mencionados no Quadro 3.2. Lendo atentamente essas perguntas, temos uma noção da importância de estudar questões de discriminação e opressão e de reconhecer a diversidade dos participantes do estudo. Essas perguntas também abordam o tratamento respeitoso dos indivíduos durante a comunicação na coleta de dados e pelo relato dos resultados que levam a mudanças nos processos e relações sociais.

Essas perguntas foram operacionalizadas como um conjunto de 10 critérios (e perguntas) que podemos utilizar para avaliar a inclusão do pensamento teórico transformativo em um estudo de métodos mistos (Sweetman et al., 2010):

1. Os autores se referiram abertamente a um problema em uma comunidade de interesse?
2. Os autores declararam abertamente uma visão teórica?
3. As perguntas de pesquisa foram redigidas com uma visão reivindicatória?
4. A revisão da literatura incluiu discussões sobre diversidade e opressão?
5. Os autores discutiram a forma pela qual os participantes seriam classificados?
6. A coleta de dados e os resultados beneficiaram a comunidade?
7. Os participantes iniciaram a pesquisa e/ou estavam ativamente engajados no estudo?
8. Os resultados elucidaram relações de poder?
9. Os resultados facilitaram mudanças sociais?
10. Os autores declararam explicitamente a utilização de uma estrutura transformativa?

Esses são requisitos rigorosos para qualquer publicação, e a revisão dos 13 estudos de Sweetman e colaboradores (2010) mostrou uma inclusão desigual dos 10 critérios em estudos de métodos mistos. Somente 2 dos 13 estudos se referiram explicitamente à sua estrutura como "transformativa". Seria mais apropriado considerar essas estruturas como visões teóricas que podem ser aplicadas dentro de um estudo de métodos mistos. Elas podem ser incorporadas

Quadro 3.2 Perguntas transformativas e emancipatórias para pesquisadores de métodos mistos durante o processo da pesquisa

Definição do problema e busca na literatura	• Você buscou deliberadamente na literatura preocupações de diferentes grupos e questões de discriminação e opressão? • A definição do problema surgiu da comunidade de interesse? • Sua abordagem de métodos mistos surgiu ao passar tempo conhecendo essas comunidades (i.e., desenvolvendo confiança; utilizando outra estrutura teórica adequada além de um modelo de déficit; desenvolvendo tanto perguntas positivas quanto negativas; desenvolvendo perguntas que conduzissem a respostas transformativas, como questões voltadas a autoridades e relações de poder em instituições e comunidades)?
Identificação do desenho de pesquisa	• Seu desenho de pesquisa nega tratamento a algum grupo e respeita as considerações éticas dos participantes?
Identificação das fontes de dados e seleção dos participantes	• Os participantes pertencem a grupos associados a discriminação e opressão? • Os participantes estão adequadamente classificados? • A diversidade é reconhecida pela população-alvo? • O que pode ser feito para melhorar a inclusividade da amostra para aumentar a probabilidade de grupos tradicionalmente marginalizados serem representados de maneira adequada e precisa?
Identificação ou construção de instrumentos de coleta de dados e métodos	• O processo e os resultados da coleta de dados beneficiarão a comunidade que está sendo estudada? • Os resultados da pesquisa podem ser dignos de crédito para essa comunidade? • A comunicação com essa comunidade será efetiva? • A coleta de dados abrirá caminhos para a participação no processo de mudança social?
Análise, interpretação, relatório e uso dos resultados	• Os resultados levantarão novas hipóteses? • A pesquisa examinará subgrupos (i.e., análises de níveis múltiplos) para analisar o impacto diferencial sobre diferentes grupos? • Os resultados ajudarão a entender e a elucidar as relações de poder? • Os resultados facilitarão mudanças sociais?

Fonte: Adaptado, com autorização, de D.M. Mertens (2003).

- indicando nas seções iniciais de um estudo que uma estrutura (p. ex., feminista, participativa) está sendo usada;
- mencionando essa estrutura logo no início do estudo – que ela está relacionada a uma comunidade marginalizada ou sub-representada e situações específicas enfrentadas por essa comunidade (p. ex., opressão poder);
- acomodando essa estrutura dentro do corpo teórico da literatura, como a literatura feminista ou a literatura racial;
- envolvendo a comunidade de interesse no processo de pesquisa (p. ex., na coleta de dados);
- assumindo uma posição com a pergunta da pesquisa – defendendo a sua orientação (p. ex., existe desigualdade, e a pesquisa irá se empenhar para evidenciá-la);
- fazendo progredir no estudo a coleta, a análise e a integração dos métodos quantitativo e qualitativo dentro da estrutura transformativa;
- falando sobre as suas experiências como pesquisador e como elas e seu histórico

moldam o seu entendimento dos participantes e das questões em estudo;
- encerrando o estudo de forma a defender mudanças que ajudem a população e a situação estudadas.

Uma das melhores maneiras de aprender a incorporar uma estrutura transformativa a um estudo de métodos mistos é examinar artigos publicados em periódicos e estudar como ela está sendo incorporada ao processo de pesquisa. O Exemplo 3.4 ilustra uma estrutura transformativa bem utilizada.

Exemplo 3.4 A teoria em um estudo de métodos mistos feminista

Um artigo publicado no *Journal of Mixed Methods Research* por Hodgkin (2008) ilustra o uso de uma visão emancipatória feminista em um estudo de métodos mistos. Hodgkin examinou se homens e mulheres têm diferentes perfis de capital social e por que as mulheres participavam mais em atividades sociais e na comunidade do que em atividades cívicas na Austrália. O objetivo do seu estudo era "demonstrar o uso de métodos mistos na pesquisa feminista" (p. 296). Ao iniciar seu artigo, ela discutiu o componente da pesquisa feminista do seu estudo, por exemplo, chamando atenção para a ausência de foco de gênero em estudos do capital social, usando a pesquisa quantitativa e qualitativa para dar voz às experiências das mulheres e localizando seu estudo dentro do paradigma transformativo. Por meio dos seus resultados quantitativos, ela encontrou uma diferença no capital social para mulheres e homens e depois explorou, em uma segunda fase, os pontos de vista das mulheres, observando seu envolvimento na participação social informal e na comunidade. A participação nos níveis cívicos de envolvimento era baixa, e os temas resultantes das mulheres estavam relacionados ao desejo de ser uma "boa mãe" e uma cidadã ativa e de querer evitar o isolamento social.

Resumo

A teoria tem seu lugar na pesquisa quantitativa, qualitativa e de métodos mistos. Os pesquisadores usam teorias em um estudo quantitativo para proporcionar uma explicação ou uma previsão sobre a relação entre as variáveis no estudo. Por isso, é essencial haver fundamentação na natureza e no uso das variáveis, pois elas formam as perguntas e as hipóteses de pesquisa. Uma teoria explica como e por que as variáveis estão relacionadas, atuando como uma ponte entre elas. O escopo da teoria pode ser geral ou específico, e os pesquisadores apresentam suas teorias de várias maneiras, na forma de uma série de hipóteses, de declarações lógicas se/então ou de modelos visuais. Ao usar teorias dedutivamente, os investigadores as propõem no início do estudo, na revisão da literatura. Também as incluem com as hipóteses ou perguntas de pesquisa ou as colocam em uma seção à parte. Um roteiro de escrita pode ajudar a planejar a seção da teoria em uma proposta de estudo.

Na pesquisa qualitativa, os investigadores empregam as teorias como uma explicação geral, de maneira muito parecida com a usada na pesquisa quantitativa, como nas etnografias. Pode também ser usada uma visão ou perspectiva teórica que levante perguntas relacionadas a gênero, classe, raça ou a alguma combinação desses tópicos. As teorias também aparecem como a conclusão de um estudo qualitativo, uma teoria gerada, um padrão ou uma generalização que emergiu indutivamente da coleta e análise dos dados. Por exemplo, os teóricos fundamentados geram uma teoria fundamentada nos pontos de vista dos participantes e a colocam como a conclusão de seus estudos. Alguns estudos qualitativos não incluem uma teoria explícita e apresentam a pesquisa descritiva do fenômeno central.

Os pesquisadores de métodos mistos usam as teorias como uma estrutura de abordagem que define muitos aspectos do estudo, enquanto coletam, analisam e interpretam os dados quantitativos e qualitativos. Essa abordagem pode (a) ter uma estrutura das ciências sociais ou (b) ter uma estrutura participativa-de justiça social. Uma estrutura das ciências sociais é colocada no início dos estudos, oferece uma explicação para os componentes quantitativos e (talvez) qualitativos (p. ex., coleta, análise e interpretação dos dados) de um estudo e informa os achados e resultados. A teoria participativa-de justiça social emergiu nos últimos anos nos métodos mistos. É uma visão que examina um problema reconhecendo a não neutralidade do conhecimento, a influência dominante dos interesses humanos e de questões como poder e relações sociais. Um estudo de métodos mistos ajuda a aprimorar as pessoas e a sociedade. Os grupos frequentemente ajudados por essa pesquisa são feministas, grupos étnicos/raciais diferenciados, pessoas com deficiências e comunidades lésbicas, *gays*, bissexuais, transgênero e *queer*. Os pesquisadores de métodos mistos incorporam essa estrutura de abordagem a múltiplos estágios do processo de pesquisa, como a introdução, as perguntas de pesquisa, a coleta de dados e uma interpretação que demande mudanças. Foram desenvolvidos critérios sobre como incorporar uma estrutura de abordagem participativa-de justiça social a um estudo de métodos mistos.

Exercícios de escrita

1. Escreva uma seção de perspectiva teórica para seu projeto de pesquisa seguindo o roteiro de uma discussão de teoria quantitativa apresentado neste capítulo.
2. Pensando em um estudo quantitativo, monte um modelo visual das variáveis da teoria usando os procedimentos para desenhar um modelo causal propostos neste capítulo.
3. Localize artigos de revistas qualitativas que (a) usem uma teoria *a priori* que seja modificada durante o processo de pesquisa, (b) gere ou desenvolva uma teoria no final do estudo e (c) apresente a pesquisa descritiva sem o uso de um modelo teórico explícito.
4. Encontre um estudo de métodos mistos que use uma visão teórica, como uma perspectiva feminista, étnica/racial ou de classe. Identifique especificamente como as visões moldam os passos seguidos no processo da pesquisa, usando o Quadro 3.2 como guia.

Leituras complementares

Bachman, R. D. e Schutt, R. K. (2017). *Fundamentals of research in criminology and criminal justice* (4th ed.). Los Angeles, CA: Sage.

Em seu livro, Ronet Bachman e Russell Schutt incluem um capítulo de fácil compreensão sobre causação e experimentação. Eles discutem o significado de causação, os critérios para obtê-la e como usar essas informações para chegar a conclusões causais. A discussão sobre as condições necessárias para determinar a causalidade é especialmente útil.

Blalock, H. (1991). Are there any constructive alternatives to causal modeling? *Sociological Methodology*, 21, 325-335.

Durante anos, utilizamos as ideias de Herbert Blalock para construir o que entendemos como causação em pesquisa social. Neste ensaio meticuloso, Blalock declarou que métodos correlacionais não equivalem à causação. Ele falou sobre o potencial dos efeitos "retardados" no entendimento da causação, variáveis que emergem com o passar do tempo e que podem ser difíceis de especificar. Ele também reivindicou que explicitemos os pressupostos em mecanismos causais em estudos experimentais. A partir desses argumentos, Blalock defendeu o uso de modelos causais mais complexos para testar questões importantes em pesquisa social.

Flinders, D. J. & Mills, G. E. (Eds.). (1993). *Theory and concepts in qualitative research: Perspectives from the field*. Nova York: Teachers College Press. Teachers College, Columbia University.

David Flinders e Geoffrey Mills editaram um livro sobre as perspectivas da pesquisa de campo – "a teoria em ação" –descritas por diferentes pesquisadores qualitativos. Os capítulos ilustram que haja pouco consenso sobre a definição de teoria e se ela é um vício ou uma virtude. Além disso, teorias operam em diversos níveis na pesquisa, como teorias formais, teorias epistemológicas, teorias metodológicas e metateorias. Dada essa diversidade, é preferível ver teorias de verdade em ação nos estudos qualitativos, e este volume ilustra a prática a partir das críticas pessoal, formal e educacional.

Mertens, D. M. (2003). Mixed methods and the politics of human research: The transformative-emancipatory perspective. In A. Tashakkori & C. Teddlie (Eds.), *Handbook of mixed methods in social and behavioral research* (p. 135-164). Thousand Oaks, CA: Sage.

Donna Mertens reconhece que, historicamente, os métodos de pesquisa não se preocuparam com as questões políticas da pesquisa humana e da justiça social. Seu capítulo explora o paradigma transformativo-emancipatório da pesquisa como uma estrutura de abordagem ou visão de pesquisa com métodos mistos conforme as influências de acadêmicos de diferentes grupos étnicos/raciais, pessoas portadoras de deficiências e feministas. Um aspecto singular de seu capítulo é o modo como ela entrelaça esse paradigma de pensamento com os passos do processo de condução da pesquisa de métodos mistos.

Thomas, G. (1997). What's the use of theory? *Harvard Educational Review, 67*(1), p. 75-104.

Gary Thomas apresenta uma crítica criteriosa do uso da teoria na pesquisa educacional. Ele comenta as várias definições de teoria e mapeia quatro formas amplas de usá-la: (a) como pensamento e reflexão, (b) como hipóteses mais rígidas ou mais flexíveis, (c) como explicações que contribuem para o conhecimento de diferentes campos e (d) como declarações científicas formalmente expressas. Após comentar tais usos, ele, então, defende a tese de que as teorias estruturam e restringem desnecessariamente o pensamento. Em vez disso, as ideias deveriam estar em um fluxo constante e deveriam ser *ad hoc*, como caracterizado por Toffler*.

*N. de R.T. O autor refere-se a Alvin Toffler, pensador da década de 1980 que discutiu sobre o futuro da humanidade.

4

Estratégias de escrita e considerações éticas

Antes de preparar uma proposta de estudo, é importante que se tenha uma ideia da estrutura ou um esboço geral dos tópicos e de sua ordem. A estrutura vai diferir dependendo de você estar escrevendo um projeto quantitativo, qualitativo ou de métodos mistos. Outra consideração geral é conhecer boas práticas de escrita que irão auxiliar na composição de uma proposta (ou projeto de pesquisa) consistente e perfeitamente compreensível. Durante todo o projeto, é importante se envolver em práticas éticas e prever as questões éticas que poderão surgir. Este capítulo apresenta orientações para a estrutura geral das propostas ou projetos, dos hábitos de escrita que tornarão seu texto compreensível e das *questões* éticas que precisam ser previstas em estudos de pesquisa.

Escrevendo a proposta de estudo

Argumentos apresentados

Convém considerar, no início do planejamento do estudo, os principais pontos que precisam ser abordados. Todos esses pontos – ou tópicos – precisam estar inter-relacionados para proporcionar um quadro coeso de todo o estudo. Para nós, esses tópicos parecem abranger todos os tipos de estudo, seja qualitativo, quantitativo ou de métodos mistos. Acreditamos que um bom ponto de partida é examinar a lista de Maxwell (2013) dos argumentos centrais que precisam ser apresentados em qualquer proposta. Iremos resumi-los em nossas próprias palavras:

1. De que os leitores precisam para entender melhor seu tópico?
2. O que os leitores precisam conhecer em relação a seu tópico?
3. O que você se propõe a estudar?
4. Qual é o ambiente e quem são as pessoas que você vai estudar?
5. Quais são os métodos que você planeja utilizar para coletar os dados?
6. Como você vai analisar os dados?
7. Como vai validar seus resultados?
8. Quais questões éticas seu estudo vai apresentar?
9. O que os estudos anteriores mostram sobre a viabilidade e o valor do estudo proposto?

Essas nove perguntas, se adequadamente desenvolvidas cada uma em uma seção, constituem a base de uma boa pesquisa e podem proporcionar a estrutura geral do estudo. Incluir a validação de resultados, as considerações éticas (que serão mencionadas em breve), a importância de resultados preliminares e as primeiras evidências de significância prática concentram a atenção do leitor nos elementos-chave que com frequência são negligenciados nas discussões sobre propostas de estudo.

Roteiro de uma proposta qualitativa

Além dessas nove perguntas, também é recomendável ter um esboço ou estrutura geral dos tópicos que serão incluídos em um estudo. Inquestionavelmente, na pesquisa qualitativa, não há uma estrutura que prevaleça para escrever uma proposta. Entretanto, acreditamos que alguns esquemas gerais seriam úteis, especialmente para o aluno que nunca escreveu um projeto de tese ou de dissertação. Propomos aqui dois modelos. O Exemplo 4.1 foi extraído de uma perspectiva construtivista/interpretivista, enquanto o Exemplo 4.2 foi mais baseado em um modelo participativo-de justiça social da pesquisa qualitativa.

Exemplo 4.1 Um roteiro qualitativo construtivista/interpretativista

Introdução
- Descrição do problema (incluindo a literatura existente sobre o problema, as lacunas na literatura e a relevância do estudo para o público leitor)
- O objetivo do estudo
- As perguntas da pesquisa

Procedimentos
- Pressupostos ou concepções filosóficas da pesquisa qualitativa
- Desenho qualitativo (p. ex., etnografia, estudo de caso)
- O papel do pesquisador
- Procedimentos da coleta de dados
- Procedimentos da análise de dados
- Estratégias para validação dos resultados
- Estrutura narrativa proposta do estudo
- Questões éticas previstas

Resultados preliminares de testes-piloto (se disponíveis)

Impacto esperado e relevância do estudo

Referências

Apêndices e anexos: Perguntas da entrevista, formulários observacionais, cronograma, um resumo do conteúdo proposto para cada capítulo do relatório final

Exemplo 4.2 Um roteiro qualitativo participativo-de justiça social

Introdução
- Descrição do problema (incluindo poder, opressão, discriminação, necessidade de desenvolver empatia com a comunidade etc.; literatura existente sobre o problema; lacunas na literatura; e relevância do estudo para o público leitor)
- O objetivo do estudo
- As perguntas da pesquisa

Procedimentos
- Pressupostos ou concepções filosóficas
- Estratégia de pesquisa qualitativa
- O papel do pesquisador
- Procedimentos da coleta de dados (incluindo as abordagens colaborativas usadas com os participantes)
- Procedimentos da análise dos dados
- Estratégias de validação dos resultados
- Estrutura narrativa proposta
- Questões éticas previstas

Resultados preliminares de testes-piloto (se disponíveis)

Importância do estudo e mudanças transformativas que podem ocorrer

Referências

Apêndices e anexos: Perguntas da entrevista, formulários observacionais, cronograma, orçamento sugerido e um resumo dos capítulos propostos para o relatório final.

No Exemplo 4.1, o escritor incluiu introdução, procedimentos, questões éticas, resultados preliminares e impacto esperado do estudo. Pode ser incluída uma seção separada revisando a literatura, mas isso é opcional, como foi discutido no Capítulo 3. Inserir muitos apêndices ou anexos pode parecer incomum. Desenvolver um cronograma para o estudo e apresentar uma sugestão de orçamento indica informações úteis para os comitês de pós-graduação*; embora tais

*N. de R.T. Os comitês de pós-graduação (*graduate committees*) em muitos programas de pós-graduação *stricto sensu* são as comissões de pós-graduação ou colegiados dos programas.

Exemplo 4.3 Um roteiro quantitativo

Introdução
- Descrição do problema (pergunta, literatura existente sobre o problema, lacunas na literatura, relevância do estudo para o público leitor)
- Objetivo do estudo
- Perguntas ou hipóteses do estudo
- Perspectiva teórica

Revisão da literatura (a base teórica pode ser incluída nesta seção em vez de estar na introdução)

Métodos
- Tipo de desenho de pesquisa (p. ex., experimental, levantamento de dados)
- População, amostra e participantes
- Instrumentos, variáveis e materiais de coleta de dados
- Procedimentos de análise dos dados
- Questões éticas previstas no estudo

Estudos preliminares ou testes-piloto

Apêndices: Instrumentos, cronograma e orçamento proposto

seções sejam altamente recomendadas, elas são opcionais no esboço de um estudo. Além disso, como o número e o tipo de capítulos na pesquisa qualitativa é muito variável, seria conveniente incluir um resumo do conteúdo proposto para cada capítulo do relatório final do estudo.

O roteiro do Exemplo 4.2 é similar ao do construtivista/interpretativista, exceto pelo fato de que o pesquisador identifica uma questão participativa-de justiça social específica que será explorada no estudo (p. ex., opressão, discriminação, envolvimento da comunidade), propõe uma forma colaborativa de coleta de dados e menciona as mudanças previstas que provavelmente serão decorrentes do estudo de pesquisa.

Roteiro de uma proposta quantitativa

Para um estudo quantitativo, o roteiro obedece às seções frequentemente encontradas nos estudos quantitativos relatados em artigos de periódicos científicos. A forma, em geral, acompanha um modelo com introdução, revisão de literatura, metodologia, resultados e discussão. Ao planejar um estudo quantitativo e elaborar uma proposta de dissertação, considere o seguinte roteiro para traçar o plano geral (ver Exemplo 4.3).

O Exemplo 4.3 segue um roteiro-padrão para um estudo de ciências sociais (ver Miller e Salkind, 2002), embora a ordem das seções, especialmente no uso da teoria e da literatura, possa variar de um estudo para outro (ver, p. ex., Rudestam e Newton, 2014). Esse roteiro, no entanto, representa uma ordem típica dos tópicos para uma proposta quantitativa.

Roteiro de uma proposta de métodos mistos

Em um roteiro para um estudo de métodos mistos, o pesquisador reúne abordagens que estão incluídas em roteiros quantitativos e qualitativos. Um exemplo de tal roteiro aparece no Exemplo 4.4 (adaptado de Creswell e Plano Clark, 2011, 2018). Elementos similares são encontrados em um conjunto de padrões para publicação de artigo de periódico científicos de métodos mistos que está sendo desenvolvido pela American Psychological Association (Levitt et al., no prelo).

Esse roteiro mostra que o pesquisador apresenta tanto uma descrição do objetivo quanto perguntas de pesquisa para componentes quantitativos e qualitativos, assim como para componentes mistos. É importante especificar, no início da proposta, as razões (justificativas) para o uso da proposta de métodos mistos e identificar os elementos-chave

Exemplo 4.4 Um roteiro de métodos mistos

Introdução

- O problema da pesquisa (estudos existentes sobre o problema, lacunas na literatura que apontam para a necessidade de dados quantitativos e qualitativos, relevância do estudo para o público leitor)
- O propósito ou objetivo da pesquisa e as razões ou justificativas para o estudo de métodos mistos
- As questões e hipóteses de pesquisa (hipóteses ou questões quantitativas, questões qualitativas, questões de métodos mistos)
- Bases filosóficas para usar a pesquisa de métodos mistos (se necessário)
- Revisão da literatura (geralmente revisão de estudos quantitativos, qualitativos e de métodos mistos)

Métodos

- Uma definição da pesquisa de métodos mistos
- O tipo de desenho usado e sua definição
- Desafios (validade) no uso desse desenho e como eles serão desenvolvidos; também abordagens de validação na pesquisa quantitativa e qualitativa
- Exemplos de uso do tipo de desenho no seu campo de estudo
- Um diagrama dos procedimentos
- Coleta dos dados quantitativos (ordenados para se adequar aos passos do projeto de métodos mistos)
- Análise dos dados quantitativos
- Coleta dos dados qualitativos
- Análise dos dados qualitativos
- Procedimentos de análise dos dados de métodos mistos
- Recursos e habilidades do pesquisador para conduzir a pesquisa de métodos mistos
- Perguntas éticas potenciais

Referências

Apêndices: Instrumentos, protocolos, diagramas, cronograma, orçamento, resumo do principal conteúdo de cada capítulo.

do projeto, como o tipo de estudo de métodos mistos, um diagrama visual dos procedimentos e os passos para a coleta e análise dos dados quantitativos e qualitativos. Todas essas etapas podem tornar a proposta de métodos mistos mais longa do que a proposta qualitativa ou quantitativa.

Planejamento das seções de uma proposta

Aqui seguem várias **dicas de pesquisa** que damos aos alunos sobre o planejamento da estrutura geral de uma proposta.

- Especificar as seções no início do planejamento de uma proposta. Trabalhar em uma seção irá frequentemente levar as ideias para outras seções. Desenvolver primeiro um esboço e depois escrever rapidamente algo para cada seção, a fim de colocar as ideias no papel. Em seguida, aperfeiçoar as seções enquanto as informações que devem aparecer em cada uma vão sendo detalhadas.
- Encontrar propostas que outros alunos já tenham realizado com seu orientador e observá-las atentamente. Solicitar para seu orientador cópias de propostas que ele tenha gostado e percebido como boas propostas acadêmicas. Estudar os tópicos desenvolvidos e sua ordem, assim como o nível de detalhes utilizado na escrita da proposta.
- Determinar se seu programa ou instituição oferece um curso sobre desenvolvimento de proposta ou algum tópico similar. Frequentemente esse curso será útil como sistema de apoio para seu projeto e também

para conhecer pessoas que possam responder às suas ideias à medida que elas se desenvolvem.

- Sentar-se com seu orientador e examinar o roteiro preferido por ele para uma proposta. Pedir a esse orientador a cópia de uma proposta que possa servir como guia. Ter cautela quanto ao uso de artigos publicados em periódicos científicos como modelo para sua proposta: eles podem não fornecer as informações desejadas por seu orientador ou comissão de pós-graduação.

A escrita das ideias

Ao longo dos anos, John tem colecionado livros sobre como escrever, e geralmente está lendo um novo enquanto trabalha nos seus projetos de pesquisa. Mais recentemente, ele passou a comprar cada vez menos livros sobre escrita propriamente dita e, em vez disso, tem comprado bons romances e livros de não ficção dos quais extrai ideias sobre dicas de escrita. Ele normalmente lê os livros que constam na lista do *New York Times* dos 10 mais vendidos e livros de ficção e não ficção (para ficção, ver Harding, 2009). Ele traz segmentos dos livros para compartilhar em suas aulas sobre métodos de pesquisa, para exemplificar apontamentos sobre escrita. Não faz isso para impressionar os outros com a sua sagacidade literária, mas para encorajar os pesquisadores, como escritores, a atingirem seu público leitor; a não se alongarem e se perderem em palavras, mas serem concisos e irem direto ao ponto; e a praticar a escrita em vez de simplesmente falar sobre ela. Este capítulo, então, representa uma colagem dos livros favoritos de John sobre escrita e das dicas que nós dois consideramos úteis para a escrita acadêmica.

A escrita como pensamento

Uma característica dos escritores inexperientes é a preferência em discutir a sua proposta de estudo em vez de escrever sobre ela. Como recomendou Stephen King (2000), é importante escrever rapidamente, por mais rudimentar que possa ser a primeira versão. Recomendamos o seguinte:

- *No início do processo de pesquisa, anote as ideias em vez de falar sobre elas.* Um autor falou diretamente sobre esse conceito de escrita como pensamento (Bailey, 1984). Zinsser (1983) também discutiu a necessidade de tirarmos as ideias de nossas mentes e colocá-las no papel. Os orientadores reagem melhor quando leem as ideias no papel do que quando escutam e discutem um tópico de pesquisa com um aluno ou colega. Quando um pesquisador coloca as ideias no papel, o leitor pode visualizar o produto final, realmente ver como ele se parece e começar a esclarecer algumas ideias. O conceito de trabalhar as ideias no papel tem funcionado bem para muitos escritores experientes. Antes de planejar uma proposta, é interessante elaborar um rascunho de uma ou duas páginas sobre a visão geral de seu projeto e solicitar a aprovação do direcionamento de sua proposta de estudo para o seu orientador. Esse esboço pode conter informações essenciais, como o problema de pesquisa que está sendo abordado, o objetivo do estudo, as perguntas fundamentais que estão em questão, a fonte dos dados e a importância do projeto para diferentes públicos. Também pode ser útil esboçar várias versões escritas de uma ou duas páginas sobre diferentes tópicos e verificar qual delas seu orientador aprecia mais e considera ser a melhor contribuição para seu campo de estudo.
- *Realize vários esboços de uma proposta em vez de tentar polir o primeiro rascunho.* É esclarecedor ver no papel como as pessoas pensam. Zinsser (1983) identificou dois tipos de escritores: (a) os "pedreiros", que compõem completamente cada parágrafo antes de partir para o próximo e (b) o escritor que "deixa todas as ideias como elas surgem no primeiro rascunho", que escreve todo o primeiro esboço sem se importar se ele parece bagunçado ou se está mal escrito. Entre os dois está alguém como Peter Elbow (1973), que recomendou a imersão no repetitivo processo de escrever, revisar e reescrever. Ele mencionou este exercício:

se tiver apenas 1 hora para escrever uma passagem, escreva quatro esboços (1 a cada 15 minutos) em vez de apenas 1 durante 1 hora (normalmente nos últimos 15 minutos). Os pesquisadores mais experientes escrevem o primeiro rascunho de maneira cuidadosa, mas sem buscar por um texto polido; o polimento vem relativamente depois, durante o processo de escrita.

- *Não edite sua proposta na fase do primeiro esboço.* Em vez disso, considere os três modelos de Franklin (1986), que temos achado útil no desenvolvimento das propostas e em nossa escrita acadêmica:
  1. Primeiro, desenvolver um esboço – pode ser um esboço de uma frase ou palavra ou um mapa visual.
  2. Escrever um rascunho e depois modificar e selecionar as ideias, alterando a posição de parágrafos inteiros no manuscrito.
  3. Finalmente, editar e aprimorar cada sentença.

O hábito de escrever

Estabeleça a disciplina ou o **hábito de escrever** de uma maneira regular e contínua em sua proposta. Embora colocar de lado por algum tempo um esboço terminado de sua proposta possa proporcionar alguma perspectiva para examinar seu trabalho antes do polimento final, um processo de escrita começa-e-para com frequência quebra o fluxo do trabalho. Isso pode transformar um pesquisador bem-intencionado no que chamamos de um "escritor de fim de semana": um indivíduo que trabalha na sua pesquisa somente nos finais de semana, depois que todo o trabalho *importante* da semana foi cumprido. O trabalho contínuo no estudo significa escrever algo todos os dias, ou ao menos estar envolvido diariamente no processo de pensar, coletar informações e rever o que vai entrar no manuscrito e na produção da proposta. Percebemos que algumas pessoas têm uma urgência maior para escrever do que outras. Talvez isso ocorra por conta de uma necessidade de se expressar ou de um nível de conforto com a autoexpressão ou simplesmente com o treinamento.

Escolha o melhor momento do dia para você trabalhar na sua, e busque disciplina para escrever todos os dias nesse período. Escolha um lugar isento de distrações. Boice (1990, p. 77-78) apresenta ideias para estabelecer bons hábitos de escrita:

- Com a ajuda do princípio da prioridade, fazer do ato de escrever uma atividade diária, independentemente de seu humor e de sua disposição para escrever.
- Se achar que não tem tempo para escrever regularmente, começar fazendo um esquema das suas atividades para uma ou duas semanas em blocos de meia hora. Provavelmente será encontrado um tempo para escrever.
- Escrever quando estiver bem-disposto.
- Evitar escrever em "repentes".
- Escrever em quantidades pequenas e regulares.
- Programar as tarefas de escrita de forma que seu plano seja trabalhar em unidades de escrita específicas e administráveis em cada sessão.
- Fazer gráficos dos processos diários. Representar por meio deles pelo menos três coisas: (a) tempo despendido escrevendo, (b) equivalentes de páginas terminadas e (c) porcentagem de tarefa planejada realizada.
- Planejar além dos objetivos diários.
- Compartilhar seus escritos com amigos solidários e colaboradores até se sentir seguro para torná-los públicos.
- Tentar trabalhar concomitantemente em dois ou três projetos de escrita para não ficar sobrecarregado por um único projeto.

Também é importante reconhecer que escrever é um processo que transcorre devagar e que um escritor precisa estar tranquilo para esse processo. Como o corredor que se alonga antes de uma corrida, o escritor necessita de exercícios de aquecimento tanto para a mente quanto para os dedos. Isso nos lembra do pianista que faz exercícios de alongamento dos dedos antes de praticar uma peça complexa, que exigirá que as mãos sejam colocadas em posições difíceis. Para a sua pesquisa, algumas atividades relaxantes de escrita, como escrever uma carta para um amigo, colocar uma série de ideias no computador, ler algum bom material escrito ou decorar um poema favorito, pode facilitar a tarefa real da escrita. Isso nos recorda do "período de aquecimento", de John Steinbeck (1969, p. 42), descrito em detalhes no *Journal of a Novel: The East of Eden Letters*. Steinbeck iniciava cada dia escrevendo uma carta para seu editor e grande amigo, Pascal Covici, em um grande caderno de anotações fornecido por Covici.

Outros exercícios também podem se mostrar úteis como aquecimento. Carroll (1990) fornece exemplos de exercícios para melhorar o controle de um escritor sobre passagens descritivas e emotivas:

- Descrever um objeto por suas partes e dimensões, sem imediatamente dizer ao leitor o nome desse objeto.
- Escrever uma conversa entre duas pessoas sobre um tema dramático ou intrigante.
- Escrever um conjunto de orientações para uma tarefa complicada.
- Escolher um tema e escrever sobre ele de três maneiras diferentes (p. 113-116).

Esse último exercício parece apropriado para pesquisadores qualitativos, que analisam seus dados para códigos e temas múltiplos (ver Cap. 9 para análise de dados qualitativos).

Considerar também os implementos de escrita e a localização física que auxiliam o processo da escrita disciplinada. Os implementos – um dicionário *on-line* e um glossário, um *tablet* para fazer anotações das ideias, uma xícara de café e alguns salgadinhos (Wolcott, 2009) – oferecem ao escritor opções para se sentir confortável quando estiver escrevendo. O ambiente físico também pode ajudar. Annie Dillard (1989), romancista vencedora do prêmio Pulitzer, evitava locais de trabalho interessantes:

> Buscar um local sem nenhuma vista, para que a imaginação consiga encontrar a memória no escuro. Quando mobiliei meu escritório, há sete anos, coloquei minha mesa contra uma parede branca, de modo que não pudesse olhar por janela alguma. Certa vez, há 15 anos, escrevi em uma pequena sala de tijolos de concreto sobre um estacionamento. Ela tinha vista para um telhado de piche e cascalho. Esta cabana de pinho sob as árvores não é tão boa quanto a sala de tijolos de concreto, mas vai funcionar. (p. 26-27)

Legibilidade do manuscrito

Antes de começar a elaborar uma proposta, é importante considerar como você vai melhorar sua legibilidade para as outras pessoas. O *Publication Manual of the American Psychological Association* (American Psychological Association [APA], 2010) discute uma apresentação sistemática ao mostrar as relações entre ideias e por meio do uso de conectivos. Além disso, é importante utilizar termos consistentes, uma representação e anunciação das ideias, assim como coerência integrada ao plano.

- Usar termos consistentes durante toda a proposta. Usar o mesmo termo para cada variável em um estudo quantitativo e para o mesmo fenômeno central em um estudo qualitativo. Evitar usar sinônimos para esses termos, um problema que faz o leitor ter de se esforçar para compreender o significado das ideias e monitorar mudanças sutis no significado.
- Considerar como ideias narrativas de diferentes tipos guiam um leitor. Tarshis (1982) apresentou a ideia de que os escritores devem ter em mente o objetivo de ideias narrativas de diferentes tamanhos e os objetivos para segmentos do texto. Ele disse que havia quatro tipos:
    1. Ideias abrangentes – as ideias gerais ou básicas que a pessoa está tentando explicar.
    2. Grandes ideias na escrita – ideias ou imagens específicas que recaem no âmbito dos pensamentos abrangentes e servem para reforçar, esclarecer ou elaborar os pensamentos abrangentes.
    3. Pequenas ideias – ideias ou imagens cuja principal função é reforçar as grandes ideias.

4. Ideias que atraem a atenção ou o interesse – ideias cujos objetivos são manter o leitor no rumo certo, organizar as ideias e prender a atenção.

Os pesquisadores iniciantes parecem ter mais problemas com as ideias abrangentes e as que atraem a atenção. Uma proposta pode incluir ideias demasiadamente abrangentes, com o conteúdo detalhado de forma insuficiente para corroborar grandes ideias. Isso pode ocorrer em uma revisão da literatura na qual o pesquisador precisa apresentar menos seções pequenas e mais seções maiores para enlaçar grandes corpos de literatura. Um sinal claro desse problema é uma mudança contínua de uma ideia importante para outra dentro de um manuscrito. Com frequência, notam-se apenas parágrafos curtos nas introduções das propostas, como aqueles escritos por jornalistas em artigos publicados em jornais impressos. Pensar em termos de uma narrativa detalhada para corroborar ideias abrangentes pode ajudar a solucionar esse problema.

Ideias que atraem a atenção, que fornecem declarações organizacionais para guiar o leitor, também são necessárias. Os leitores precisam de sinais para orientá-los de uma ideia principal para a seguinte (os Caps. 6 e 7 deste livro discutem sinais importantes na pesquisa, como descrições de objetivo e perguntas e hipóteses da pesquisa). Um parágrafo de organização frequentemente é útil no início e no fim das revisões de literatura. Os leitores precisam enxergar a organização geral das ideias ao longo dos parágrafos introdutórios e ter a informação dos pontos de maior destaque que precisam lembrar em um resumo.

- Utilizar a *coerência* para aumentar a legibilidade do manuscrito. **Coerência na escrita** significa que as ideias se vinculam e fluem de forma lógica de uma sentença para outra e de um parágrafo para outro. Por exemplo, a repetição dos nomes da mesma variável no título, a descrição do objetivo, as perguntas da pesquisa e a revisão dos tópicos da literatura em um projeto quantitativo ilustram esse pensamento. Essa abordagem confere coerência ao estudo. Enfatizar uma ordem consistente quando as variáveis independentes e dependentes são mencionadas também reforça essa ideia.

Em um nível mais detalhado, a coerência é construída por meio da conexão das sentenças e dos parágrafos no manuscrito. Zinsser (1983) sugere que toda sentença deve ser uma sequência lógica daquela que a precede. O exercício de setas e círculos (Wilkinson, 1991) é útil para conectar os pensamentos de uma sentença para outra e de um parágrafo para outro. A ideia principal é de que uma sentença tem base na seguinte, e as sentenças de um parágrafo são a base para o parágrafo seguinte. Isso ocorre por meio de palavras específicas que fornecem uma ligação.

A passagem no Exemplo 4.5, extraída do esboço da proposta de um aluno, mostra um alto nível de coerência. Ela pertence à seção introdutória de um projeto qualitativo de dissertação sobre alunos em risco. Nessa passagem, tomamos a liberdade de traçar setas e círculos para conectar as palavras de uma sentença para outra e de um parágrafo para outro. Como foi mencionado anteriormente, o objetivo do exercício de setas e círculos (Wilkinson, 1991) é conectar os principais pensamentos (e palavras) de cada sentença e parágrafo. Se essa conexão não puder ser facilmente realizada, falta coerência na passagem escrita; as ideias e os tópicos estão deslocados; e o leitor precisa adicionar palavras, expressões ou sentenças de transição para estabelecer uma conexão clara. O leitor também não consegue entender como as ideias se desenvolvem no estudo.

Nas aulas de desenvolvimento de proposta de John, ele apresenta uma passagem de uma introdução a uma proposta e pede aos alunos para conectarem as palavras e sentenças usando círculos para as ideias principais e setas para conectar essas palavras-chave de uma sentença para outra. É importante que o leitor encontre coerência em uma proposta desde a primeira página. Ele inicialmente dá aos seus alunos uma passagem sem marcação e, posteriormente, depois do exercício, fornece uma passagem marcada. Como a ideia principal de uma sentença deve estar conectada com uma

Exemplo 4.5 Uma ilustração da técnica de setas e círculos

Eles se sentam no fundo da sala, não porque querem, mas porque foi o lugar que lhes foi designado. As barreiras invisíveis que existem na maioria das salas de aula dividem a sala e separam os alunos. Na frente da sala estão os "bons" alunos, que esperam com suas mãos prontas para levantar quando for o momento. Com uma postura relaxada, como insetos gigantes presos em armadilhas educacionais, os atletas e seus adeptos ocupam o centro da sala. Aqueles menos seguros de si e da sua posição na sala se sentam atrás e à margem do corpo de alunos.

Os alunos sentados no círculo de fora compõem uma população que, por uma série de razões, não é bem-sucedida no sistema de educação pública americana. Eles sempre têm sido parte da população de alunos. No passado, eles foram chamados de incapazes, deficientes, retardados, pouco dotados, atrasados e de vários outros nomes (Cuban, 1989; Presseisen, 1988). Hoje, são chamados de alunos em risco. Seus rostos estão mudando e nos cenários urbanos seus números estão aumentando (Hodgkinson, 1985).

Nos últimos oito anos, tem havido uma quantidade sem precedentes de pesquisa sobre a necessidade de excelência na educação e o aluno em risco. Em 1983, o governo lançou um documento intitulado *A Nation At-Risk* que identificava os problemas no sistema educacional americano e requeria uma reforma importante. Grande parte da reforma inicial era concentrada em processos de estudo mais vigorosos e em padrões mais elevados de realização do aluno (Barber, 1987). Em meio à atenção à excelência, ficou claro que as necessidades do aluno marginal não estavam sendo satisfeitas. A questão sobre o que deveria ser feito para garantir que todos os alunos tivessem uma oportunidade justa de receber uma educação de qualidade estava recebendo pouca atenção (Hamilton, 1987; Toch, 1984). À medida que aumentou a pressão por excelência na educação, as necessidades do aluno em risco se tornaram mais aparentes.

Grande parte da pesquisa inicial se concentrou na identificação das características do aluno em risco (OERI, 1987; Barber e McClellan, 1987; Hahn, 1987; Rumberger, 1987), enquanto outros na pesquisa educacional reivindicavam reforma e desenvolviam programas para alunos em risco (Mann, 1987; Presseisen, 1988; Whelage, 1988; Whelege e Lipman, 1988; Stocklinski, 1991; e Levin, 1991). Estudos e pesquisas sobre esse tópico incluíram especialistas no campo da educação, dos negócios e da indústria, assim como muitas agências governamentais.

Embora tenha havido progresso na identificação das características dos alunos em risco e no desenvolvimento de programas para atender suas necessidades, a essência da questão do em risco continua a castigar o sistema escolar americano. Alguns educadores acreditam que não há necessidade de mais pesquisa (DeBlois, 1989; Hahn, 1987). Outros reivindicam uma rede mais forte entre os negócios e a educação (DeBlois, 1989; Hahn, 1987). Whelege, 1988). Outros ainda reivindicam uma reestruturação total do nosso sistema educacional (OERI, 1987; Gainer, 1987; Levin, 1988; McCune, 1988).

Depois de toda a pesquisa e estudos realizados por especialistas, ainda temos alunos que continuam à margem da educação. A singularidade deste estudo terá uma mudança de foco, de causas e currículo para o aluno. Chegou a hora de questionar os alunos e de ouvir suas respostas. Essa dimensão ampliada deve trazer maior entendimento à pesquisa já disponível e conduzir a mais áreas de reforma. Aqueles que abandonaram os estudos e potenciais alunos propensos a abandonar os estudos serão entrevistados em profundidade para descobrir se há fatores comuns no ambiente da escola pública que interfiram em seu processo de aprendizagem. Essas informações podem ser úteis tanto para o pesquisador que vai continuar a buscar novas abordagens na educação quanto para o profissional que trabalha cotidianamente com esses alunos.

ideia fundamental na sentença seguinte, eles precisam marcar essa relação na passagem. Se as sentenças não se conectam, então estão faltando conectivos que precisam ser inseridos. Ele também pede aos alunos que se certifiquem de que, assim como as sentenças individuais, os parágrafos também estejam conectados com setas e círculos.

A voz, o tempo verbal e os "excessos"

Do trabalho com pensamentos amplos e parágrafos, a recomendação é passar para o nível das sentenças e palavras escritas. Questões similares de gramática e construção de frases estão tratadas no *Publication Manual* da APA (APA, 2010), mas incluímos essa seção para destacar algumas questões gramaticais comuns que temos observado nas propostas dos alunos e em nossa própria escrita.

Nossos pensamentos estão direcionados para o nível de "polimento" da escrita, para usar o termo de Franklin (1986). É uma etapa acessada no final do processo de escrita. É possível encontrar uma abundância de livros de redação sobre a escrita de pesquisa e a escrita literária, com regras e princípios a serem seguidos relacionados à boa sintaxe e à escolha lexical. Por exemplo, Wolcott (2009), um etnógrafo qualitativo, fala sobre o aprimoramento das habilidades editoriais para eliminar palavras desnecessárias (mantendo as palavras essenciais), não utilizar a voz passiva (usando a voz ativa), reduzir os adjetivos (mantendo apenas um adjetivo, no máximo), eliminar as expressões excessivamente usadas (cancelando-as) e reduzir o excesso de citações, o uso de itálicos e os comentários entre parênteses (todos os elementos da boa escrita acadêmica). As ideias adicionais que seguem sobre a voz ativa, o tempo verbal e a redução dos **excessos** podem fortalecer e revigorar a escrita acadêmica para as propostas de dissertações e teses.

- Usar a *voz ativa* o máximo possível nos escritos acadêmicos (APA, 2010). Segundo o escritor literário Ross-Larson (1982), "Se o sujeito age, a voz é ativa. Se o sujeito é objeto da ação, a voz é passiva" (p. 29). Além disso, um sinal da construção passiva é alguma variação de um verbo auxiliar, como *era*. Exemplos incluem *será*, *tem sido* e *está sendo*. Os escritores podem usar a construção passiva quando a pessoa que age pode ser logicamente deixada fora da sentença e quando a que é objeto da ação é o sujeito do resto do parágrafo (Ross-Larson, 1982).
- Usar verbos ativos fortes apropriados para a passagem. Verbos preguiçosos são aqueles que carecem de ação, comumente denominados verbos "ser/estar" (como *é* ou *era*), ou aqueles transformados em adjetivos ou advérbios.
- Prestar muita atenção ao *tempo* dos seus verbos. Existe uma prática comum ao uso do tempo passado para rever a literatura e relatar os resultados de estudos anteriores. O tempo passado representa uma forma comumente usada na pesquisa quantitativa. O tempo futuro indica apropriadamente que o estudo será conduzido no futuro, um uso importante do verbo para as propostas. Usar o tempo presente acrescenta vigor a um estudo, especialmente na introdução, já que esse tempo verbal frequentemente ocorre em estudos qualitativos. Em estudos de métodos mistos, os pesquisadores empregam o tempo presente ou o tempo passado, e o tempo verbal apropriado frequentemente reflete se a orientação principal do estudo será a pesquisa quantitativa ou qualitativa (dessa forma, enfatizando uma ou outra em um estudo). O *Publication Manual* da APA (2001) recomenda o tempo passado (p. ex., "Jones relatou") ou o tempo pretérito perfeito (composto) (p. ex., "pesquisadores têm relatado") para a revisão de literatura e para os procedimentos baseados em eventos passados, o passado para descrever os resultados (p. ex., "o estresse baixou a autoestima") e o tempo presente (p. ex., "os resultados qualitativos mostram") para discutir os resultados e apresentar as conclusões. Não consideramos essa uma regra rigorosa, mas uma diretriz útil.
- Esperar a edição e revisão dos rascunhos de um manuscrito para cortar os excessos.

"Excessos" referem-se às palavras adicionais que são desnecessárias para comunicar o significado das ideias e que precisam ser editadas. Escrever muitos rascunhos de um manuscrito é uma prática-padrão para a maior parte dos escritores. O processo consiste basicamente em escrever, revisar e editar. No processo da edição, cortar as palavras em excesso das sentenças, como os modificadores amontoados, o excesso de preposições e as construções "o-de" – por exemplo, "o estudo de" – que adicionam uma verbosidade desnecessária (Ross-Larson, 1982). Recordamos a prosa desnecessária que aparece nas redações pelo exemplo mencionado por Bunge (1985):

> Hoje você quase pode ver pessoas brilhantes se esforçando para reinventar a sentença complexa diante de seus olhos. Um amigo meu, que é administrador de uma faculdade, de vez em quando tem que dizer uma sentença complexa, e então entra em uma daquelas complicações que começam "Eu esperaria que fôssemos capazes...". Ele nunca falava dessa maneira quando o conheci, mas, mesmo na sua idade, com seu distanciamento da crise nas vidas dos jovens, ele está de certa forma alienado da fala fácil. (p. 172)

Começar estudando bons textos sobre estudos que usam desenhos qualitativos, quantitativos e de métodos mistos. Na boa escrita, o olho não pausa e a mente não tropeça em uma passagem. Neste livro, tentamos extrair exemplos da boa pesquisa a partir de periódicos de ciências humanas e sociais, como *Administrative Science Quarterly, American Educational Research Journal, American Journal of Sociology, Image, Journal of Applied Psychology, Journal of Mixed Methods Research, Journal of Nursing Scholarship,* e *Sociology of Education.* Na área qualitativa, a boa literatura serve para ilustrar a prosa clara e passagens detalhadas. Os indivíduos que ensinam pesquisa qualitativa indicam livros conhecidos da literatura, como *Moby Dick, A letra escarlate* e *A fogueira das vaidades,* como atribuições de leitura (Webb e Glesne, 1992). *Journal of Contemporary Ethnography, Qualitative Family Research, Qualitative Health Research, Qualitative Inquiry,* e *Qualitative Research* representam bons periódicos acadêmicos em pesquisa qualitativa a serem examinados. Quando utilizar a pesquisa de métodos mistos, examinar periódicos que relatem estudos com pesquisa e dados qualitativos e quantitativos combinados, incluindo muitos periódicos de ciências sociais, como *Journal of Mixed Methods Research, The International Journal of Multiple Research Approaches, Field Methods, Quality and Quantity* e *International Journal of Social Research Methodology.* Também se pode examinar os artigos citados no *SAGE Handbook of Mixed Methods in Social and Behavioral Research* (Tashakkori e Teddlie, 2010) e no *The Mixed Methods Reader* (Plano Clark e Creswell, 2018).

Questões éticas a serem previstas

Além de conceituar o processo de escrita para uma proposta, os pesquisadores precisam prever as questões éticas que podem surgir durante seus estudos (Berg, 2001; Hesse-Bieber e Leavy, 2011; Punch, 2005; Sieber, 1998). Pesquisa envolve coletar dados de pessoas, sobre pessoas (Punch, 2014). Escrever sobre essas questões éticas previstas é exigência para a criação de um argumento para um estudo, além de ser um tópico importante no roteiro de propostas. Os pesquisadores precisam proteger os participantes de sua pesquisa, desenvolver uma relação de confiança com eles, promover a integridade da pesquisa, proteger-se contra conduta inadequada e impropriedades que possam refletir em suas organizações ou instituições, além de enfrentar problemas novos e desafiadores (Israel e Hay, 2006). Os problemas éticos são aparentes atualmente em questões como revelação pessoal, autenticidade e credibilidade do relatório da pesquisa; o papel dos pesquisadores em contextos interculturais; e perguntas de privacidade pessoal por meio de formulários de coleta de dados na internet (Israel e Hay, 2006).

As questões éticas em pesquisa exigem maior atenção atualmente. As considerações éticas que precisam ser previstas são extensas, e estão refletidas em todo o processo da pesquisa. Essas questões se aplicam à pesquisa qualitativa, quantitativa e de métodos mistos e a todos os estágios da pesquisa. Os escritores das propostas precisam prever essas questões e abordá-las ativamente em seus planejamentos de pesquisa. Assim, é importante abordá-las em sua relação com as diferentes fases da investigação. Como mostra o Quadro 4.1, a atenção deve ser dirigida às questões éticas antes do estudo ser conduzido; ao iniciar um estudo; durante a coleta dos dados e a análise dos dados; e ao relatar, divulgar e armazenar os dados.

Antes de iniciar o estudo

- *Levar em consideração os códigos de ética.* Consultar o **código de ética** da sua associação profissional logo no início do desenvolvimento da sua proposta.

Quadro 4.1 Questões éticas na pesquisa qualitativa, quantitativa e de métodos mistos

Onde no processo de pesquisa ocorre a questão ética	Tipo de questão ética	Como tratar a questão
Antes de conduzir o estudo	• Examine os padrões da associação profissional. • Busque a aprovação da faculdade/universidade no *campus* por meio de um comitê de revisão institucional (IRB)*. • Obtenha permissão do local e dos participantes. • Escolha um local sem interesses pessoais no resultado do estudo. • Negocie a autoria para publicação.	• Consulte o código de ética da associação profissional na sua área. • Submeta a proposta para aprovação do IRB. • Identifique e verifique as aprovações locais; encontre os porteiros ou pessoas de autoridade para ajudar. • Escolha locais que não suscitem questões de poder com pesquisadores. • Dê os créditos ao trabalho feito no projeto; decida sobre a ordem dos autores em publicação futura.
Início do estudo	• Identifique um problema de pesquisa que vá beneficiar os participantes. • Divulgue o objetivo do estudo. • Não pressione os participantes a assinar os formulários de consentimento. • Respeite as normas e estatutos das sociedades indígenas. • Seja sensível às necessidades de populações vulneráveis (p. ex., crianças).	• Conduza uma avaliação das necessidades ou uma conversa informal com os participantes sobre suas necessidades. • Contate os participantes e informe-os sobre o objetivo geral do estudo. • Diga aos participantes que eles não são obrigados a assinar o formulário. • Informe-se sobre as diferenças culturais, religiosas, de gênero e outras diferenças que precisam ser respeitadas. • Obtenha o consentimento apropriado (p. ex., os pais, bem como as crianças).

(continua)

*N. de R.T. IRB – *institutional review board* – é um órgão presente em universidades norte-americanas que equivale às comissões de pós-graduação e aos comitês de ética.

Quadro 4.1 Questões éticas na pesquisa qualitativa, quantitativa e de métodos mistos *(Continuação)*

Onde no processo de pesquisa ocorre a questão ética	Tipo de questão ética	Como tratar a questão
Coleta dos dados	• Respeite o local e perturbe o menos possível. • Garanta que todos os participantes recebam o mesmo tratamento. • Evite iludir os participantes. • Respeite os potenciais desequilíbrios de poder e exploração dos participantes (p. ex., entrevistando, observando). • Não "use" os participantes, apenas reunindo os dados e deixando o local. • Evite coletar informações prejudiciais.	• Construa um vínculo de confiança e comunique a extensão da perturbação prevista ao obter acesso. • Organize os sujeitos em uma lista para controlar um tratamento adequado. • Discuta o objetivo do estudo e como os dados serão usados. • Evite perguntas dirigidas. Não compartilhe impressões pessoais. Evite divulgar informações sensíveis. Envolva os participantes como colaboradores. • Forneça recompensas pela participação. • Atenha-se às perguntas declaradas em um protocolo de entrevista.
Análise dos dados	• Evite tomar partido dos participantes (tornar-se nativo). • Evite divulgar apenas os resultados positivos. • Respeite a privacidade e o anonimato dos participantes.	• Reporte as múltiplas perspectivas. • Reporte resultados contrários. • Atribua nomes fictícios ou apelidos; desenvolva perfis compostos dos participantes.
Relato, divulgação e armazenamento dos dados	• Evite a falsificação da autoria, de evidências, dados, resultados e conclusões. • Não cometa plágio. • Evite a divulgação de informações que prejudicariam os participantes. • Comunique-se em linguagem clara, direta e apropriada. • Compartilhe os dados com os outros. • Guarde os dados brutos e outros materiais (p. ex., detalhes dos procedimentos, instrumentos). • Não faça cópias ou fragmente publicações. • Forneça comprovação completa da adesão às questões éticas e da ausência de conflito de interesses, caso seja solicitado. • Declare a quem pertencem os dados de um estudo.	• Faça relatos de forma honesta. • Veja as diretrizes da APA (2010) para as permissões necessárias de reprodução ou adaptação do trabalho de outras pessoas. • Utilize histórias misturadas para que os indivíduos não possam ser identificados. • Use linguagem não tendenciosa apropriada ao público da pesquisa. • Forneça cópias do relatório aos participantes e partes interessadas. Compartilhe os resultados com outros pesquisadores. Considere a distribuição em um *website*. Considere a publicação em diferentes línguas. • Guarde os dados e os materiais por 5 anos (APA, 2010). • Evite usar o mesmo material em mais de uma publicação. • Divulgue os financiadores da pesquisa. Divulgue quem irá se beneficiar com a pesquisa. • Dê os créditos pela propriedade ao pesquisador, participantes e orientadores.

Fontes: Adaptado de APA (2010); Creswell (2013); Lincoln (2009); Mertens e Ginsberg (2009); e Salmons (2010).

Na literatura, as questões éticas surgem em discussões sobre códigos de conduta profissional para os pesquisadores e em comentários sobre dilemas éticos e suas potenciais soluções (Punch, 2014). Muitas associações profissionais nacionais têm publicado padrões ou **códigos de ética** em seus *sites* na internet para profissionais de seus campos. Por exemplo, veja os seguintes *sites*:

- The American Psychological Association Ethical Principles of Psychologists and Code of Conduct, incluindo atualizações de 2010 (www.apa.org/ethics/code/index.aspx)
- The American Sociological Association Code of Ethics, adotado em 1997, (www.asanet.org/membership/code-ethics)
- The American Anthropological Association's Code of Ethics, fevereiro de 2009 (ethics.americananthro.org/category/statement/)
- The American Educational Research Association Ethical Standards of the American Educational Research Association, 2011 (www.aera.net/AboutAERA/AERA-Rules-Policies/Professional-Ethics)
- The American Nurses Association Code of Ethics for Nurses— Provisions, aprovado em junho de 2001 (www.nursingworld.org/codeofethics)
- The American Medical Association Code of Ethics (www.ama-assn.org/delivering-care/ama-code-medicalethics)

- *Apresentar uma solicitação junto ao comitê de revisão institucional.* Os pesquisadores precisam ter seus projetos de pesquisa revistos por um **comitê de revisão institucional (IRB)** no *campus* de sua faculdade ou universidade. Os comitês do IRB existem nos campi devido a regulamentações federais que protegem contra violações dos direitos humanos. O comitê do IRB requer que o pesquisador avalie o potencial de risco para os participantes de um estudo, como danos físicos, psicológicos, sociais, econômicos ou legais (Sieber, 1998). Além disso, o pesquisador precisa considerar as necessidades especiais de populações vulneráveis, como crianças e adolescentes (pessoas com menos de 18 anos), participantes mentalmente incapacitados, vítimas, pessoas com problemas neurológicos, mulheres grávidas ou fetos, prisioneiros e pessoas com aids. Como pesquisador, você precisará submeter uma proposta junto ao IRB que contenha os procedimentos e informações sobre os participantes para que o conselho possa examinar em que medida você coloca os participantes em risco no seu estudo. Além dessa solicitação, você precisa que os participantes assinem o **termo de consentimento livre e esclarecido** concordando com as disposições do seu estudo antes que eles lhe forneçam os dados. Esse formulário contém um conjunto de elementos padronizados que reconhece a proteção dos direitos humanos. Eles incluem o seguinte (Sarantakos, 2005):
  - Identificação do pesquisador
  - Identificação da instituição patrocinadora
  - Identificação do objetivo do estudo
  - Identificação dos benefícios pela participação
  - Identificação do nível e do tipo de envolvimento dos participantes
  - Informação dos riscos aos participantes
  - Garantia de confidencialidade para o participante
  - Garantia de que o participante pode se retirar da pesquisa a qualquer momento
  - Fornecimento do contato de pessoas responsáveis pelo estudo, para o caso de dúvidas
- *Obter as permissões necessárias.* Antes de iniciar o estudo, os pesquisadores precisam obter a concordância dos indivíduos em posição de autoridade (p. ex., porteiros) para conseguir acesso aos locais e estudar os participantes. Isso geralmente envolve a escrita de uma carta que especifique a duração de tempo, o impacto potencial e os desfechos da pesquisa. A utilização das respostas dadas pela internet, obtidas

por meio de entrevistas ou levantamentos eletrônicos, requer permissão dos participantes. Isso pode ser obtido primeiramente pela obtenção da permissão e depois envio da entrevista ou do levantamento.

- *Escolher um local sem interesses pessoais.* A escolha de um ambiente a ser estudado pelo qual você possua um interesse nos resultados não é uma boa ideia. Isso não permite a objetividade necessária para a pesquisa quantitativa ou para a plena expressão das múltiplas perspectivas necessárias na pesquisa qualitativa. Escolha locais que não suscitem questões de poder e influência para seu estudo.
- *Negociar a autoria para publicação.* Se você planeja publicar o seu estudo (frequentemente ocorre com um projeto de dissertação), um ponto importante a ser negociado antes de dar início ao estudo é a questão da autoria para os indivíduos que contribuem para o estudo. É importante que a ordem da autoria seja estabelecida para que as pessoas que colaboram com o estudo recebam a devida contribuição. Israel e Hay (2006) discutiram a prática antiética da assim chamada "concessão de autoria", para indivíduos que não contribuem para um manuscrito, e da autoria fantasma, na qual a equipe júnior, que fez contribuições significativas para a proposta, é omitida da lista dos autores. A inclusão dos autores e a ordem da autoria podem mudar durante um estudo, mas uma combinação preliminar no início do projeto pode ajudar nesse aspecto quando a publicação for iminente.

Início do estudo

- *Identificar um problema de pesquisa benéfico.* Durante a identificação do problema de pesquisa, é importante identificar um problema que beneficie os indivíduos que estão sendo estudados e que seja útil para outras pessoas além do pesquisador (Punch, 2014). Hesse-Biber e Levy (2011) perguntaram: "Como as questões éticas entram na sua seleção para um problema da pesquisa?" (p. 86). Para se proteger contra isso, os desenvolvedores da proposta podem conduzir projetos-piloto, avaliações das necessidades ou manter conversas informais para estabelecer um vínculo de confiança e respeito com os participantes para que os pesquisadores possam detectar qualquer marginalização potencial dos participantes quando o estudo for iniciado.
- *Apresentar o objetivo do estudo.* Ao desenvolver a descrição do objetivo ou a intenção e as perguntas centrais para um estudo, os desenvolvedores da proposta precisam comunicar o objetivo do estudo, que será descrito para os participantes (Sarantakos, 2005). Os participantes podem se sentir enganados quando entendem um objetivo, mas o pesquisador tem um diferente em mente. Também é importante que os pesquisadores especifiquem o patrocínio do seu estudo. Por exemplo, na elaboração das cartas de apresentação, o patrocínio é um elemento importante no estabelecimento da confiança e da credibilidade para o instrumento de pesquisa que é encaminhado.
- *Não pressionar os participantes a assinarem os termos de consentimento livre e esclarecido.* Ao obter o consentimento para um estudo, o pesquisador não deve forçar os participantes para a assinatura do termo de consentimento livre e esclarecido. A participação em um estudo deve ser entendida como voluntária, e o pesquisador deve deixar claro nas instruções para o formulário de consentimento que os participantes podem decidir não participar do estudo.
- *Respeitar as normas e características das culturas indígenas.* O pesquisador precisa prever as diferenças culturais, religiosas, de gênero ou outras diferenças nos participantes e nos locais, as quais precisam ser respeitadas. Discussões recentes sobre as normas e estatutos das populações indígenas, tais como as tribos de índios americanos, precisam ser observadas (LaFrance e Crazy Bull, 2009). Como as tribos dos índios americanos assumem a entrega de serviços aos seus membros, elas recuperaram

seu direito de determinar qual pesquisa será feita e como ela será relatada de uma maneira que seja sensível à cultura e aos estatutos tribais.

Coleta dos dados

- *Respeitar o local e perturbar o menos possível.* Os pesquisadores precisam respeitar os locais de pesquisa para que permaneçam intactos após seu estudo. Isso requer que os pesquisadores, especialmente em estudos qualitativos que envolvam observação prolongada ou entrevistas em determinado local, tenham consciência do seu impacto e minimizem a perturbação que possam causar no ambiente físico. Por exemplo, eles podem planejar os horários das visitas de modo a não interferir ou interferir pouco no fluxo das atividades dos participantes. Além disso, as organizações geralmente possuem diretrizes que fornecem orientações para a condução de pesquisas sem perturbar seus ambientes.
- *Garantir que todos os participantes recebam os benefícios.* Em estudos experimentais, os pesquisadores precisam coletar os dados de modo que todos os participantes, e não apenas um grupo experimental, se beneficiem dos tratamentos. Isso pode exigir o fornecimento de *algum* tratamento a todos os grupos ou que o tratamento seja realizado de modo que no final todos os grupos o recebam (p. ex., uma lista de espera). Além disso, tanto o pesquisador quanto os participantes devem se beneficiar com a pesquisa. Em algumas situações, pode facilmente ocorrer abuso de poder e os participantes serem coagidos a participar de um estudo. Envolver colaborativamente alguns indivíduos na pesquisa pode proporcionar reciprocidade. Estudos altamente colaborativos, mais comuns em pesquisas qualitativas, podem engajar os participantes como pesquisadores durante todo o processo de pesquisa, como o planejamento, a coleta e a análise dos dados, a escrita do relatório e a divulgação dos resultados (Patton, 2002).
- *Evitar enganar os participantes.* Os participantes precisam saber que estão participando ativamente de um estudo de pesquisa. Para lidar com esse problema, é importante oferecer instruções que lembrem os participantes sobre o objetivo do estudo.
- *Respeitar os potenciais desequilíbrios de poder.* A entrevista na pesquisa qualitativa está sendo vista cada vez mais como uma investigação moral (Kvale, 2007). Ela pode igualmente ser vista como tal para a pesquisa quantitativa e de métodos mistos. Assim, os entrevistadores precisam considerar como a entrevista vai melhorar a situação humana (além de aprimorar o conhecimento científico), como uma interação numa entrevista pode ser estressante para os participantes, se os participantes têm participação na forma como suas declarações são interpretadas, até que ponto os entrevistados podem ser criticamente questionados e quais podem ser as consequências da entrevista para os entrevistados e para os grupos aos quais pertencem. As entrevistas (e observações) devem partir da premissa de que existe um desequilíbrio de poder entre o coletor dos dados e os participantes.
- *Evitar a exploração dos participantes.* É preciso que haja alguma reciprocidade com os participantes pelo envolvimento deles em seu estudo. Pode ser uma pequena recompensa pela participação, compartilhar o relatório final da pesquisa ou envolvê-los como colaboradores. Tradicionalmente, alguns pesquisadores "usavam" os participantes para a coleta de dados e depois, abruptamente, saíam de cena. Isso resulta na exploração dos participantes, enquanto recompensas e reconhecimento podem transmitir respeito e reciprocidade para aqueles que fornecem dados de valor em um estudo.
- *Evitar a coleta de informações prejudiciais.* Os pesquisadores também precisam prever a possibilidade de que informações íntimas prejudiciais sejam reveladas durante o processo de coleta dos dados. É difícil prever e tentar manejar o

impacto dessas informações durante ou depois de uma entrevista (Patton, 2002). Por exemplo, um aluno pode discutir o abuso dos pais, ou prisioneiros podem falar sobre um plano de fuga. Geralmente, nessas situações, o código de ética para os pesquisadores (que pode ser diferente para escolas e prisões) visa proteger a privacidade dos participantes e estender essa proteção a todos os indivíduos envolvidos no estudo.

Análise dos dados

- *Evitar tornar-se nativo.* É fácil apoiar e adotar as perspectivas dos participantes em um estudo. Em estudos qualitativos, isso significa "tomar partido" e apenas discutir os resultados que colocam os participantes sob uma luz favorável. Em pesquisas quantitativas, isso significa desconsiderar dados que comprovem ou refutem hipóteses pessoais que os pesquisadores possam ter.
- *Evitar divulgar apenas resultados positivos.* Em pesquisas, é academicamente desonesto ocultar resultados importantes ou apresentar os dados sob uma perspectiva que seja favorável às inclinações dos participantes ou dos pesquisadores. Em pesquisa qualitativa, isso significa que o investigador precisa relatar toda a gama de resultados, incluindo aqueles que podem ser contrários aos temas. Uma característica da boa pesquisa qualitativa é o relato da diversidade de perspectivas a respeito do tópico. Na pesquisa quantitativa, a análise dos dados deve seguir os pressupostos dos testes estatísticos e não ser parcialmente apresentada.
- *Respeitar a privacidade dos participantes.* Como o estudo irá proteger o anonimato dos indivíduos, dos papéis e dos incidentes no projeto? Por exemplo, em pesquisa de levantamento, os pesquisadores dissociam os nomes das respostas durante o processo de codificação e de registro. Na pesquisa qualitativa, os pesquisadores usam nomes falsos ou pseudônimos para indivíduos e lugares, a fim de proteger as identidades dos participantes.

Relato, divulgação e armazenamento dos dados

- *Falsificação da autoria, evidências, dados, achados ou conclusões.* Na interpretação dos dados, os pesquisadores precisam apresentar um relato preciso das informações. Na pesquisa quantitativa, essa precisão pode exigir reuniões de balanço entre o pesquisador e os participantes (Berg, 2001). Já na pesquisa qualitativa, isso pode incluir a utilização de uma ou mais estratégias para verificar a precisão dos dados com os participantes ou em diferentes fontes, por meio de estratégias de validação. Outras questões éticas no relato da pesquisa envolvem a potencial supressão, falsificação ou invenção de resultados que atendam às necessidades dos pesquisadores ou do público leitor. Essas práticas fraudulentas não são aceitas nas comunidades de pesquisa profissionais, além de constituírem má conduta científica (Neuman, 2009). Uma proposta deve conter uma atitude proativa por parte do pesquisador de não se engajar nessas práticas.
- *Não cometer plágio.* Copiar grande parte do material de outros autores é uma questão ética. Os pesquisadores devem referenciar/citar o trabalho de outros autores, indicando com aspas as citações literais destes. A ideia principal é evitar apresentar o trabalho de outro autor como se fosse seu (APA, 2010). Mesmo quando o material é parafraseado, a devida referência da fonte original deve estar indicada. Os periódicos habitualmente apresentam diretrizes sobre a quantidade de material que pode ser citado de outra fonte sem que o autor tenha que pagar uma taxa pelo uso desse material.
- *Evitar divulgar informações que prejudicariam os participantes.* Um problema a ser previsto sobre confidencialidade é que alguns participantes podem não querer que a sua identidade permaneça confidencial. Ao permitir isso, o pesquisador possibilita que os participantes mantenham a propriedade das suas manifestações e exerçam a sua independência de tomarem decisões. Entretanto, eles

precisam ser bem informados sobre os possíveis riscos da não confidencialidade, como a inclusão de dados no relatório final que eles podem não estar esperando, informações que infringem os direitos de outros indivíduos e que deveriam permanecer ocultas, etc. (Giordaano, O'Reilly, Taylor e Dogra, 2007). No planejamento de um estudo, é importante prever as repercussões da realização de uma pesquisa em certos públicos e evitar o mau uso dos resultados em benefício de um grupo ou outro.

- *Comunicar-se em linguagem clara, simples e apropriada.* Definir como a pesquisa evitará o uso de linguagem ou palavras que contenham viés contra grupos de pessoas por conta de seu gênero, orientação sexual, grupo racial ou étnico, incapacidade ou idade. Revisar as três diretrizes para linguagem tendenciosa no *Publication Manual* da APA (APA, 2010). Apresentar a linguagem não tendenciosa em um nível apropriado de especificidade (p. ex., em vez de dizer: "O comportamento do cliente era tipicamente masculino", diga: "O comportamento do cliente era ________ [especifique]"). Usar uma linguagem que seja sensível e evite rótulos (p. ex., em vez de "400 hispânicos" indique "400 mexicanos, espanhóis e porto-riquenhos"). Reconhecer os participantes em um estudo (p. ex., em vez de "sujeito", usar a palavra *participante*, e em vez de "médica mulher" use "doutora" ou "médica").
- *Compartilhar os dados com outras pessoas.* É importante divulgar os detalhes da pesquisa com o projeto do estudo de modo que os leitores possam determinar por eles mesmos a credibilidade do estudo (Neuman, 2009). Os procedimentos detalhados para a pesquisa quantitativa, qualitativa e de métodos mistos serão enfatizados nos capítulos seguintes. Algumas estratégias para divulgação incluem fornecer cópias dos relatórios aos participantes e investidores, disponibilizar a distribuição dos relatórios na internet e publicar os estudos em vários idiomas quando necessário.
- *Guardar os dados brutos e outros materiais (p. ex., detalhes dos procedimentos, instrumentos).* Os dados, depois de analisados, precisam ser guardados por um período de tempo razoável (p. ex., Sieber, 1998, recomenda 5 a 10 anos; a APA, 5 anos). Depois desse período, os pesquisadores devem descartar os dados para evitar sua apropriação e uso indevido por parte de outros pesquisadores.
- *Não reproduzir ou fragmentar publicações.* Além disso, os pesquisadores não devem se envolver com reprodução ou publicação redundante em que os autores publicam trabalhos que apresentam exatamente os mesmos dados, discussões e conclusões, sem oferecer material novo. Alguns periódicos biomédicos requerem atualmente que os autores declarem se publicaram ou se estão se preparando para publicar trabalhos que estejam intimamente relacionados ao manuscrito que foi submetido (Israel e Hay, 2006).
- *Preencher a declaração de conformidade com questões éticas e de ausência de conflito de interesses.* Alguns *campi* acadêmicos atualmente requerem que os autores apresentem declarações indicando que não têm conflito de interesses na publicação da pesquisa. Tais conflitos podem surgir do pagamento pela sua pesquisa, de algum interesse pessoal nos resultados dos dados ou da intenção de se apropriar do uso da pesquisa por razões pessoais. Como pesquisador, você precisa aceitar as exigências de declaração sobre potenciais conflitos de interesses que envolvem a sua pesquisa.
- *Entender quem detém a propriedade dos dados.* A pergunta de a quem pertencem os dados depois de coletados e analisados também pode dividir as equipes de pesquisa e colocar os indivíduos uns contra os outros. Uma proposta de estudo deve levar em conta a questão de propriedade

de dados e definir sua resolução, como, por exemplo, por meio do desenvolvimento de um acordo claro entre o pesquisador, os participantes e possivelmente os orientadores docentes (Punch, 2014). Berg (2001) recomendou o uso de acordos pessoais para designar a propriedade dos dados de pesquisa.

Resumo

Convém considerar como redigir uma proposta de pesquisa antes de realmente se engajar nesse processo. É importante considerar os nove argumentos propostos por Maxwell (2005) como os elementos-chave a serem incluídos, e depois usar um dos quatro esboços de tópicos apresentados para desenvolver uma proposta qualitativa, quantitativa ou de métodos mistos.

No desenvolvimento da proposta ou projeto, começar colocando as palavras no papel logo de início, para pensar sobre suas ideias; estabelecer o hábito de escrever regularmente; e usar estratégias como a aplicação de termos consistentes, diferentes níveis de pensamentos narrativos e coerência para fortalecer a escrita. Escrever na voz ativa, usar verbos fortes, além de revisar e editar, também ajuda na elaboração do texto.

Antes de redigir a proposta, convém considerar as questões éticas que possam ser previstas e descritas na proposta. Essas questões estão relacionadas a todas as fases do processo de pesquisa. Levando em consideração os participantes, locais de pesquisa e potenciais leitores, é possível planejar estudos contendo boas práticas éticas.

Exercícios de escrita

1. Desenvolver um esboço de tópicos para uma proposta quantitativa, qualitativa ou de métodos mistos. Incluir os principais tópicos nos exemplos deste capítulo.

2. Localizar um artigo de periódico que relate pesquisas qualitativa, quantitativa ou de métodos mistos. Examinar a introdução do artigo e, usando o método de setas e círculos ilustrado neste capítulo, identificar o fluxo das ideias de sentença para sentença e de parágrafo para parágrafo, bem como quaisquer lacunas.

3. Considerar um dos seguintes dilemas éticos que um pesquisador pode enfrentar. Descrever as maneiras como você poderia prever o problema e lidar com ele ativamente em sua proposta de pesquisa.

   a. Um prisioneiro que você está entrevistando lhe fala sobre uma potencial fuga da prisão naquela noite. O que você faz?

   b. Um pesquisador de sua equipe copia frases de outro estudo e as incorpora no relatório final de seu projeto. O que você faz?

   c. Para um projeto, um aluno coleta dados de vários indivíduos entrevistados em famílias de sua cidade. Depois da quarta entrevista, o aluno lhe diz que ainda não foi recebida a aprovação do projeto por parte do IRB. O que você faz?

Leituras complementares

American Psychological Association. (2010). *Publication Manual of the American Psychological Association* (6th ed.). Washington, DC: Author.

Este manual de estilo é uma ferramenta essencial para se ter como pesquisador. Em termos da escrita da pesquisa qualitativa, ele revisa questões éticas e padrões legais na publicação. Além disso, abrange a escrita clara e concisa, abordando tópicos como continuidade, tom, precisão e clareza, assim como estratégias para melhorar o estilo da escrita. O manual apresenta amplas ilustrações sobre como reduzir o viés em um relatório de pesquisa acadêmico, e inclui seções sobre a mecânica do estilo, como pontuação, ortografia, o uso de letras maiúsculas e abreviações. Essas são algumas dicas sobre escrita que os pesquisadores precisam.

Israel, M. & Hay, I. (2006). *Research ethics for social scientists: Between ethical conduct and regulatory compliance*. Thousand Oaks, CA: Sage.

Mark Israel e Lain Hay apresentam uma análise completa do valor prático de se pensar séria e sistematicamente sobre o que constitui conduta a ética nas ciências sociais. Eles examinam as diferentes teorias da ética, como as abordagens da conduta ética consequencialistas* e não consequencialistas, ética da virtude, e abordagens normativas e orientadas para o cuidado. Também oferecem uma perspectiva internacional, baseando-se na história de práticas éticas em países do mundo todo. Ao longo do livro, oferecem exemplos de caso práticos e meios pelos quais os pesquisadores podem tratar os casos de forma ética. No apêndice, apresentam três exemplos de caso e solicitam aos acadêmicos de destaque que comentem como abordariam determinadas questões éticas.

Maxwell, J. (2013). *Qualitative research design: An interactive approach*. (3rd ed.). Thousand Oaks, CA: Sage.

Joe Maxwell apresenta uma boa visão geral do processo de desenvolvimento de proposta para pesquisa qualitativa que é aplicável de muitas maneiras também à pesquisa quantitativa e à pesquisa de métodos mistos. Ele indica que uma proposta é um argumento para conduzir um estudo e apresenta um exemplo a partir do qual descreve nove passos necessários. Além disso, inclui uma proposta qualitativa completa e a analisa como ilustração de um bom modelo a ser seguido.

Sieber, J. E. (1998). Planning ethically responsible research. Em L. Bickman & D.J. Rog (Eds.), *Handbook of applied social research methods* (p. 127-156). Thousand Oaks, CA: Sage.

Joan Sieber discute a importância do planejamento ético como parte vital do processo do projeto de pesquisa. Neste capítulo, ela apresenta uma revisão abrangente de muitos tópicos relacionados às questões éticas, como IRB, termo de consentimento livre e esclarecido, privacidade, confidencialidade e anonimato, assim como elementos de risco de pesquisa e população vulneráveis. Sua cobertura é ampla e suas recomendações para estratégias são numerosas.

Wolcott, H. F. (2009). *Writing up qualitative research* (3rd ed.). Thousand Oaks, CA: Sage.

Harry Wolcott, etnógrafo educacional distinguido, compilou um excelente guia de recursos tratando de muitos aspectos do processo de escrita na pesquisa qualitativa. Ele aponta técnicas úteis para o início na escrita; para desenvolver detalhes; para estabelecer vínculos com a literatura, a teoria e o método; para ser rigoroso na revisão e na edição; e para concluir o processo cuidando de aspectos como o título e os apêndices. Para todos os aspirantes a escritores, esse é um livro essencial, independentemente de se tratar de um estudo qualitativo, quantitativo ou de métodos mistos.

---

*N. de R.T. O termo "consequencialista" foi cunhado no campo do direito. *Grosso modo*, as consequências das ações devem ser relevantes para julgar as decisões. Para maiores informações, ver o artigo muito didático: Christopoulos, B. G. C. (2015). Argumento consequencialista no direito. *Revista Eletrônica do Mestrado em Direito* da UFAL, 6(3). Recuperado de: https://www.seer.ufal.br/index.php/rmdufal/article/view/2061

Parte II

Planejamento da pesquisa

Nesta parte são descritas as três abordagens – quantitativa, qualitativa e de métodos mistos – para os passos no processo de pesquisa. Cada capítulo aborda um passo separado nesse processo, começando com a introdução de um estudo.

5 Introdução

Depois de ter optado por uma abordagem qualitativa, quantitativa ou de métodos mistos, conduzir uma revisão da literatura preliminar e optar por um formato de proposta, o próximo passo no processo é desenhar ou planejar o estudo. Então, inicia-se um processo de organização e escrita das ideias, que começa com o planejamento de uma introdução para uma proposta. Este capítulo discute a composição e a escrita de uma introdução para esses três diferentes tipos de desenhos de proposta. Em seguida, a discussão se volta para os cinco componentes da redação de uma boa introdução: (a) determinar o principal problema do estudo, (b) revisar a literatura sobre o problema, (c) identificar as lacunas na literatura sobre o problema, (d) selecionar um público e indicar a importância do problema para ele e (e) identificar o objetivo do estudo proposto. Esses componentes compreendem um modelo de lacuna das ciências sociais na redação de uma introdução, pois um importante componente da introdução é expor as lacunas das pesquisas anteriores. Para ilustrar esse modelo, uma introdução completa dentro de um estudo de pesquisa publicado é apresentada e analisada.

A importância das introduções

Uma introdução é a primeira passagem em um artigo de periódico, dissertação ou estudo de pesquisa acadêmico. Ela prepara o terreno para todo o estudo. Wilkinson (1991) mencionou o seguinte:

> A introdução é a parte do estudo que proporciona aos leitores as informações de base sobre a pesquisa relatada no papel. Seu objetivo é estabelecer uma estrutura para a pesquisa, para que os leitores consigam entender como ela está relacionada a outras pesquisas. (p. 96)

A introdução estabelece a questão ou o interesse que conduz à pesquisa, ao comunicar informações sobre um problema. Como é a parte inicial de um estudo ou proposta, é preciso tomar um cuidado especial em sua escrita. A introdução precisa suscitar o interesse no leitor pelo tema, definir o problema que leva ao estudo, situar o estudo dentro do contexto mais amplo da literatura acadêmica e atingir um público leitor específico. Tudo isso é realizado em uma seção concisa, de poucas páginas. Por conta das mensagens que precisam comunicar e do espaço limitado que lhes é oferecido, as introduções são desafiadoras na sua escrita e no seu entendimento.

Um problema ou questão de pesquisa é o que conduz à necessidade de um estudo. Ele pode se originar de muitas fontes potenciais. Pode surgir de uma experiência que os pesquisadores tiveram em suas vidas pessoais ou em seus locais de trabalho; pode decorrer de um debate extenso que tenha surgido na literatura; a literatura pode ter uma lacuna que precise ser abordada, perspectivas alternativas que devam ser resolvidas ou uma categoria que precise ser estudada; além disso, o problema de pesquisa pode se desenvolver a partir de debates políticos no governo ou entre altos executivos. As fontes dos problemas de pesquisa são, em geral, múltiplas. Identificar e estabelecer o problema de pesquisa subjacente a um estudo não é fácil; por exemplo, identificar a questão da gravidez na adolescência é apontar para um problema que atinge as mulheres e a sociedade em geral. Infelizmente, muitos autores não identificam claramente o problema de pesquisa, deixando para os leitores a decisão sobre a importância da questão. Quando o problema não está claro, é difícil entender todos os outros aspectos de um estudo de pesquisa, principalmente a importância da pesquisa. Além disso, o problema de pesquisa é frequentemente confundido com as perguntas de pesquisa, aquelas questões que o pesquisador gostaria de responder para entender ou explicar o problema. Essa complexidade é ampliada pela necessidade das introduções darem conta de encorajar o leitor a continuar lendo e perceber a importância do estudo.

Felizmente, há um modelo utilizado como guia para redigir uma boa introdução acadêmica nas ciências sociais. Antes de apresentar esse modelo, é necessário discutir brevemente a composição de um bom resumo e, então, distinguir sutis diferenças entre as introduções para os estudos qualitativos, quantitativos e de métodos mistos.

Resumo para um estudo

Um resumo é um breve sumário do conteúdo de um estudo, que permite aos leitores identificar rapidamente os elementos essenciais de um projeto. Ele é colocado no início dos estudos e é importante tanto nas propostas para estudos quanto em uma tese ou dissertação final. O *Publication Manual of the American Psychological Association* (American Psychological Association [APA], 2010) indica que o resumo pode ser o parágrafo mais importante em um estudo. Ele também precisa ser correto, não avaliativo (acrescentando comentários além do escopo da pesquisa), coerente, compreensível e conciso. A sua extensão é variável, e alguns colegas e universidades possuem exigências para uma extensão apropriada (p. ex., 250 palavras). As diretrizes do *Publication Manual* da APA (APA, 2010) dizem que a maioria dos resumos tem entre 150 e 250 palavras.

Há componentes importantes que devem ser incluídos em um resumo. O conteúdo dos resumos varia de acordo com o trabalho – um relatório, uma revisão da literatura, um trabalho orientado para a teoria e um trabalho metodológico. O foco aqui será o resumo de uma proposta para um artigo empírico. Consideramos que são vários os principais componentes que fazem parte de um resumo, e estes são os mesmos se a proposta for quantitativa, qualitativa ou de métodos mistos. Além disso, classificamos esses componentes na ordem em que eles podem ser apresentados:

1. Começar com a *questão* ou *problema* que leva à necessidade de pesquisa. Essa questão pode estar relacionada à necessidade de mais literatura, mas preferimos pensar sobre um problema da vida real que precise ser abordado – por exemplo, a disseminação da aids, a gravidez na adolescência, a evasão escolar de alunos universitários ou a ausência de mulheres em determinadas profissões. Todos esses são problemas da vida real que precisam receber atenção. O problema também pode indicar uma lacuna na literatura, como uma lacuna, uma necessidade de ampliar um tópico ou solucionar diferenças entre estudos de pesquisa. Você pode citar uma ou duas referências sobre esse "problema", mas, de modo geral, o resumo é curto demais para incluir muitas referências.
2. *Indicar o objetivo do estudo.* Usar a palavra *objetivo* ou o termo *propósito* ou *objetivo do estudo*, e falar sobre o fenômeno central que está sendo explorado, sobre os participantes estudados, assim como o local onde a pesquisa será conduzida.
3. Em seguida, informar quais *dados serão coletados* para atender a esse objetivo. Você pode indicar o tipo de dados, os participantes e onde os dados serão coletados.
4. Depois disso, indicar os *temas* qualitativos, os *resultados estatísticos* quantitativos ou os resultados integrativos dos métodos mistos que provavelmente surgirão em seu estudo. Nos primeiros estágios do planejamento de um projeto, você não saberá quais serão esses resultados, portanto você deve estimar o que eles podem ser. Indicar 4 ou 5 temas, os resultados

estatísticos principais ou percepções integrativas dos métodos mistos.

5. Finalizar o resumo mencionando as *implicações práticas* do estudo. Informar o público específico que se beneficiará com o projeto e por qual razão irá se beneficiar.

Este é um exemplo de um resumo curto para um estudo qualitativo que contém todos os cinco elementos:

> O problema que este estudo aborda é a ausência de mulheres nas competições de artes marciais. Para abordar esse problema, o objetivo deste estudo será explorar a motivação de atletas do sexo feminino em competições de *tae kwon do*. Para coletar os dados, foram realizadas entrevistas com quatro competidoras em um torneio de *tae kwon do*. As entrevistas foram transcritas e analisadas. Esses dados levam aos três seguintes temas: apoio social, autoeficácia e orientação para o objetivo. Esses temas serão úteis para a compreensão da maneira ideal de aumentar a motivação nas mulheres praticantes de artes marciais. (Witte, 2011, comunicação pessoal)

Introduções qualitativas, quantitativas e de métodos mistos

Uma revisão geral de todas as introduções mostra que elas seguem um formato similar: os autores anunciam um problema e justificam por que ele precisa ser estudado. O tipo de problema apresentado em uma introdução varia de acordo com a abordagem utilizada (ver Cap. 1). Em um projeto *qualitativo*, o autor vai descrever um problema de pesquisa que pode ser mais bem entendido no desenvolvimento de um conceito ou um fenômeno. Sugerimos que a pesquisa qualitativa é exploratória e que os pesquisadores a utilizam para sondar um tópico quando as variáveis e a base teórica são desconhecidas. Morse (1991), por exemplo, diz o seguinte:

> As características de um problema de pesquisa qualitativa são: (a) o conceito é "imaturo" devido a uma evidente falta de teoria e pesquisa prévia; (b) uma noção de que a teoria disponível pode ser imprecisa, inadequada, incorreta ou tendenciosa; (c) a existência de uma necessidade de explorar e descrever os fenômenos e de desenvolver uma teoria; ou (d) a natureza do fenômeno pode não ser adequada às medidas quantitativas. (p. 120)

Por exemplo, a expansão urbana (um problema) é um tema que precisa ser explorado, pois não tem sido analisado em algumas áreas de um estado. Por outro lado, crianças do ensino fundamental têm ansiedade e isso interfere na sua aprendizagem (um problema), e a melhor maneira de explorar esse problema é ir às escolas e tratar disso diretamente com professores e alunos. Alguns pesquisadores qualitativos têm uma visão transformativa pela qual o problema será analisado (p. ex., a desigualdade de remuneração entre homens e mulheres ou as posturas raciais envolvidas na análise de perfil de motoristas nas estradas). Thomas (1993) sugere que "os pesquisadores críticos partem da premissa de que toda vida cultural está em constante tensão entre o controle e a resistência" (p. 9). Essa orientação teórica molda a estrutura de uma introdução. Beisel (1990), por exemplo, propôs estudar como a teoria da política de classe explicava o insucesso de uma campanha contra dependência em uma de três cidades americanas. Assim, em alguns estudos qualitativos, a abordagem na introdução pode ser menos indutiva enquanto seguir com base na perspectiva dos participantes, como a maior parte dos estudos qualitativos. Além disso, as introduções qualitativas podem começar com uma declaração pessoal das experiências do autor, como aquelas encontradas nos estudos fenomenológicos (Moustakas, 1994). Também podem ser escritas de um ponto de vista pessoal, subjetivo e em primeira pessoa, em que o próprio pesquisador se posiciona na narrativa.

Uma variação menor é observada nas introduções quantitativas. Em um projeto quantitativo, o problema é mais bem trabalhado a partir da compreensão de quais fatores ou variáveis influenciam um resultado. Por exemplo, em resposta a demissões de trabalhadores (um problema para todos os empregados), um pesquisador pode procurar descobrir quais fatores influenciam as empresas para reduzir seu contingente humano. Outro pesquisador pode precisar entender o alto índice de divórcios entre casais (um problema) e analisar se questões financeiras podem contribuir para o divórcio. Nessas duas situações, o problema de pesquisa é aquele no qual o entendimento dos fatores que explicam ou se relacionam a um resultado auxilia o pesquisador a compreender e a explicar melhor o problema. Além disso, nas introduções quantitativas, os pesquisadores às vezes propõem testar uma teoria e incorporam revisões substanciais da literatura para identificar questões de pesquisa que precisam ser respondidas. Uma introdução quantitativa pode ser escrita do ponto de vista impessoal e no tempo passado, para garantir objetividade à linguagem da pesquisa.

Um estudo de métodos mistos pode utilizar tanto a abordagem qualitativa quanto a quantitativa (ou uma combinação delas) para a escrita de uma introdução. Em qualquer estudo de métodos mistos, a ênfase pode apontar na direção da pesquisa quantitativa ou qualitativa, e a introdução vai refletir essa ênfase. Para outros projetos de métodos mistos, a ênfase será igual entre a pesquisa qualitativa e a quantitativa. Nesse caso, é possível abordar um problema em que exista uma necessidade tanto de entender quantitativamente a relação entre as variáveis em uma situação quanto de explorar qualitativamente o tópico em maior profundidade. Um problema de um estudo de métodos mistos também pode ser que a pesquisa existente seja basicamente de metodologia quantitativa ou qualitativa, e exista a necessidade de ampliar a abordagem para que ela seja mais inclusiva para outras metodologias. Um projeto de métodos mistos pode inicialmente buscar explicar a relação entre o ato de fumar e a depressão entre os adolescentes, depois explorar pontos de vista detalhados dessa juventude e então demonstrar diferentes padrões de tabagismo e depressão. Sendo a primeira fase desse projeto quantitativa, a introdução poderia enfatizar uma abordagem quantitativa com a inclusão de uma teoria que prevê essa relação e uma revisão de literatura substancial.

Modelo de introdução

Essas diferenças entre as várias abordagens são pequenas e estão amplamente relacionadas aos diferentes tipos de problemas abordados em estudos qualitativos, quantitativos e de métodos mistos. Para ilustrar uma abordagem, pode ser útil planejar e redigir uma introdução a um estudo de pesquisa que os pesquisadores poderiam usar independentemente de sua abordagem.

O **modelo de lacunas de uma introdução** é uma abordagem para escrever a introdução de uma pesquisa que tenha base nas lacunas existentes na literatura. Ele inclui os elementos de apresentação do problema de pesquisa, revisando estudos passados sobre o problema, indicando as lacunas nesses estudos e propagando a importância do estudo. É um padrão geral para se escrever uma boa introdução. Trata-se de uma abordagem popular utilizada nas ciências sociais, e uma vez elucidada sua estrutura, o leitor vai perceber que ela aparece várias vezes em muitos estudos de pesquisa publicados (nem sempre na ordem apresentada aqui). Ela consiste em cinco partes, e cada parte pode ter um parágrafo separado, considerando uma introdução de cerca de duas páginas de extensão:

1. Apresenta o problema de pesquisa
2. Revisa os estudos que têm abordado o problema
3. Indica as lacunas nos estudos
4. Indica a **importância do estudo** para determinados públicos
5. Apresenta a descrição de objetivo

Uma ilustração

Antes da revisão de cada parte, segue um excelente exemplo de um estudo quantitativo publicado por Terenzini, Cabrera, Colbeck,

Bjorklund e Parente (2001) no *The Journal of Higher Education* e intitulado "Racial and Ethnic Diversity in the Classroom" (reprodução autorizada). Após cada importante seção da introdução, destacamos brevemente o componente que está sendo abordado.

> Desde a aprovação do Ato dos Direitos Civis de 1964 e do Ato da Educação Superior de 1965, as faculdades e universidades da América têm se esforçado para aumentar a diversidade racial e étnica de seus alunos e docentes, e "ações afirmativas" se tornaram a política de escolha para atingir essa heterogeneidade. [*Os autores declaram o gancho narrativo.*] Essas políticas, no entanto, estão agora no centro de um intenso debate nacional. A base legal atual para as políticas de ação afirmativa se apoia no processo *Regents of the University of California vs. Bakke*, de 1978, em que o juiz William Powell declarou que a raça poderia ser considerada entre os fatores nas quais são baseadas as decisões das admissões. Contudo, mais recentemente o Tribunal de Apelação do Quinto Circuito dos Estados Unidos, no processo *Hopwood vs. State of Texas*, em 1996, considerou falho o argumento de Powell. As decisões judiciais que rejeitam as políticas de ação afirmativa foram acompanhadas por referendos estaduais, legislações e por ações relacionadas que proíbem ou reduzem drasticamente as admissões ou contratações sensíveis a raça na Califórnia, Flórida, Louisiana, Maine, Massachusetts, Michigan, Mississipi, New Hampshire, Rhode Island e Porto Rico (Healy, 1998a, 1998b, 1999).
>
> Em resposta a isso, educadores e outros profissionais apresentaram argumentos educacionais apoiando a ação afirmativa, declarando que um corpo de alunos diversificado é educacionalmente mais efetivo do que um mais homogêneo. O reitor da Universidade de Harvard, Neil Rudenstine, alega que "a justificativa fundamental para a diversidade dos alunos na educação superior é seu valor educacional" (Rudenstine, 1991, p. 1). Lee Bollinger, reitor da Universidade de Michigan, afirmou que "Uma sala de aula que não conta com uma representação significativa de membros de diferentes raças produz uma discussão empobrecida" (Schmidt, 1998, p. A32). Esses dois reitores não estão isolados em suas crenças. Uma declaração publicada pela Associação das Universidades Americanas e endossada pelos reitores de 62 universidades de pesquisa afirmou: "Falamos, antes de tudo, como educadores. Acreditamos que nossos alunos se beneficiam significativamente da educação que tem lugar em um ambiente diversificado" ("On the importance of Diversity in University Admissions", *The New York Times*, 24 de abril de 1997, p. A27). (*Os autores identificam o problema de pesquisa sobre a necessidade de diversidade*).
>
> Estudos acerca do impacto da diversidade sobre os resultados educacionais dos alunos tendem a abordar as formas como os alunos enfrentam a "diversidade" em uma de três maneiras. Um pequeno grupo de estudos trata o contato dos alunos com a "diversidade" majoritariamente como uma função da mistura racial/étnica ou de gênero, numérica ou proporcional, de alunos em um *campus* (p. ex., Chang, 1996, 1999a; Kanter, 1997; Sax, 1996)... Um segundo conjunto de estudos consideravelmente maior toma uma pequena quantidade de diversidade estrutural como uma realidade admitida e operacionaliza os encontros dos alunos com a diversidade usando a frequência ou a natureza de suas interações relatadas com colegas que são racial e etnicamente diferentes deles próprios... Um terceiro conjunto de estudos analisa os esforços programáticos institucionalmente estruturados e destinados a ajudar os alunos a se engajarem com a "diversidade" racial/étnica e/ou de gênero, com relação a ideias e pessoas.
>
> Essas várias abordagens têm sido usadas para analisar os efeitos da diversidade

em uma ampla série de resultados educacionais dos alunos. A evidência é quase uniformemente consistente na indicação de que os alunos em uma comunidade diversa em termos raciais/étnicos ou de gênero, ou engajados em uma atividade relacionada à diversidade, colhem uma série mais ampla de benefícios educacionais positivos. (*Os autores mencionam estudos que abordam o problema.*)

Apenas alguns estudos (p. ex., Chang, 1996, 1999a; Sax, 1996) examinaram especificamente se a *composição racial/ étnica ou de gênero* dos alunos em um *campus*, em um mestrado acadêmico ou em uma sala de aula (isto é, diversidade estrutural) tem os benefícios educacionais reivindicados... Entretanto, se o grau de diversidade racial de um *campus* ou de uma sala de aula tem um efeito *direto* sobre os resultados é algo que permanece como questão em aberto. (*São observadas as limitações nos estudos existentes.*)

A escassez de informações sobre os benefícios educacionais da diversidade estrutural em um *campus* ou em salas de aula é lamentável, pois é o tipo de evidência que os tribunais parecem exigir como apoio a políticas de admissões sensíveis à raça. (*A importância do estudo para o público acadêmico é mencionada*).

Este estudo tentou contribuir para a base de conhecimento, explorando a influência da diversidade estrutural na sala de aula sobre o desenvolvimento das habilidades acadêmicas e intelectuais dos alunos... Ele analisa o efeito direto da diversidade na sala de aula sobre os resultados acadêmicos e intelectuais, assim como se quaisquer efeitos da diversidade na sala de aula podem ser moderados pela extensão em que abordagens de ensino colaborativas são utilizadas no curso. (*O propósito do estudo é identificado*). (p. 510-512, reprodução autorizada por *The Journal of Higher Education*)

O problema de pesquisa

No artigo de Terenzini e colaboradores (2001), a primeira frase cumpre os dois principais objetivos de uma introdução: (a) despertar o interesse no estudo e (b) comunicar um problema ou questão distinta de pesquisa. Qual efeito causou essa frase? Ela motivou o leitor a continuar a leitura? Foi apresentada de forma que seja compreensível para um público amplo? Essas questões são importantes para as frases de abertura, sendo chamadas **gancho narrativo**, termo extraído da composição inglesa, que se refere a palavras que servem para atrair, engajar ou conectar o leitor com o estudo. Para aprender como escrever bons ganchos narrativos, é importante estudar primeiro as frases de abertura das principais revistas de diferentes campos de estudo. Os jornalistas, geralmente, proporcionam bons exemplos nas frases iniciais de artigos de jornais e revistas. Segue abaixo alguns exemplos de frases iniciais de periódicos de ciências sociais.

- "A celebridade transexual e etnometodológica Agnes mudou sua identidade quase três anos antes de ser submetida à cirurgia de mudança de sexo." (Cahill, 1989, p. 281)
- "Quem controla o processo de sucessão do presidente de uma empresa?" (Boeker, 1992, p. 400)
- "Há um grande corpo de literatura que estuda a linha cartográfica (um recente artigo resumido é Butte in field, 1985) e a generalização das linhas cartográficas (McMaster, 1987)." (Carstensen, 1989, p. 181)

Esses três exemplos apresentam informações facilmente entendidas por muitos leitores. Os dois primeiros, introduções em estudos qualitativos, demonstram como o interesse do leitor pode ser despertado a partir da referência ao único participante e pelo lançamento de uma pergunta. O terceiro exemplo, um estudo experimental quantitativo, mostra como é possível iniciar com uma perspectiva da literatura. Os três exemplos demonstram bem como a sentença inicial pode ser escrita de forma que o leitor não seja conduzido a uma complicação detalhada do pensamento, mas levado delicadamente ao tópico.

Nós usamos a metáfora do escritor baixando um balde em um poço. O escritor *iniciante* mergulha o balde (o leitor) nas profundidades do poço (o artigo). O leitor enxerga apenas o material com o qual não está familiarizado. O escritor *experiente* baixa o balde (o leitor, mais uma vez) lentamente, permitindo ao leitor se acostumar aos poucos à profundidade (do estudo). Esse baixar do balde se inicia com um gancho narrativo de generalidade suficiente para o leitor entender e conseguir se relacionar com o tópico.

Além dessa primeira sentença, é importante identificar claramente a(s) questão(ões) ou o(s) problema(s) que conduz(em) à necessidade do estudo. Terenzini e colaboradores (2001) discutem um problema distinto: o esforço em aumentar a diversidade étnica nos *campi* das faculdades e universidades dos Estados Unidos. Eles observam que as políticas para aumentar a diversidade estão "no centro de um intenso debate nacional" (p. 509).

Na pesquisa das ciências sociais aplicada, os problemas se originam de questões, dificuldades e práticas atuais em situações da vida real. O problema de pesquisa em um estudo começa a se tornar claro quando o pesquisador pergunta "Qual é a necessidade deste estudo?" ou "Qual problema influenciou a necessidade de realizar este estudo?". Por exemplo, as escolas podem não ter diretrizes multiculturais implementadas, as necessidades do corpo docente nas faculdades são tais que ele necessita se envolver em atividades de desenvolvimento em seus departamentos, os alunos das minorias precisam de melhor acesso às universidades ou uma comunidade precisa entender melhor as contribuições das suas primeiras mulheres pioneiras. Esses são todos problemas de pesquisa importantes, que merecem estudo adicional e estabelecem uma questão ou um interesse prático que necessita ser abordado. Quando planejar os parágrafos de abertura de uma proposta que incluam o problema de pesquisa, é importante ter em mente as seguintes **dicas de pesquisa**:

- Escrever uma sentença de abertura que estimule o interesse do leitor e que também comunique uma questão com a qual um público amplo possa se relacionar.
- Como regra, deve-se evitar o uso de citações – especialmente as mais longas – na sentença inicial, porque será difícil para os leitores captarem a ideia principal conforme você gostaria. As citações levantam muitas possibilidades de interpretação e, por isso, criam inícios pouco claros. Entretanto, como evidenciado em alguns estudos qualitativos, as citações também podem despertar o interesse do leitor.
- Evitar expressões idiomáticas ou expressões banais (p. ex., "O método expositivo continua sendo uma 'vaca sagrada' entre a maioria dos professores das faculdades e universidades.").
- Considerar dados numéricos para causar impacto (p. ex., "Todo ano, cerca de 5 milhões de americanos experimentam a morte de um membro da família imediata.").
- Identificar claramente o problema de pesquisa (i.e., o dilema, a questão) que conduz ao estudo. Pergunte a si mesmo: "Há uma sentença (ou sentenças) específica por meio da qual eu posso comunicar o problema de pesquisa?".
- Indicar por que o problema é importante citando muitas referências que justifiquem a necessidade de estudar essa questão. Talvez de uma maneira não tão jocosa, costumamos dizer para nossos alunos que se eles não tiverem uma dúzia de referências citadas na primeira página de sua proposta, eles não têm um estudo acadêmico.
- Certificar-se de que o problema está estruturado de uma maneira consistente com a abordagem de pesquisa para o estudo (p. ex., exploratória nos qualitativos, examinando as relações ou os prognosticadores nos quantitativos e qualquer uma das abordagens na investigação de métodos mistos).
- Refletir e escrever sobre a existência de um único problema envolvido no estudo proposto ou múltiplos problemas que

conduzam à necessidade do estudo. Múltiplos problemas de pesquisa são frequentemente abordados nos estudos de pesquisa.

Estudos que abordam o problema

Depois de estabelecer o problema de pesquisa nos parágrafos de abertura, Terenzini e colaboradores (2001) justificaram, então, sua importância revendo estudos que examinaram a questão. Não temos em mente uma revisão completa de literatura para a passagem sobre a introdução. Somente mais tarde, na seção de revisão de literatura de uma proposta, os alunos examinam exaustivamente a literatura. Na introdução, essa parte deve resumir grandes grupos de estudos, não estudos individuais. Dizemos a nossos alunos para refletirem sobre seus mapas de literatura (descritos no Cap. 2), além de examinarem e resumirem as principais categorias amplas nas quais alocaram sua literatura. Essas categorias amplas é o que entendemos por revisar estudos na introdução de uma proposta.

O objetivo da revisão dos estudos em uma introdução é justificar a sua importância e criar distinções entre os estudos anteriores e o proposto. Esse componente pode ser chamado de "introduzir o problema de pesquisa dentro do diálogo corrente na literatura". Os pesquisadores não desejam conduzir um estudo que replique exatamente o que outra pessoa já analisou. Os novos estudos precisam fazer acréscimos à literatura, ou ampliar ou retestar o que outros já investigaram. A capacidade para estruturar o estudo dessa maneira separa os pesquisadores novatos dos mais experientes. O veterano analisa e entende o que foi escrito sobre um tópico ou algum problema no campo. Esse conhecimento vem de anos de experiência seguindo o desenvolvimento de problemas e da literatura a eles associada.

Frequentemente surge a questão sobre que tipo de literatura revisar. Nosso melhor conselho seria revisar os estudos de pesquisa em que os autores propõem questões de pesquisa e relatam dados em suas respostas (i.e., artigos empíricos). Esses estudos podem ser quantitativos, qualitativos ou de métodos mistos. O ponto importante é que a literatura apresente a pesquisa que está sendo abordada na proposta: Os pesquisadores iniciantes frequentemente perguntam: "O que faço agora? Nenhuma pesquisa foi realizada sobre meu tópico". É claro que, em alguns estudos restritamente construídos ou em projetos novos e exploratórios, não existe literatura para documentar o problema de pesquisa. Além disso, faz sentido que um tópico esteja sendo proposto para estudo justamente porque pouca pesquisa vem sendo conduzida a seu respeito. Para contrapor essa afirmação, muitas vezes sugerimos que um pesquisador pense sobre a literatura usando um triângulo invertido como uma imagem. Na base do triângulo invertido fica o estudo acadêmico que está sendo proposto. Esse estudo é restrito e concentrado (e podem não existir estudos a seu respeito). Quando se amplia a revisão de literatura ascendentemente, a partir da base do triângulo invertido, é possível encontrar literatura, embora ela possa ter sido, de algum modo, removida do estudo em questão. Por exemplo, o tópico restrito dos afro-americanos em risco no ensino elementar pode não ter sido pesquisado; entretanto, se pensarmos em termos mais amplos, o tópico de alunos em geral que estão em risco no ensino fundamental ou em qualquer nível de educação já pode ter sido estudado. O pesquisador resumiria a literatura mais geral e terminaria com declarações sobre a necessidade de estudos que analisem os alunos afro-americanos em risco no nível do ensino fundamental.

Para revisar a literatura relacionada ao problema de pesquisa para a introdução de uma proposta, considere as seguintes **dicas de pesquisa**:

- Fazer referência à literatura resumindo grupos de estudos, não estudos individuais (diferentemente do foco em estudos individuais na revisão integrada do Cap. 2). A intenção deve ser estabelecer áreas amplas de pesquisa.
- Para retirar a ênfase de estudos individuais, colocar as referências no texto ao

fim de um parágrafo ou ao final de um ponto de resumo sobre vários estudos.

- Revisar estudos de pesquisa que tenham usado abordagens quantitativas, qualitativas ou de métodos mistos.
- Dar preferência à literatura recente para realizar resumos, como aquela publicada nos últimos 10 anos. Citar estudos mais antigos caso tenham valor em função de terem sido amplamente citados por outros autores.

Lacunas na literatura existente

Depois de apresentar o problema e de revisar a literatura sobre ele, o pesquisador, então, identifica as lacunas encontradas nessa literatura. Por isso chamo esse formato para escrever uma introdução de *modelo de lacunas*. A natureza dessas lacunas varia de um estudo para outro. As **lacunas na literatura existente** podem existir porque os tópicos não foram explorados enquanto grupo, amostra ou população específica; a literatura pode precisar ser replicada ou repetida para ver se os mesmos resultados se mantêm com novas amostras de pessoas ou novos locais de estudo; ou a voz dos grupos sub-representados não foi ouvida na literatura publicada. Em qualquer estudo, os autores podem mencionar uma ou mais dessas lacunas. Com frequência, as lacunas podem ser encontradas nas seções de "sugestões para pesquisa futura" dos artigos de revistas, e os autores podem indicar essas ideias e apresentar outras justificativas para os estudos que as propõem.

Além de mencionar as lacunas, os autores da proposta precisam dizer como seu estudo planejado vai solucionar ou abordar essas lacunas. Por exemplo, como os estudos existentes negligenciaram uma variável importante, outro estudo irá incluir essa variável e analisar seu efeito. Como exemplo, os estudos passados negligenciaram a análise dos nativos americanos como grupo cultural, então um estudo contará com membros dessa população enquanto participantes do projeto.

Nos Exemplos 5.1 e 5.2, os autores apontam as lacunas ou lacuna da literatura.

Exemplo 5.1 Lacunas na literatura – estudos necessários

Por essa razão, o significado da guerra e da paz tem sido extensivamente explorado pelos cientistas sociais (Cooper, 1965; Alvik, 1968; Rosell, 1968; Svancarova e Svancarova, 1967-68; Haavedsrud, 1970). O que permanece a ser explorado, no entanto, é como os veteranos de guerras passadas reagem às cenas vivas de uma nova guerra.

(Ziller, 1990, p. 85-86)

Exemplo 5.2 Lacuna na literatura – poucos estudos

Apesar de um interesse aumentado na micropolítica, é surpreendente que tão pouca pesquisa empírica tenha sido realmente conduzida sobre o tópico, especialmente a partir das perspectivas dos subordinados. A pesquisa política nos ambientes educacionais é especialmente escassa: poucos estudos têm se concentrado na maneira com que os professores usam o poder para interagir estrategicamente com os diretores de escola e o que isso significa descritiva e conceitualmente (Ball, 1987; Hoyle, 1986; Pratt, 1984).

(Blase, 1989, p. 381)

Observe o uso das expressões principais para indicar as lacunas: "o que permanece a ser explorado", "pouca pesquisa empírica" e "muito poucos estudos".

Em resumo, ao identificar as lacunas na literatura existente, os autores das propostas podem usar as seguintes **dicas de pesquisa**:

- Citar várias lacunas para tornar o caso ainda mais forte para um estudo.
- Identificar especificamente as lacunas de outros estudos (p. ex., lacunas metodológicas, variáveis negligenciadas).
- Escrever sobre as áreas negligenciadas pelos estudos passados, incluindo tópicos, tratamentos estatísticos especiais, implicações importantes, etc.
- Discutir como um estudo proposto vai solucionar essas lacunas e proporcionar uma contribuição singular para a literatura acadêmica.

Essas lacunas podem ser mencionadas usando uma série de parágrafos curtos que identifiquem três ou quatro lacunas da pesquisa passada ou se concentrando em uma lacuna importante, como ilustrado na introdução de Terenzini e colaboradores (2001).

Importância de um estudo para o público

Nas dissertações, frequentemente os autores incluem uma seção específica descrevendo a importância do estudo para públicos seletos, buscando comunicar a importância do problema para diferentes grupos que possam se beneficiar da leitura e do uso do estudo. Incluindo essa seção, o escritor cria uma justificativa clara para a importância do estudo. Quanto mais públicos puderem ser mencionados, maior a importância do estudo e mais ele será visto pelos leitores a partir de uma aplicação ampla. Ao planejar essa seção, é possível incluir o seguinte:

- três ou quatro razões pelas quais o estudo acrescenta algo à pesquisa acadêmica e à literatura da área;
- três ou quatro razões sobre como o estudo ajuda a melhorar a prática;
- três ou quatro razões sobre por que o estudo vai melhorar a política ou a tomada de decisão.

No Exemplo 5.3, o autor declarou a importância do estudo nos parágrafos de abertura de

Exemplo 5.3 Importância do estudo declarada em uma introdução para um estudo quantitativo

Um estudo da propriedade de uma organização e seu domínio, definidos aqui como os mercados servidos, o escopo dos produtos, a orientação do cliente e a tecnologia empregada (Abell e Hammond, 1979; Abell, 1980; Perry e Rainey, 1988), é importante por várias razões. Em primeiro lugar, entender as relações entre as dimensões da propriedade e do domínio pode ajudar a revelar a lógica subjacente das atividades das organizações e pode auxiliar os membros da organização a avaliar estratégias... Em segundo lugar, uma decisão fundamental que confronta todas as sociedades está relacionada ao tipo de instituições a serem encorajadas ou adotadas para a conduta da atividade... O conhecimento das consequências do domínio dos diferentes tipos de propriedade pode servir como uma contribuição para essa decisão... Em terceiro lugar, os pesquisadores têm estudado frequentemente organizações que refletem um ou dois tipos de propriedade, mas seus resultados podem ter sido implicitamente supergeneralizados para todas as organizações.

(Mascarenhas, 1989, p. 582)

um artigo de periódico. Esse estudo realizado por Mascarenhas (1989) examinou a propriedade de firmas industriais. Ele identificou explicitamente os tomadores de decisão, os membros da organização e os pesquisadores enquanto público para o estudo.

Terenzini e colaboradores (2001) terminaram sua introdução mencionando como os tribunais poderiam usar as informações do estudo para exigir que as faculdades e universidades apoiassem "políticas de admissões sensíveis à raça" (p. 512). Além disso, os autores poderiam ter mencionado a importância desse estudo para os escritórios de admissões e para alunos que buscam admissão, assim como para os comitês que examinam as candidaturas à admissão.

Por fim, boas introduções aos estudos de pesquisa terminam com uma descrição do objetivo ou intenção do estudo. Terenzini e colaboradores (2001) terminaram sua introdução comunicando que planejavam examinar a influência da diversidade estrutural nas habilidades dos alunos na sala de aula. O objetivo será discutido no próximo capítulo.

Resumo

Este capítulo oferece conselhos sobre a composição e a escrita de uma introdução para um estudo acadêmico. O primeiro elemento é considerar como a introdução incorpora os problemas de pesquisa associados à pesquisa quantitativa, qualitativa ou de métodos mistos. Depois, uma introdução de cinco partes é sugerida como um modelo ou padrão para uso. Chamado de *modelo de lacunas*, ele é baseado primeiro na identificação do problema de pesquisa (incluindo um gancho narrativo). Depois inclui uma breve revisão da literatura que tem abordado o problema, indicando uma ou mais lacunas na literatura existente e sugerindo como o estudo vai remediar essas lacunas. Por fim, o pesquisador se dirige ao público específico que se beneficiará com a pesquisa sobre o problema, e a introdução termina com uma descrição do objetivo que estabelece a intenção do estudo (isso será tratado no próximo capítulo).

Exercícios de escrita

1. Esboçar vários exemplos de ganchos narrativos para a introdução de um estudo e compartilhar com seus colegas para determinar se são atraentes para o leitor, se criam interesse no estudo e se são apresentados em um nível com o qual os leitores possam se relacionar.

2. Escrever a introdução para um estudo proposto. Incluir um parágrafo para cada um dos seguintes pontos: o problema de pesquisa, a literatura sobre esse problema, as lacunas da literatura e os públicos que potencialmente teriam interesse no estudo.

3. Localizar vários estudos de pesquisa publicados em periódicos acadêmicos em um campo particular de estudo. Examinar as introduções e localizar a sentença ou as sentenças em que os autores apresentam o problema ou a questão de pesquisa.

Leituras complementares

Bem, D. J. (1987). Writing the empirical journal article. In M.P. Zanna & M. M. Darley (Eds.). *The compleat academic: A practical guide for the beginning social scientist* (p. 171-201), NY: Random House.

Daryl Bem enfatiza a importância da apresentação de abertura na pesquisa publicada. Ele apresenta uma lista de regras práticas para as apresentações de abertura, enfatizando a necessidade de uma prosa clara e legível, e de uma estrutura que conduza o leitor passo a passo até a apresentação do problema. São proporcionados exemplos tanto de apresentações satisfatórias quanto insatisfatórias. Bem defende apresentações de abertura que sejam acessíveis ao não especialista, porém não tediosas para o leitor tecnicamente sofisticado.

Creswell, J. W. & Gutterman, T. (no prelo). *Educational research: Designing, conducting, and evaluating qualitative and quantitative research* (6th ed.). Upper Saddle River, NJ: Pearson Education.

John Creswell e Jim Gutterman incluem um capítulo sobre a introdução de um estudo de pesquisa educacional. Eles fornecem detalhes sobre o estabelecimento da importância de um problema de pesquisa e dão um exemplo do modelo das lacunas para a elaboração de uma boa introdução para um estudo.

Maxwell, J. A. (2005). *Qualitative research design: An interactive approach* (2nd ed.). Thousand Oaks, CA: Sage.

Joe Maxwell reflete sobre o objetivo de uma proposta para uma dissertação qualitativa. Um dos aspectos fundamentais de uma proposta é justificar o projeto para ajudar os leitores a compreender não apenas o que você planeja fazer, mas também por quê. Ele menciona a importância de identificar as questões que serão abordadas e indicar a relevância de estudar essas questões. Em um exemplo de uma proposta de dissertação de mestrado, ele compartilha as principais questões que o aluno abordou para criar um argumento efetivo para o estudo.

Wilkinson, A. M. (1991). *The scientist's handbook for writing papers and dissertations.* Englewood Cliffs, NJ: Prentice Hall.

Antoinette Wilkinson identifica as três partes de uma introdução: (a) a derivação e a apresentação do problema e uma discussão de sua natureza, (b) a discussão dos antecedentes do problema e (c) a apresentação do problema de pesquisa. Seu livro oferece muitos exemplos dessas três partes, juntamente com uma discussão de como escrever e estruturar uma introdução. Enfatiza também a necessidade de que a introdução conduza lógica e inevitavelmente à apresentação da pergunta de pesquisa.

6

Descrição de objetivo

A última seção de uma introdução, como mencionado no Capítulo 5, precisa apresentar uma **descrição de objetivo** que estabeleça a intenção de todo o estudo da pesquisa. Essa descrição se configura como a mais importante da proposta, e precisa ser clara, específica e informativa. A partir dela, seguem-se todos os outros aspectos da pesquisa, e os leitores podem acabar perdidos caso ela não seja cuidadosamente elaborada. Nos artigos de periódico, os pesquisadores escrevem a descrição de objetivo na parte final das introduções; nas teses e dissertações, ela geralmente aparece como uma seção à parte.

Neste capítulo, dedicado exclusivamente à descrição de objetivo, são abordadas as razões para desenvolvê-la, os princípios-chave a serem usados em seu planejamento, além de serem apresentados exemplos de bons modelos a serem usados na criação de uma descrição de objetivo para sua proposta.

Importância e significado da descrição de objetivo

Segundo Locke, Spirduso e Silverman (2013), a descrição de objetivo indica por que você quer fazer o estudo e o que pretende atingir. Infelizmente, os textos sobre a redação de propostas dão pouca atenção à descrição de objetivo, que geralmente é incorporada nas discussões sobre outros tópicos por aqueles que escrevem a metodologia, como na especificação das questões ou na hipótese de pesquisa. Wilkinson (1991), por exemplo, faz referência a ela dentro do contexto da questão e do objetivo da pesquisa. Outros autores colocam a descrição de objetivo como um aspecto do problema de pesquisa (Castetter & Heisleir, 1977). No entanto, um exame atento de suas discussões indica que ambos se referem à descrição de objetivo como a ideia central e dominante em um estudo.

Essa passagem é chamada de descrição de objetivo por comunicar a intenção geral de uma proposta de estudo dentro de uma ou várias sentenças. Também pode ser chamada de objetivo do estudo ou objetivo de pesquisa de um projeto. Nas propostas, os pesquisadores precisam distinguir claramente entre a descrição de objetivo, o problema de pesquisa e as questões de pesquisa. A descrição de objetivo indica a intenção do estudo, não o problema ou a questão que conduz à necessidade do estudo (ver Cap. 5). O objetivo também não se configura como as questões de pesquisa que a coleta de dados vai tentar responder (discutidas no Cap. 7). Em vez disso, e mais uma vez, a descrição de objetivo apresenta os objetivos, a intenção ou as principais ideias de uma proposta ou estudo. Essa ideia cria uma necessidade (o problema) e é aprimorada em questões específicas (as questões de pesquisa).

Dada a importância da descrição de objetivo, convém estabelecê-la separadamente de outros aspectos da proposta ou do estudo e estruturá-la como uma sentença ou parágrafo único facilmente identificável pelos leitores. Embora as descrições de pesquisa qualitativa, quantitativa e de métodos mistos compartilhem tópicos similares, optou-se aqui por identificar cada uma delas, nos parágrafos seguintes, e ilustrá-las com roteiros inseridos para construir uma descrição de objetivo completa, porém fácil de administrar.

Uma descrição de objetivo qualitativa

Uma boa **descrição de objetivo qualitativa** contém informações sobre o **fenômeno central** abordado no estudo, os participantes e o local da pesquisa. Também indica um desenho emergente e utiliza palavras de pesquisa extraídas da linguagem da investigação qualitativa (Schwandt, 2014). Por isso, é importante considerar vários aspectos básicos do projeto na escrita da descrição:

- Usar palavras como *propósito, intenção* ou *objetivo do estudo* para destacar a descrição como a ideia central dominante. Apresentar a descrição como uma sentença ou parágrafo separado e usar a linguagem de pesquisa, como "O propósito (ou intenção ou objetivo) deste estudo é (foi) (será)...". Os pesquisadores geralmente utilizam o tempo verbal presente ou passado para artigos de periódicos e dissertações, e futuro para as propostas, já que está sendo apresentado o plano de um estudo que ainda não foi realizado.
- Concentrar a atenção em um único fenômeno (ou conceito ou ideia). Limitar o estudo a uma ideia a ser explorada ou entendida. Esse foco significa que um objetivo não comunica a relação entre duas ou mais variáveis ou a comparação de dois ou mais grupos, como é habitualmente encontrado na pesquisa quantitativa. Em vez disso, apresenta um fenômeno isolado, reconhecendo que o estudo pode se desenvolver em um reconhecimento de relações ou comparações de ideias. Nenhum desses reconhecimentos relacionados pode ser previsto no início. Por exemplo, um projeto pode começar explorando a identidade do professor e a marginalização dessa identidade em uma determinada escola (Huber e Whelan, 1999), o significado da cultura do beisebol dentro de um estudo do trabalho e da conversa dos empregados de um estádio (Trujillo, 1992) ou como os indivíduos descrevem cognitivamente a aids (Anderson e Spencer, 2002). Esses exemplos ilustram o foco em uma única ideia.
- Usar verbos de ação para informar como o estudo será realizado. Os verbos e as expressões de ação, como *entender, desenvolver, explorar, examinar o significado de, gerar* ou *descobrir*, mantêm a pesquisa aberta e indicam uma intenção em desenvolvimento.
- Usar palavras e expressões neutras – linguagem não direcional –, como explorar as "experiências de autoexpressão dos indivíduos", em vez de "autoexpressão bem-sucedida dos indivíduos". Outras palavras e expressões que podem ser problemáticas incluem *útil, positivo* e *informativo*, pois todas elas são palavras que sugerem um resultado direcional que pode ou não ocorrer. McCracken (1988) fez referência à necessidade de deixar o participante descrever sua experiência nas entrevistas qualitativas. Os entrevistadores (ou as pessoas que elaboram descrições de objetivo) podem facilmente violar a "lei da não direção" (McCracken, 1988, p. 21) na pesquisa qualitativa, usando palavras que sugiram uma orientação direcional.
- Apresentar uma definição do funcionamento geral do fenômeno ou ideia central, especialmente se o fenômeno é um termo que não é habitualmente entendido por um público amplo. Consistente com a retórica da pesquisa qualitativa, essa definição não é rígida e estabelecida, mas provisória e evolutiva durante todo um estudo baseado em informações dos participantes. Por isso, um escritor pode dizer: "Uma definição provisória atual para ____________ (fenômeno principal) é...". Além disso, é preciso observar que essa definição não deve ser confundida com a definição detalhada da seção de termos, como foi discutido no Capítulo 2, sobre a revisão da literatura. A intenção aqui é comunicar aos leitores, em um estágio inicial de uma proposta ou estudo de pesquisa, uma percepção geral do fenômeno central para que possam entender melhor os tipos de questões e as respostas solicitadas aos participantes e fontes de dados.
- Incluir palavras que denotem a estratégia de investigação a ser usada na coleta de dados, na análise e no processo da

pesquisa – por exemplo, se o estudo vai usar uma abordagem etnográfica, de teoria fundamentada, de estudo de caso, fenomenológica, narrativa ou alguma outra estratégia.

- Mencionar os participantes do estudo, como um ou mais indivíduos, um grupo de pessoas ou uma organização inteira.
- Identificar o local da pesquisa, como lares, salas de aula, organizações, programas ou eventos. Descrever esse local em detalhes suficientes para que o leitor saiba exatamente onde o estudo será realizado.
- Como consideração final na descrição de objetivo, incluir alguma linguagem que delimite o escopo de participação ou os locais de pesquisa do estudo. Por exemplo, o estudo pode ser limitado apenas a mulheres ou a mulheres latino-americanas. O local da pesquisa pode ser limitado a uma metrópole ou a uma área geográfica pequena. O fenômeno central pode ser limitado a indivíduos que fazem parte de equipes criativas em empresas. Tais delimitações ajudam na definição dos parâmetros do estudo de pesquisa.

Embora haja uma variação considerável na inclusão desses pontos nas descrições de objetivo, uma boa proposta de dissertação ou tese deve conter muitos deles.

Como auxílio, segue um roteiro que deve ser útil para a elaboração do esboço de uma descrição completa. Um **roteiro**, como é usado neste livro, contém as principais palavras e ideias de uma descrição e proporciona espaço para o pesquisador inserir informações.

> O propósito (ou objetivo do estudo) deste estudo ________ (estratégia de investigação, como uma etnografia, estudo de caso ou outro tipo) é (foi? será?) ________ (entender? explorar? desenvolver? gerar?) o ________ (fenômeno central que está sendo estudado) para ________ (os participantes, tais como o indivíduo, grupos, organização) em ________ (local da pesquisa). Nesta fase da pesquisa, o ________ (fenômeno central que está sendo estudado) será definido de forma geral como ________ (forneça uma definição geral).

Os Exemplos 6.1 a 6.4 podem não ilustrar perfeitamente todos os elementos desse roteiro, mas representam modelos adequados para estudar e imitar.

Exemplo 6.1 Uma descrição de objetivo em um estudo fenomenológico qualitativo

Lauterbach (1993) estudou cinco mulheres que perderam seu bebê ao final da gravidez, assim como suas lembranças e experiências dessa perda. Sua descrição de objetivo foi a seguinte:

> *A investigação fenomenológica, como parte da descoberta de significado, articulou "essências" de significado nas experiências vividas das mães quando seus bebês tão desejados morreram. Usando a lente da perspectiva feminista, o foco do estudo considerou as lembranças das mães e sua experiência "vivida". Essa perspectiva facilitou romper o silêncio que envolvia as experiências dessas mães; e ajudou na articulação e na amplificação das lembranças das mães e de suas histórias sobre a perda. Os métodos de investigação incluíram reflexão fenomenológica sobre os dados suscitados pela pesquisa existencial das experiências das mães e pela pesquisa do fenômeno nas artes criativas.* (p. 134)

Encontramos a descrição de objetivo de Lauterbach (1993) na seção de abertura do artigo da revista sob o título "Objetivo do estudo". Desse modo, o título chama a atenção para essa descrição. As "experiências vividas pelas mães" seriam o fenômeno central, o ponto principal a ser explorado em um estudo qualitativo, e a autora usa a palavra de ação *retratar* para discutir o *significado* (palavra neutra) dessas experiências. A autora também definiu quais experiências foram examinadas quando identifica "lembranças" e experiências "vividas". Ao longo de toda essa passagem, fica claro que Lauterbach utilizou a estratégia da fenomenologia. Além disso, a passagem indica que as participantes eram mães, e, mais adiante no artigo, o leitor é informado de que a autora entrevistou uma amostra de cinco mães, cada uma das quais experimentou a morte perinatal de um filho em seu lar.

Exemplo 6.2 Uma descrição de objetivo em um estudo de caso

Kos (1991) conduziu um estudo de caso múltiplo das percepções de alunos do ensino médio com deficiência em leitura sobre os fatores que os impediam de progredir em seu desenvolvimento nessa habilidade. Sua descrição de objetivo dizia o seguinte:

> *O objetivo deste estudo foi explorar os fatores afetivos, sociais e educacionais que podem ter contribuído para o desenvolvimento das deficiências de leitura em quatro adolescentes. O estudo também buscou explicações sobre a razão pela qual as deficiências de leitura persistem apesar de anos de escolarização. Este não foi um estudo de intervenção e, embora alguns alunos possam ter melhorado sua leitura, a melhora na leitura não foi o foco do estudo.* (p. 876-877)

É importante destacar a ressalva de Kos (1991) de que esse estudo não foi quantitativo medindo a magnitude das mudanças de leitura nos alunos. Kos posiciona a pesquisa claramente dentro da abordagem qualitativa, utilizando palavras como *explorar*. Ela concentrou sua atenção no fenômeno central dos "fatores" e apresentou uma definição provisória, mencionando exemplos, como "fatores afetivos, sociais e educacionais". Além disso, incluiu a descrição sob o título de "Objetivo do estudo" para chamar a atenção para o estudo, e mencionou os participantes. No resumo e na seção da metodologia, um leitor percebe que o estudo usou a estratégia de investigação da pesquisa de estudo de caso e que foi realizado em uma sala de aula.

Exemplo 6.3 Uma descrição de objetivo em uma etnografia

Rhoads (1997) conduziu um estudo etnográfico com dois anos de duração explorando como o ambiente do *campus* pode ser mais benéfico para homens *gays* e bissexuais em uma grande universidade. Sua descrição de objetivo, incluída na seção de abertura, foi a seguinte:

> *O artigo contribui para a literatura que trata das necessidades de alunos* gays *e bissexuais identificando várias áreas em que é possível melhorar o ambiente do* campus *para esses alunos. Este estudo deriva de um estudo etnográfico com dois anos de duração de uma subcultura de alunos composta de homens* gays *e bissexuais em uma grande universidade de pesquisa; o foco nos homens reflete o fato de que as mulheres lésbicas e bissexuais constituem uma subcultura discente separada na universidade em questão.* (p. 276)

Com a intenção de melhorar o *campus*, esse estudo qualitativo está enquadrado no gênero de pesquisa participativa-de justiça social, como mencionado no Capítulo 3. Além disso, essas sentenças aparecem no início do artigo para indicar ao leitor o objetivo do estudo. As necessidades desses alunos tornam-se o fenômeno central do estudo, e o autor procura identificar áreas que podem melhorar o ambiente para homens *gays* e bissexuais. O autor também mencionou que a estratégia de investigação será etnográfica e que o estudo envolverá homens (participantes) de uma grande universidade (local). Até então, o autor não apresenta informações adicionais sobre a natureza exata dessas necessidades ou uma definição operacional para iniciar o artigo. Entretanto, ele se refere à identidade e oferece um significado provisório a esse termo na seção seguinte do estudo.

Exemplo 6.4 Uma descrição de objetivo em um estudo de teoria fundamentada

Richie e colaboradores (1997) conduziram um estudo qualitativo para produzir uma teoria do desenvolvimento de carreira de 18 mulheres afro-americanas e brancas nos Estados Unidos, trabalhando em campos ocupacionais diferentes. No segundo parágrafo desse estudo, eles declararam seu objetivo:

> *O presente artigo descreve um estudo qualitativo do desenvolvimento de carreira de 18 notáveis e altamente destacadas mulheres afro-americanas e brancas nos Estados Unidos em oito campos ocupacionais. O objetivo geral do estudo foi explorar as influências críticas no desenvolvimento das carreiras dessas mulheres, particularmente aquelas relacionadas à conquista de seu sucesso profissional.* (p. 133)

Nessa descrição, o fenômeno central é o desenvolvimento da carreira, e o leitor é informado de que o fenômeno é definido como influências fundamentais no sucesso profissional das mulheres. Nesse estudo, o *sucesso*, uma palavra direcional, serve mais para definir a amostra de indivíduos a serem estudados do que para limitar a investigação sobre o fenômeno principal. Os autores planejam explorar tal fenômeno, e o leitor é informado de que todos os participantes são mulheres, em diferentes grupos ocupacionais. A teoria fundamentada enquanto estratégia de investigação é mencionada no resumo e mais adiante na discussão do procedimento.

Uma descrição de objetivo quantitativa

As **descrições de objetivos quantitativas** diferem consideravelmente dos modelos qualitativos em termos de linguagem e de um foco ao relacionar ou comparar variáveis ou constructos. É importante lembrar os principais tipos de variáveis, conforme apresentado no Capítulo 3: independentes, mediadoras, moderadoras e dependentes.

O desenho de uma descrição de objetivo quantitativa inclui as variáveis no estudo e suas relações, os participantes e o local da pesquisa. Também inclui a linguagem associada à pesquisa quantitativa e a testagem dedutiva das relações ou teorias. Uma descrição de objetivo quantitativa se inicia com a identificação das principais variáveis propostas em um estudo (independente, interveniente, dependente), acompanhada por um modelo visual para identificar claramente essa sequência, e localizar e especificar como as variáveis serão medidas ou observadas. Por fim, a intenção de utilizar as variáveis quantitativamente geralmente será para relacionar as variáveis, como habitualmente se vê em um levantamento, ou para comparar amostras ou grupos em termos de um resultado, como é comumente encontrado nos experimentos.

Os principais componentes de uma boa descrição de objetivo quantitativa incluem o seguinte:

- Incluir palavras para indicar a principal intenção do estudo, como *propósito, intenção* ou *objetivo*. Começar com "O propósito (ou objetivo ou intenção) deste estudo é (foi, será)..."
- Identificar a teoria, o modelo ou a estrutura conceitual. Nesse ponto, uma descrição detalhada não é necessária. No Capítulo 3, é sugerida a possibilidade de escrever uma seção à parte, "Perspectiva teórica", para tal propósito. A menção disso na descrição de objetivo oferece ênfase à importância da teoria e prenuncia seu uso no estudo.
- Identificar as variáveis independentes e dependentes, assim como quaisquer variáveis mediadoras ou moderadoras.
- Usar expressões que conectem as variáveis independentes às dependentes para indicar que estão relacionadas, como "a relação entre" duas ou mais variáveis ou uma "comparação de" dois ou mais grupos. Além disso, uma descrição de propósito pode ser "descrever" as variáveis. A maioria dos estudos quantitativos emprega uma ou mais dessas três opções para discutir as variáveis na descrição de objetivo. Também pode haver uma combinação entre comparação e relação – por exemplo, um experimento de dois fatores em que o pesquisador tem dois ou mais grupos de tratamento, e uma variável independente contínua. Embora habitualmente se encontrem estudos sobre a comparação de dois ou mais grupos em experimentos, também é possível comparar grupos em um estudo de levantamento.
- Posicionar ou ordenar as variáveis da esquerda para a direita na descrição de objetivo, com a variável independente seguida da variável dependente. Coloque as variáveis intervenientes entre as variáveis independentes e dependentes. Muitos pesquisadores também colocam as variáveis moderadoras como relacionadas às variáveis independentes. Nos experimentos, a variável independente será sempre a variável manipulada.
- Mencionar o tipo específico de estratégia ou investigação (como levantamento ou pesquisa experimental) usado no estudo. Incorporando essa informação, o pesquisador antecipa a discussão dos métodos e permite ao leitor associar a relação das variáveis à abordagem da investigação.
- Fazer referência aos participantes (ou à unidade de análise) do estudo e mencionar o local da pesquisa.
- Definir, em termos gerais, cada variável fundamental, usando preferencialmente definições estabelecidas, apresentadas e aceitas, encontradas na literatura. Nesse ponto, são incluídas definições gerais para auxiliar o leitor a entender melhor a descrição de objetivo. Elas não substituem as definições específicas e operacionais encontradas mais tarde, na seção de "Definição de termos" (detalhes sobre o modo como as variáveis serão medidas). Também devem ser mencionadas as delimitações que afetam o escopo do estudo, tais como o escopo da coleta de dados ou se ele está limitado a determinados indivíduos.

Tendo como base esses pontos, o roteiro de uma descrição de objetivo quantitativa pode incluir as seguintes ideias:

> O propósito deste estudo ________ (experimento? Pesquisa de levantamento?) é (foi? será?) testar a teoria ________ que ________ (descreve resultados) ou ________ (compara? relaciona?) a ________ (variável independente) à ________ (variável dependente), controlada(s) pela(s) ________ (variável[is] mediadora[s] ou moderadora[s]) para ________ (participantes) em ________ (local da pesquisa). A(s) variável(s) independente(s) ________ será(ão) definida(s) como ________ (apresente uma definição). A(s) variável(s) dependente(s) será(ão) definida(s) como ________

(apresente uma definição), e a(s) variável(s) interveniente(s), ________ (identifique as variáveis intervenientes), será(ão) definida(s) como ________ (apresente uma definição).

Os Exemplos 6.5 a 6.7 ilustram muitos dos elementos desses roteiros. Os dois primeiros estudos são levantamentos; o último é um experimento.

Exemplo 6.5 Uma descrição de objetivo em um estudo de levantamento publicado

Kalof (2000) conduziu um estudo longitudinal, de dois anos de duração, com 54 universitárias sobre suas atitudes e experiências com vitimização sexual. As participantes responderam a duas pesquisas idênticas pelo correio, com dois anos de intervalo entre elas. A autora combinou a descrição de objetivo, apresentada na seção de abertura, com as questões de pesquisa.

> *Este estudo é uma tentativa de elaborar e esclarecer o vínculo entre as atitudes das mulheres em relação ao sexo e suas experiências com a vitimização sexual. Utilizei dois anos de dados colhidos de 54 universitárias para responder às seguintes questões: (1) As atitudes das mulheres influenciam sua vulnerabilidade à coerção sexual em um período de dois anos? (2) As atitudes mudaram após as experiências com vitimização sexual? (3) A vitimização anterior reduz ou aumenta o risco de vitimização posterior?* (p. 48)

Embora Kalof (2000) não tenha mencionado a teoria que pretende testar, ela identifica tanto sua variável independente (atitudes sexuais relacionadas aos papeis de gênero) quanto a variável dependente (vitimização sexual). Ela posicionou essas variáveis da independente para a dependente. A autora também discorreu sobre a vinculação, mais do que a relação, entre as variáveis para estabelecer uma conexão entre elas (ou descrevê-las). Tal passagem identificou os participantes (mulheres) e o local da pesquisa (um ambiente universitário). Mais tarde, na seção de método, a autora mencionou que o estudo foi um levantamento realizado pelo correio. Embora ela não tenha definido as principais variáveis, medidas específicas das variáveis nas questões de pesquisa foram apresentadas.

Exemplo 6.6 Uma descrição de objetivo em um estudo de levantamento para uma tese de doutorado

DeGraw (1984) realizou uma tese de doutorado no campo da educação sobre o tópico de educadores que trabalham em instituições correcionais para adultos. Sob uma seção intitulada "Descrição do problema", ele apresentou o objetivo do estudo:

> O objetivo deste estudo foi examinar a relação entre as características pessoais e a motivação no trabalho de educadores formados que lecionavam em determinadas instituições estaduais correcionais para adultos nos Estados Unidos. As características pessoais foram divididas em informações básicas sobre o respondente (i.e., informações institucionais, nível de educação, treinamento anterior, etc.) e informações acerca dos pensamentos dos res-

pondentes sobre mudar de emprego. O exame das informações básicas foi importante para este estudo porque se esperava que fosse possível identificar as características e os fatores que contribuem para importantes diferenças na mobilidade e na motivação. A segunda parte do estudo solicitava aos respondentes que identificassem os fatores motivacionais que os preocupavam. A motivação no trabalho foi definida por seis fatores gerais, identificados no questionário do estudo de componentes do trabalho educacional [*educational work components study* – EWCS] (Miskel e Heller, 1973). Esses seis fatores são: potencial para desafio pessoal e desenvolvimento pessoal; competitividade; desejabilidade* e recompensas pelo sucesso; tolerância às pressões do trabalho; segurança conservadora; e disposição para buscar recompensas apesar da incerteza *versus* evasão. (p. 4, 5)

*N. de R.T. O termo em inglês *[social] desirability* refere-se a dar uma resposta socialmente desejável. Para mais detalhes, ver: Nederhof, A. J. (1985). Methods of coping with social desirability bias: a review. *European Journal of Social Psychology*, 15:263-280.

Essa descrição incluiu vários componentes de uma boa descrição de objetivo. Foi apresentada em uma seção à parte, utilizou a palavra *relação*, os termos estavam definidos e a amostra foi especificada. Além disso, a partir da ordem das variáveis apresentadas na descrição, é possível identificar claramente as variáveis independente e dependente.

Exemplo 6.7 Uma descrição de objetivo em um estudo experimental

Booth-Kewley, Edwards e Rosenfeld (1992) realizaram um estudo comparando a desejabilidade social de responder a uma versão para computador de um questionário de atitude e personalidade com o preenchimento de uma versão em "lápis e papel". Eles replicaram um estudo realizado com estudantes universitários que utilizou um inventário, chamado *Balanced Inventory of Desirable Responding* (BIDR), composto de duas escalas: (a) gerenciamento de impressão (GI) e (b) autoengano (AE). No parágrafo final da introdução, eles apresentam o objetivo do estudo: *Planejamos o presente estudo para comparar as respostas de recrutas da Marinha nas escalas de GI e AE, coletadas sob três condições: com lápis e papel, em um computador com permissão para correção e em um computador sem tal permissão. Aproximadamente metade dos recrutas respondeu o questionário de forma anônima, e a outra metade se identificou.* (p. 563)

Essa descrição também refletiu muitas propriedades de uma boa descrição de objetivo. A descrição foi separada de outras ideias na introdução como um parágrafo único; mencionou que seria realizada uma comparação e identificou os participantes do experimento (i.e., a unidade de análise). Em termos da ordem das variáveis, os autores apresentaram primeiro a variável dependente, de forma contrária à nossa sugestão (entretanto, os grupos estão claramente identificados). Embora a base teórica não seja mencionada, os parágrafos precedentes à descrição de objetivo descrevem os achados da teoria anterior. Os autores também não fazem referência à estratégia da investigação, mas outras passagens, especialmente aquelas relacionadas aos procedimentos, identificam o estudo enquanto experimento.

Uma descrição de objetivo de métodos mistos

Descrições de objetivo de métodos mistos contêm a intenção geral do estudo, as informações sobre as tendências quantitativas e qualitativas do estudo e uma justificativa da incorporação das duas tendências para estudar o problema de pesquisa. Essas descrições precisam ser identificadas de início, na introdução, pois apresentam sinalizações importantes para o leitor compreender as partes quantitativas e qualitativas de um estudo. Várias diretrizes podem orientar a organização e a apresentação da descrição de objetivos de métodos mistos:

- Começar com palavras que indicam intenção, como "O objetivo de", "O objetivo do estudo é" ou "A intenção de".
- Indicar o objetivo geral do estudo a partir de uma perspectiva do conteúdo, como "A intenção é aprender sobre a eficácia organizacional" ou "A intenção é examinar famílias com enteados". Dessa maneira, o leitor tem uma âncora para entender o estudo geral antes do pesquisador dividir o projeto em tendências quantitativas e qualitativas.
- Indicar o tipo de projeto de métodos mistos – tal como um projeto convergente, um projeto sequencial explanatório, um projeto sequencial exploratório ou um projeto complexo (conforme discutido no Cap. 10).
- Discutir as razões ou justificativas para a combinação de dados quantitativos e qualitativos. Essa razão poderia ser uma das seguintes (ver Cap. 10 para mais detalhes sobre essas razões):
    - Desenvolver uma compreensão completa de um problema de pesquisa comparando os resultados quantitativos e qualitativos dos dois bancos de dados (um projeto convergente).
    - Entender os dados em um nível mais detalhado usando a coleta de dados do *follow-up* qualitativo para ajudar a explicar os resultados quantitativos, como, um levantamento (ver também O'Cathain, Murphy e Nicholl, 2007) (um projeto sequencial explanatório)*.
    - Desenvolver um novo instrumento de medida que realmente se adapte à cultura de uma amostra, inicialmente explorando qualitativamente (p. ex., por meio de entrevistas) e depois testando o instrumento com uma amostra grande (projeto sequencial exploratório).
    - Incorporar essas razões (e projetos) a um projeto, metodologia ou teoria maior, como um projeto experimental, uma metodologia para estudo de caso ou avaliação, ou uma metodologia participativa-de justiça social (ver o Cap. 10).

Baseados nesses elementos, abaixo são apresentados três roteiros de descrição de objetivo de métodos mistos baseados nos projetos convergente, sequencial explanatório e sequencial exploratório (Creswell e Plano Clark, 2018). Este primeiro exemplo de uma descrição de objetivo de métodos mistos é um roteiro para uma estratégia convergente de métodos mistos em que os dados quantitativos e qualitativos são coletados e analisados separadamente, e os dois bancos de dados são comparados para melhor entender um problema de pesquisa.

> Este estudo de métodos mistos irá abordar __________ [objetivo geral do conteúdo]. Será utilizado um projeto de métodos mistos convergentes, e este é um tipo de design em que os dados qualitativos e quantitativos são coletados em paralelo,

*N. de R.T. Um projeto sequencial explanatório inclui duas fases: uma inicial quantitativa e outra qualitativa. Para mais detalhes, ver: Creswell, J. W. (2010). *Projeto de pesquisa: métodos qualitativo, quantitativo e misto.* (3ª ed.). Porto Alegre: Artmed.

analisados separadamente e, então, mesclados. Neste estudo, ________ [dados quantitativos] serão usados para testar a teoria de ________ [a teoria] que prediz que ________ [variáveis independentes] irão influenciar ________ [positivamente, negativamente] as ________ [variáveis dependentes] para ________ [participantes] em ________ [local]. Os ________ [tipo de dados qualitativos] irão explorar ________ [o fenômeno central] para ________ [participantes] em ________ [local]. A razão para se coletar dados quantitativos e qualitativos é ________ [a razão para misturar].

Este segundo roteiro ilustra uma descrição de objetivo de métodos mistos para um projeto sequencial explanatório em que a intenção é entender o banco de dados quantitativo de forma mais aprofundada usando os dados qualitativos de *follow-up*.

Este estudo irá abordar ________ [objetivo do conteúdo]. Será utilizado um projeto sequencial explanatório de métodos mistos e irá envolver inicialmente a coleta de dados quantitativos e depois a explicação dos resultados quantitativos com dados qualitativos aprofundados. Na primeira fase quantitativa do estudo, dados ________ [instrumento quantitativo] serão coletados de ________ [participantes] em ________ [local da pesquisa] para testar ________ [nome da teoria] para avaliar se ________ [variáveis independentes] se relaciona com ________ [variáveis dependentes]. A segunda fase qualitativa será conduzida como um acompanhamento para que os resultados quantitativos possam ser mais bem explicados . Neste *follow-up* explanatório, o plano provisório é explorar ________ [o fenômeno central] com ________ [participantes] em ________ [local da pesquisa].

O roteiro final é uma ilustração da descrição do objetivo que pode ser usada para um projeto explanatório sequencial em que a intenção é desenvolver medidas (ou instrumentos) que funcionem com uma amostra, inicialmente coletando dados qualitativos e, então, usando esses dados para planejar medidas ou o instrumento que possa ser testado com uma amostra de uma população.

Este estudo aborda ________ [objetivo do conteúdo]. O objetivo desta abordagem exploratória sequencial será primeiramente explorar qualitativamente com uma amostra pequena, para designar uma característica (p. ex., instrumento, site na *web*, atividades de intervenção experimentais, novas variáveis) e depois testar essa característica com uma amostra maior. A primeira fase do estudo será uma exploração qualitativa de ________ [o fenômeno central] em que ________ [tipos de dados] serão coletados de ________ [participantes] em ________ [local da pesquisa]. A partir dessa exploração inicial, os achados qualitativos serão usados para desenvolver uma característica quantitativa que possa ser testada com uma amostra grande. Na fase quantitativa provisoriamente planejada, ________ [dados quantitativos] serão coletados de ________ [participantes] em ________ [local da pesquisa].

Estão disponíveis outros exemplos que incluem a incorporação das abordagens de métodos mistos essenciais (i.e., convergentes, sequenciais explanatórios e sequenciais exploratórios) em projetos complexos como uma intervenção ou ensaio experimental, um estudo de caso, uma estrutura participativa-de justiça social ou um estudo de avaliação que podem ser encontrados em Creswell e Plano Clark (2018).

É importante examinar atentamente os vários exemplos de descrições de objetivo como encontrado em artigos publicados recentemente. Embora esses exemplos possam não incluir todos os elementos dos roteiros, eles servem como exemplos de descrições de objetivo razoavelmente completas e que comunicam claramente o objetivo de um estudo de métodos mistos. A discussão se limitará aos três tipos principais de abordagem: (a) uma abordagem convergente (Exemplo 6.8), (b) uma abordagem sequencial explanatória (Exemplo 6.9) e (c) uma abordagem sequencial exploratória (Exemplo 6.10). Outros desenhos que expandem essas possibilidades serão mais bem detalhados no Capítulo 10.

Exemplo 6.8 Uma descrição de objetivos de métodos mistos convergentes

Classen e colaboradores (2007) desenvolveram um modelo de promoção da saúde para segurança de motoristas mais velhos. Conduzindo uma grande análise secundária de um banco de dados nacional, eles examinaram o risco e os fatores de proteção que influenciam os danos aos motoristas (a fase quantitativa). Eles também conduziram uma metanálise qualitativa de seis estudos para determinar os resultados narrativos relativos às necessidades, aos fatores que influenciam a segurança e às prioridades de segurança dos motoristas em questão (fase qualitativa). Depois disso, compararam as duas bases de dados para integrar os resultados de ambos os conjuntos de dados. Sua descrição de objetivos era a seguinte:

Este estudo apresentou uma perspectiva socioecológica explícita explicando a inter-relação dos possíveis fatores causais, um resumo integrado desses fatores e diretrizes empíricas para o desenvolvimento de intervenções de saúde pública para promover a segurança de motoristas idosos. Usando uma abordagem de métodos mistos, conseguimos comparar e integrar os principais resultados a partir de um banco de dados nacional sobre acidentes de carro com as perspectivas dos interessados (p. 677).

Essa passagem foi redigida no resumo e talvez estivesse mais bem colocada na introdução. Ela indicou o uso tanto dos dados quantitativos quanto qualitativos; mais detalhes, porém, poderiam ter sido fornecidos para identificar a teoria (foi apresentado um modelo no início do estudo), as variáveis específicas analisadas e o fenômeno central da fase qualitativa do estudo.

Exemplo 6.9 Uma descrição de objetivo de métodos mistos sequenciais explanatórios

Ivankova e Stick (2007) estudaram os fatores que contribuem para a persistência dos estudantes em um programa de doutorado (modalidade de ensino a distância). Eles inicialmente coletaram dados de levantamento para examinar os fatores externos e internos do programa que podem predizer a persistência do aluno, e depois acompanharam com entrevistas qualitativas de alunos que foram agrupados em quatro categorias de persistência. Os autores terminaram desenvolvendo estudos de caso de quatro tipos de estudantes persistentes. A descrição do objetivo foi a seguinte:

> O objetivo deste estudo sequencial explanatório de métodos mistos foi identificar os fatores que contri-

buem para a persistência dos alunos no programa ELHE, obtendo resultados quantitativos de um levantamento de 278 alunos atuais e ex-alunos, e depois acompanhando quatro indivíduos intencionalmente escolhidos para explorar esses resultados mais profundamente por meio de uma análise qualitativa de estudo de caso. Na primeira fase do estudo, quantitativa, as questões da pesquisa focavam em como as variáveis internas e externas selecionadas do programa ELHE (fatores relacionados ao programa, ao orientador e docentes, ao institucional, aos alunos, assim como fatores externos) serviam como preditores da persistência dos alunos no programa. Na segunda fase, qualitativa, quatro estudos de caso de grupos distintos de participantes exploraram profundamente os resultados dos testes estatísticos. Nesta fase, as questões de pesquisa abordaram sete fatores internos e externos, os quais demonstraram ter contribuído diferentemente para a função que discrimina* os quatro grupos: programa, ambiente de aprendizagem *on-line*, corpo docente, serviços de apoio aos alunos, automotivação, comunidade virtual e orientador acadêmico (p. 95).

---

*N. de R.T. A técnica de análise discriminante é usada para verificar se grupos diferentes de sujeitos, segundo uma variável dependente (p. ex., participantes das regiões norte, sul, leste e oeste) têm diferenças nas suas respostas ou escolhas. Para mais detalhes, ver: Hair Jr., J. F., Black, W. C., Babin, B. J., Anderson R. E., & Tatham, R. L. (2009). *Análise multivariada de dados.* (6ª ed.). Porto Alegre: Bookman.

Nesse exemplo, a descrição do objetivo acompanhou de perto o roteiro apresentado anteriormente para uma abordagem sequencial explanatória. Ela começa com uma descrição de objetivo geral, seguida pela identificação da primeira fase quantitativa (incluindo as variáveis específicas examinadas), para chegar então na fase qualitativa de *follow-up*. Termina com os quatro estudos de caso e a justificativa dos métodos mistos para usar os referidos estudos em uma exploração mais aprofundada dos resultados dos testes estatísticos.

Exemplo 6.10 Uma descrição de objetivo de métodos mistos sequenciais exploratórios

Enosh e colaboradores (2015) são pesquisadores na disciplina de assistência social e serviços humanos. O tópico do seu estudo de métodos mistos sequenciais explanatórios de 2015 foi examinar a exposição dos assistentes sociais a diferentes formas de violência perpetradas por seus clientes. O objetivo geral do seu estudo foi explorar as experiências dos assistentes sociais com a violência dos clientes, desenvolver um instrumento para medir a violência dos clientes e obter informações generalizadas sobre a violência dos clientes com os assistentes sociais em diferentes contextos. Eles escreveram sua descrição de objetivo da seguinte forma:

> Assim sendo, o objetivo deste estudo foi desenvolver um instrumento baseado no comportamento que pudesse ser usado para comparar os diferentes tipos de ambientes de trabalho, serviços (saúde, turismo), setores (público, privado) e ocupa-

ções (assistentes sociais, enfermeiros, bancários, funcionários de hotel). No presente estudo, desenvolvemos e validamos o instrumento para uma população específica: os assistentes sociais.

Para atingir o objetivo do estudo, Enosh e colaboradores (2015) relataram que seus métodos mistos sequenciais exploratórios se desdobravam em "distintos estágios de pesquisa" (p. 283). Eles iniciaram seu estudo com uma exploração qualitativa das experiências de violência de clientes com assistentes sociais, usando entrevistas qualitativas. No segundo estágio do estudo, os pesquisadores desenvolveram o Client Violence Questionnaire (CVQ). Depois que o instrumento foi desenvolvido, Enosh e colaboradores iniciaram a fase quantitativa final da abordagem explanatória. Os autores implementaram dois diferentes procedimentos de levantamento para aplicar e testar o instrumento desenvolvido. Embora o propósito tenha sido anunciado pelos autores em várias seções do estudo, eles incluíram a intenção geral, a coleta dos dados quantitativos e qualitativos e a razão para coletarem as duas formas de dados.

Resumo

Este capítulo enfatiza a fundamental importância de uma descrição de objetivo. Essa descrição apresenta a ideia central de um estudo. Ao escrever uma descrição de objetivo qualitativa, o pesquisador precisa identificar um único fenômeno principal e lhe proporcionar uma definição provisória. Além disso, o pesquisador inclui nessa descrição palavras fortes de ação, como *descobrir*, *desenvolver* ou *compreender*; usa linguagem não direcional; e menciona a estratégia de investigação, os participantes e o local da pesquisa. Em uma descrição de objetivo quantitativa, o pesquisador declara a teoria que está sendo testada e também as variáveis e sua descrição, relação ou comparação. É importante colocar a variável independente primeiro e depois a dependente. O pesquisador comunica a estratégia da investigação e também os participantes e o local de pesquisa para a investigação. Em algumas descrições de objetivo, o pesquisador também define as variáveis fundamentais usadas no estudo. Em um estudo de métodos mistos, uma descrição do objetivo inclui uma descrição da intenção, o tipo de abordagem de métodos mistos, as formas de coleta e análise dos dados qualitativos e quantitativos, e a razão para coletar ambos os tipos de dados.

Exercícios de escrita

1. Usando o roteiro para uma descrição de objetivo qualitativa, escreva uma descrição preenchendo as lacunas. Faça uma descrição curta; não escreva mais do que aproximadamente três quartos de uma página digitada.

2. Usando o roteiro para uma descrição de objetivo quantitativa, escreva uma descrição. Faça também uma descrição curta, com não mais do que três quartos de uma página digitada.

3. Usando o roteiro para uma descrição de objetivo de métodos mistos, escreva uma descrição de objetivo. Certifique-se de incluir a razão para misturar dados quantitativos e qualitativos e de incorporar os elementos de uma boa descrição de objetivo qualitativa e de uma boa descrição de objetivo quantitativa.

Leituras complementares

Creswell, J. W., & Plano Clark, V. L. (2018). *Designing and conducting mixed methods research* (3rd ed.). Thousand Oaks, CA: Sage.

John W. Creswell e Vicki L. Plano Clark escreveram uma visão geral e uma introdução à pesquisa de métodos mistos que cobre todo o processo de pesquisa, desde a redação de uma introdução, da coleta de dados, da análise dos dados até a interpretação e a redação de estudos de métodos mistos. Em seu capítulo sobre a introdução, discutem as descrições de objetivo qualitativa, quantitativa e de métodos mistos. Apresentam roteiros e exemplos para estudos de métodos mistos, assim como diretrizes gerais para a redação dessas descrições.

Marshall, C. & Rossman, G. B. (2011). *Designing qualitative research* (5th ed.). Thousand Oaks, CA: Sage.

Catherine Marshall e Gretchen Rossman chamam a atenção para a principal intenção do estudo: o objetivo do estudo. Essa seção geralmente está incorporada à discussão do tópico, e é mencionada em uma ou duas sentenças. Comunica ao leitor que os resultados da pesquisa devem ser concluídos. As autoras caracterizam os objetivos como exploratórios, explanatórios, descritivos e emancipatórios. Também mencionam que a descrição inclui a unidade de análise (p. ex., indivíduos, díades ou grupos).

Wilkinson, A. M. (1991). *The scientist's handbook for writing papers and dissertations*. Englewood Cliffs, NJ: Prentice Hall.

Antoinette Wilkinson chama a descrição de objetivos de "objetivo imediato" do estudo de pesquisa. Ela afirma que o propósito do objetivo é responder à questão de pesquisa. Além disso, o objetivo do estudo precisa ser apresentado na introdução, embora possa estar implicitamente declarado como o objeto da pesquisa, do artigo ou do método. Se explicitamente descrito, o objetivo é encontrado no final do argumento, na introdução; pode também ser encontrado próximo ao início ou no meio, dependendo da estrutura da introdução.

7

Questões e hipóteses de pesquisa

Os pesquisadores colocam indicações para conduzir o leitor ao longo de um plano para um estudo. A primeira indicação é a descrição de objetivo, que estabelece a principal intenção do estudo. A seguinte seria as questões ou hipóteses de pesquisa que restringem a descrição de objetivo a predições sobre o que será aprendido ou perguntas a serem respondidas no estudo. Este capítulo inicia com a apresentação de vários princípios no planejamento de questões de pesquisa qualitativa e roteiros úteis para redigir essas questões. Em seguida, se ocupa do planejamento de questões e hipóteses de pesquisa quantitativa e as maneiras de escrever esses elementos em um estudo. Finalmente, apresenta a utilização de questões e hipóteses de pesquisa em estudos de métodos mistos e sugere o desenvolvimento de uma única questão de métodos mistos que una ou integre os dados quantitativos e qualitativos em um estudo.

Questões da pesquisa qualitativa

Em um estudo qualitativo, os pesquisadores apresentam as questões de pesquisa, não os objetivos (i.e., os objetivos específicos da pesquisa) ou as hipóteses (i.e., as previsões que envolvem variáveis e testes estatísticos). Essas questões de pesquisa assumem duas formas: (a) uma **questão central** e (b) as subquestões associadas.

- *Formular 1 ou 2 questões de pesquisa centrais.* A **questão central** é uma questão ampla que pede uma exploração do fenômeno ou do conceito central em um estudo. O pesquisador apresenta essa questão, consistente com a metodologia emergente da pesquisa qualitativa, como uma questão geral para não limitar as perspectivas dos participantes. Para chegar a essa questão, *pergunte* "Qual é a questão mais ampla que posso formular no estudo?". Os pesquisadores iniciantes, treinados na pesquisa *quantitativa,* podem ter dificuldades com essa abordagem, pois estão acostumados à abordagem inversa. Eles delimitam o estudo quantitativo a questões estreitas específicas ou hipóteses baseadas em algumas variáveis. Na pesquisa qualitativa, a intenção é explorar o conjunto complexo de fatores que envolvem o fenômeno central e apresentar as perspectivas ou os significados variados dos participantes. Seguem as diretrizes para a formulação de questões amplas de pesquisa qualitativa:
- *Formular não mais do que 5 a 7 subquestões, além das suas questões centrais.* As várias subquestões devem seguir a questão central. Elas estreitam o foco do estudo, mas deixam em aberto o questionamento. Essa abordagem está dentro dos limites estabelecidos por Miles e Huberman (1994), que recomendaram aos pesquisadores não escreverem mais de 12 questões de pesquisa qualitativa ao todo (questão central e subquestões). As subquestões, por sua vez, podem se tornar questões específicas utilizadas durante as entrevistas (ou na observação ou quando se examinam documentos). Ao desenvolver um protocolo ou guia de entrevista, o pesquisador pode formular uma pergunta de início para "quebrar o gelo", seguida de mais ou menos cinco subquestões no estudo (ver Cap. 9). Assim, a entrevista terminaria com uma questão de fechamento ou resumo, ou então a partir da pergunta: "A quem eu deveria recorrer para aprender mais sobre esse tópico?" (Asmussen e Creswell, 1995).

- *Relacionar a questão central à estratégia qualitativa específica da investigação.* Por exemplo, a especificidade das questões em etnografia nesse estágio do projeto difere daquela de outras estratégias qualitativas. Na pesquisa etnográfica, Spradley (1980) apresentou uma taxonomia de questões etnográficas que incluía um minitour do grupo que compartilha a cultura, suas experiências, o uso da língua nativa, contrastes com outros grupos culturais e questões para verificar a precisão dos dados. Na etnografia crítica, as questões de pesquisa podem basear-se em um corpo de literatura existente. Essas questões tornam-se mais diretrizes de trabalho do que verdades comprovadas (Thomas, 1993, p. 35). Alternativamente, na fenomenologia as questões podem ser amplamente apresentadas sem referência específica à literatura existente ou a uma tipologia de questões. Moustakas (1994) fala a respeito de se perguntar sobre as experiências dos participantes e sobre os contextos ou as situações em que ocorreram as experiências. Um exemplo fenomenológico é "Como é para uma mãe viver com um filho adolescente que está morrendo de câncer?" (Nieswiadomy, 1993, p. 151). Na teoria fundamentada, as questões podem ser direcionadas para gerar uma teoria de algum processo, como a exploração de um processo sobre a maneira como cuidadores e pacientes interagem em um ambiente hospitalar. Em um estudo de caso qualitativo, as questões podem tratar de uma descrição do caso e dos temas que emergem de seu estudo.
- *Começar as questões de pesquisa com as palavras* o que *ou* como *para comunicar um projeto aberto e emergente.* O uso do *porquê* com frequência implica que o pesquisador está tentando explicar por que algo ocorre, o que sugere um pensamento de causa e efeito associado à pesquisa *quantitativa* e que limita as explicações em vez de abri-las para os pontos de vista dos participantes.
- *Concentrar-se em um fenômeno ou conceito único.* Como um estudo vai se desenvolvendo com o tempo, podem surgir fatores que irão influenciar esse fenômeno único, mas é importante iniciar o estudo com um foco único a ser explorado detalhadamente. Geralmente perguntamos: "Qual é o conceito único que você quer explorar?"
- *Utilizar verbos exploratórios que comuniquem a linguagem do projeto emergente.* Esses verbos informam ao leitor que o estudo realizará o seguinte:
  - Relatar (ou refletir) as histórias (p. ex., pesquisa narrativa)
  - Descrever a essência da experiência (p. ex., fenomenologia)
  - Descobrir ou gerar (p. ex., teoria fundamentada)
  - Buscar entender (p. ex., etnografia)
  - Explorar um processo (p. ex., estudo de caso)
- *Utilizar esses verbos mais exploratórios como palavras não direcionais em vez de direcionais da pesquisa quantitativa, como* "afetar", "influenciar", "impactar", "determinar", "causar" *e* "relacionar".
- *Esperar que as questões de pesquisa evoluam e se modifiquem durante o estudo, de uma maneira consistente com as suposições de um projeto emergente.* Com frequência, nos estudos *qualitativos*, as questões sofrem revisão e reformulação contínuas (como em um estudo de teoria fundamentada). Essa abordagem pode ser problemática para indivíduos acostumados com projetos quantitativos, em que as questões de pesquisa permanecem fixas durante todo o estudo.
- *Utilizar questões abertas sem referência à literatura ou à teoria, a menos que indicado de outra forma por uma estratégia de investigação qualitativa.*
- *Especificar os participantes e o local da pesquisa para o estudo, caso as informações ainda não tenham sido apresentadas.*

Abaixo segue um roteiro típico para uma questão central qualitativa:

_________ (Como ou o que) é a _________ ("história" da pesquisa narrativa; o "significado" do fenômeno para a fenomenologia; a "teoria que explica o processo" para a teoria fundamentada; o "padrão de compartilhamento da cultura" para a etnografia; a "questão" no "caso" para o estudo de caso) do ________ (fenômeno central) para ________ (participantes) em ________ (local da pesquisa).

Os Exemplos 7.1 e 7.2 ilustram questões de pesquisa qualitativa extraídas de vários tipos de estratégias.

Essas três questões centrais se iniciam com a palavra *como*; elas incluem verbos abertos, como *descrever* e se concentram em três aspectos da experiência do doutorado – o retorno aos estudos, o reingresso e a mudança. Elas também mencionam os participantes como mulheres em um programa de doutorado em uma universidade de pesquisa do Meio-oeste.

Exemplo 7.1 Uma questão central qualitativa de uma etnografia

Mac an Ghaill e Haywood (2015) pesquisaram as mudanças das condições culturais vividas por um grupo de homens jovens da classe operária paquistanesa e bengali* nascidos na Grã-Bretanha por um período de 3 anos. Eles não construíram especificamente uma questão de pesquisa, mas uma sugestão poderia ser a seguinte:

> Quais são as crenças centrais relacionadas à etnicidade, religião e pertencimento cultural do grupo de homens jovens da classe operária paquistanesa e de bengali nascidos na Grã-Bretanha durante um período de 3 anos, e como esses jovens constroem e entendem suas experiências geograficamente específicas de família, escolarização e vida social, bem como o crescimento e a interação dentro da sua comunidade local em uma Grã-Bretanha que muda tão rápido?

Essa questão teria começado com "quais" e iria salientar o fenômeno central – crenças nucelares – para os jovens. Os jovens são os participantes no estudo e, como uma etnografia, o estudo tenta claramente examinar as crenças culturais desses jovens paquistaneses e bengalis. Além disso, a partir da questão, podemos ver que o estudo está situado na Grã-Bretanha.

*N. de R.T. Bengali ou bengalês é a denominação dada a quem nasce em Bengala, ou Bangladesh.

Exemplo 7.2 Questões qualitativas centrais para um estudo de caso

Padula e Miller (1999) conduziram um estudo de caso múltiplo que descrevia as experiências de mulheres que voltaram a estudar depois de um tempo afastadas da vida acadêmica, em um programa de doutorado em Psicologia de uma importante universidade de pesquisa do Meio-oeste. A intenção foi documentar as experiências dessas mulheres, fornecendo uma perspectiva de gênero e feminista. Os autores fizeram três perguntas centrais que orientaram o estudo:

> (a) Como as mulheres em um programa de doutorado em Psicologia descrevem sua decisão de voltar a estudar? (b) Como as mulheres em um programa de doutorado em Psicologia descrevem suas experiências de reingresso? e (c) como voltar aos estudos acadêmicos muda as vidas dessas mulheres? (p. 328)

Questões e hipóteses da pesquisa quantitativa

Nos estudos quantitativos, os pesquisadores utilizam questões e hipóteses – e às vezes objetivos – da pesquisa quantitativa para moldar e focar especificamente o objetivo do estudo. As **questões da pesquisa quantitativa** investigam as relações entre as variáveis que o pesquisador busca conhecer. São frequentemente usadas na pesquisa de ciências sociais e especialmente em estudos de levantamento. As **hipóteses quantitativas**, por outro lado, são previsões que o pesquisador faz sobre os resultados esperados das relações entre as variáveis. São estimativas numéricas dos valores da população baseados em dados coletados de amostras. A testagem de hipóteses emprega procedimentos estatísticos em que o pesquisador faz inferências sobre a população a partir da amostra de um estudo (ver também o Cap. 8). As hipóteses são usadas geralmente em experimentos ou em ensaios de intervenção em que os pesquisadores comparam grupos. Os orientadores recomendam, por vezes, seu uso em um projeto de pesquisa formal (uma dissertação ou tese, por exemplo) como um meio de estabelecer a direção que um estudo vai tomar. Já os objetivos indicam as metas ou os objetivos de um estudo. Frequentemente aparecem em propostas que serão financiadas, tendendo a ser usados com menos frequência na pesquisa de ciências sociais e de saúde. Por isso, o foco aqui serão as questões e as hipóteses de pesquisa.

Segue um exemplo de roteiro para uma questão de pesquisa quantitativa descrevendo os resultados dos escores para uma variável:

> Qual é a frequência e variação dos escores em ________ (nome da variável) para ________ (participantes) no estudo?

Este é um exemplo de roteiro para uma questão de pesquisa quantitativa focada no exame da relação entre as variáveis:

> ________ (O nome da teoria) explica a relação entre ________ (variável independente) e ________ (variável dependente), controlando para os efeitos de ________ (variável mediadora*)?

Alternativamente, um roteiro para uma hipótese quantitativa nula pode ser o seguinte:

> Não há diferença significativa entre ________ (os grupos-controle e experimental na variável independente) sobre a(o) ________ (variável dependente).

As diretrizes para a redação de boas questões e hipóteses da pesquisa quantitativa incluem o seguinte:

- O uso de variáveis nas questões ou hipóteses de pesquisa geralmente se imita a três abordagens básicas. O pesquisador pode *comparar* grupos em uma variável independente para ver seu impacto em uma variável dependente (este seria um experimento ou comparações de grupos). Como alternativa, o pesquisador pode *relacionar* uma ou mais variáveis independentes com uma ou mais variáveis dependentes (este seria um levantamento que correlaciona variáveis). Em terceiro lugar, o pesquisador pode *descrever* as respostas às variáveis independentes, mediadoras ou dependentes (este seria um estudo descritivo). A maioria das pesquisas quantitativas se encaixa em uma ou mais dessas três categorias.
- A forma mais rigorosa da pesquisa quantitativa parte de um teste de uma teoria (ver Cap. 3) e a especificação das questões ou das hipóteses de pesquisa que logicamente decorrem da relação entre as variáveis na teoria.
- As variáveis independentes e dependentes devem ser medidas separadamente e não

*N. de R.T. Em muitos casos, a variável pode ser moderadora. Para maiores detalhes, ver: Prado, P. H. M., Korelo, J. C., & Silva, D. M. L. (2014). Análise de mediação, moderação e processos condicionais. *Revista Brasileira de Marketing, ReMark, Edição especial, 13*(4), 4-24.

medidas no mesmo conceito*. Esse procedimento reforça a lógica de causa e efeito da pesquisa quantitativa.

- Para eliminar a redundância, escrever apenas as questões ou hipóteses de pesquisa, não ambas, a menos que as hipóteses ampliem as questões de pesquisa. Escolha a forma tendo por base a tradição, as recomendações de um orientador ou de um comitê de docentes, ou se pesquisas anteriores indicam uma previsão sobre os resultados.
- Se hipóteses forem usadas, há duas formas: (a) nula e (b) alternativa. Uma **hipótese nula** representa a abordagem tradicional: faz uma previsão que, na população geral, não há relação ou diferença significativa** entre os grupos em uma variável. A maneira de expressar isso é: "Não há diferença (ou relação)" entre os grupos. O Exemplo 7.3 ilustra uma hipótese nula.
- A segunda forma, popular nos artigos de periódicos, é a hipótese alternativa ou **hipótese direcional**. O pesquisador faz uma previsão sobre o resultado esperado, baseando essa previsão na literatura e nos estudos anteriores sobre o tópico que sugerem um resultado potencial. Por exemplo, o pesquisador pode prever que "As pontuações serão mais elevadas para o Grupo A do que para o Grupo B" na variável dependente, ou que "O Grupo A vai mudar mais do que o Grupo B" no resultado. Esses exemplos ilustram uma hipótese direcional, pois existe uma previsão esperada (p. ex., uma mudança maior, mais mudança). O Exemplo 7.4 ilustra uma hipótese direcional.
- Outro tipo de descrição alternativa é a **hipótese não direcional** – uma previsão é feita, mas a forma exata das diferenças (p. ex., mais alta, mais baixa, mais, menos) não é especificada, pois o pesquisador não sabe o que pode ser previsto a partir da literatura anterior. Assim, o pesquisador pode escrever que "Há uma diferença" entre os dois grupos. O Exemplo 7.5 incorpora os dois tipos de hipóteses.
- A menos que o estudo empregue intencionalmente variáveis demográficas como preditores, use variáveis não demográficas (i.e., atitudes ou comportamentos) como **variáveis mediadoras**. Estas são variáveis que "se posicionam entre" as variáveis independentes e dependentes. As variáveis demográficas são frequentemente usadas como **variáveis moderadoras** que

*N. de R.T. Por exemplo: avalia-se quanto as pessoas gostam de chocolates (variável independente) pedindo para que os respondentes deem uma nota de zero a dez. Também, pergunta-se em que região da cidade elas moram (norte, sul, leste, oeste, centro) (variável dependente). Em muitas pesquisas, testes estatísticos são realizados para se avaliar se há diferenças entre os quatro grupos de moradores, segundo a intensidade do gosto pelos chocolates.

**N. de R.T. "Não há diferença significativa" indica que a probabilidade de significância ou valor *p* é maior que 5% ou 0,05. Para maiores detalhes, ver: Dancey, C., & Reidy, J. (2019). *Estatística sem matemática para psicologia.* (7. ed.) Porto Alegre: Penso.

Exemplo 7.3 Uma hipótese nula

Um pesquisador pode examinar três tipos de reforço para crianças com autismo: (a) dicas verbais, (b) uma recompensa e (c) nenhum reforço. O pesquisador coleta medidas comportamentais que avaliam a interação social das crianças com seus irmãos. Uma hipótese nula pode ser apresentada conforme segue:

Não há diferença significativa entre os efeitos de dicas verbais, recompensas e nenhum reforço em termos da interação social para crianças com autismo e seus irmãos.

Exemplo 7.4 Hipóteses direcionais

Mascarenhas (1989) estudou as diferenças entre os tipos de propriedade (estatal, de capital aberto e privada) de empresas na indústria de perfuração de petróleo na plataforma continental. O estudo explorou especificamente diferenças como a dominação do mercado interno, presença internacional e orientação para o cliente. Foi um estudo de campo controlado, usando procedimentos quase-experimentais.

> Hipótese 1: As empresas de capital aberto terão índices de crescimento mais elevados do que as empresas privadas.
>
> Hipótese 2: As empresas de capital aberto terão um escopo internacional maior do que as estatais e as privadas.
>
> Hipótese 3: As estatais terão uma parcela maior do mercado interno do que as empresas de capital aberto ou privadas.
>
> Hipótese 4: As empresas de capital aberto terão linhas de produto mais amplas do que as estatais e as privadas.
>
> Hipótese 5: As estatais têm maior probabilidade de ter estatais como clientes no exterior.
>
> Hipótese 6: As estatais terão uma estabilidade de base de clientes maior do que as empresas privadas.
>
> Hipótese 7: Em contextos menos visíveis, as empresas de capital aberto empregarão tecnologia mais avançada do que as estatais e as privadas. (p. 585-588)

afetam a influência da variável independente sobre a variável dependente. Como os estudos quantitativos tentam verificar teorias, as variáveis demográficas (p. ex., idade, nível de renda, nível educacional) geralmente entram nesses estudos como variáveis moderadoras, e não como variáveis independentes principais.

- Use o mesmo padrão de ordem de palavras nas questões ou hipóteses para

Exemplo 7.5 Hipóteses não direcionais e direcionais

Às vezes as hipóteses direcionais são criadas para examinar a relação entre variáveis, em vez de comparar grupos porque o pesquisador tem algumas evidências a partir de estudos passados do resultado potencial do estudo. Por exemplo, Moore (2000) estudou o significado da identidade de gênero para mulheres judias e árabes religiosas e seculares na sociedade israelense. Em uma amostra de probabilidade nacional de mulheres judias e árabes, o autor identificou três hipóteses para estudo. A primeira é não direcional e as duas últimas são direcionais.

> H_1: A identidade de gênero de mulheres árabes e judias, religiosas e seculares, está relacionada a diferentes ordens sociopolíticas que refletem os diferentes sistemas de valores que elas adotam.
>
> H_2: As mulheres religiosas com identidade de gênero acentuada são menos sociopoliticamente ativas do que as mulheres seculares com identidades de gênero acentuadas.
>
> H_3: As relações entre a identidade de gênero, a religiosidade e as ações sociais são mais fracas entre as mulheres árabes do que entre as mulheres judias.

permitir ao leitor identificar facilmente as principais variáveis. Isso exige repetição de frases-chave e posicionamento das variáveis começando com a independente e concluindo com a dependente, na ordem da esquerda para a direita (como foi discutido no Cap. 6, sobre as boas descrições de objetivo). O Exemplo 7.6 ilustra a ordem de palavras com as variáveis independentes apresentadas no começo da frase.

Um modelo para questões e hipóteses descritivas

O Exemplo 7.7 ilustra um modelo para questões ou hipóteses escritas baseadas em questões descritivas escritas (descrevendo algo) seguidas de questões ou hipóteses inferenciais (extraindo inferências de uma amostra para uma população). Essas questões ou hipóteses incluem tanto variáveis independentes quanto dependentes. Nesse modelo, o autor

Exemplo 7.6 Uso padrão da linguagem em hipóteses

1. Não há relação entre a utilização de serviços de apoio auxiliares e permanência acadêmica para mulheres universitárias fora da faixa etária acadêmica habitual.
2. Não há relação entre os sistemas de apoio familiar e a persistência acadêmica para mulheres universitárias fora da faixa etária acadêmica habitual.
3. Não há relação entre os serviços de apoio auxiliares e os sistemas de apoio familiar para mulheres universitárias fora da faixa etária acadêmica habitual.

Exemplo 7.7 Questões descritivas e inferenciais

Para ilustrar esta abordagem, um pesquisador quer examinar a relação entre as habilidades de pensamento crítico (uma variável independente medida em um instrumento) e o desempenho dos alunos (uma variável dependente medida por notas*) em aulas de ciências para alunos de oitavo ano em um grande distrito escolar metropolitano. O pesquisador modera a avaliação do pensamento crítico usando notas anteriores como indicadores nas aulas de ciências e como controles para a influência mediadora das conquistas educacionais dos pais. Seguindo o modelo proposto, as questões de pesquisa podem ser escritas da seguinte maneira:

*N. de R.T. Explicando mais, as notas são colocadas em grupos ou níveis de desempenho. Por exemplo: Grupo 1 – notas de 10 a 8; Grupo 2 – notas de 7,9 a 6; Grupo 3 – notas de 5,9 a 4 e assim por diante.

Questões descritivas

1. Como os alunos são avaliados nas habilidades de pensamento crítico? (Uma questão descritiva concentrada na variável independente)
2. Quais são os níveis de desempenho (ou notas) do aluno nas aulas de ciências? (Uma questão descritiva concentrada na variável dependente)
3. Quais são as notas anteriores do aluno nas aulas de ciências e suas capacidades de pensamento crítico? (Uma questão descritiva concentrada na variável moderadora das notas anteriores)

4. Qual é o nível educacional dos pais dos alunos de oitavo ano? (Uma questão descritiva concentrada em uma variável moderadora, o nível educacional dos pais)

Questões Inferenciais

1. Como a capacidade de pensamento crítico está relacionada ao desempenho do aluno? (Uma questão inferencial relacionando as variáveis independentes e dependentes)
2. Como a capacidade de pensamento crítico e as notas anteriores influenciam o desempenho do aluno? (Uma questão inferencial relacionando as notas e o pensamento crítico [variável moderadora] com o desempenho de um aluno).
3. Como a capacidade de pensamento crítico (ou as notas e a capacidade de pensamento crítico) está relacionada com o desempenho do aluno, mediando a partir dos efeitos do nível educacional dos pais dos alunos de oitavo ano? (Uma questão inferencial relacionando as variáveis independente e dependente, controlando a partir dos efeitos da variável mediadora).

especifica questões descritivas para *cada* variável independente e dependente, e para importantes variáveis intervenientes ou moderadoras. As questões (ou hipóteses) inferenciais que relacionam variáveis ou comparam grupos seguem essas questões descritivas. Um conjunto final de questões pode acrescentar questões ou hipóteses inferenciais nas quais as variáveis são controladas.

Esse exemplo ilustrou como organizar todas as questões de pesquisa em questões descritivas e inferenciais. Em outro exemplo, um pesquisador pode querer comparar grupos, e a linguagem pode mudar para refletir essa comparação nas questões inferenciais. Em outros estudos, muito mais variáveis independentes e dependentes podem estar presentes no modelo que está sendo testado, o que resultaria em uma lista mais longa de questões descritivas e inferenciais. Recomendamos esse modelo descritivo-inferencial. Esse exemplo também ilustrou a utilização das variáveis para descrever e também para relacionar. Especificou as variáveis independentes na primeira posição nas questões, as dependentes na segunda e as variáveis mediadoras na terceira posição. Além disso, empregou a demografia (notas) mais como variáveis moderadoras do que como variáveis centrais nas questões, e o leitor precisou supor que as questões fluem a partir de um modelo teórico.

Questões e hipóteses da pesquisa de métodos mistos

Nas discussões sobre métodos, os pesquisadores normalmente não se deparam com as questões ou hipóteses específicas, talhadas especialmente para a pesquisa de métodos mistos. Entretanto, existe uma discussão nos dias de hoje sobre o uso de um novo tipo de questão de pesquisa – uma questão de métodos mistos – nos estudos e comentários sobre como planejá-las (ver Creswell e Plano Clark, 2011, 2018; Tashakkori e Creswell, 2007). Um estudo sólido de métodos mistos deve conter pelo menos três questões de pesquisa: a questão qualitativa, a questão ou hipótese quantitativa e uma questão de métodos mistos. A questão de métodos mistos representa o que o pesquisador precisa saber sobre a integração ou combinação dos dados quantitativos ou qualitativos. Essa configuração é necessária porque os métodos mistos não se baseiam exclusivamente na pesquisa qualitativa ou quantitativa, mas em *ambas* as formas de investigação. Os pesquisadores devem considerar que tipos de questões devem ser apresentados e quando e quais informações são as mais necessárias para informar a natureza do estudo:

- Tanto as questões (ou hipóteses) da pesquisa qualitativa quanto aquelas da pesquisa quantitativa precisam ser apresentadas em um estudo de métodos mistos para estreitar e concentrar o foco da descrição de objetivo. Antes que os dois bancos de dados possam ser integrados ou combinados, eles precisam ser analisados separadamente em resposta às questões (ou hipóteses). Tais questões ou hipóteses podem ser apresentadas no início ou emergir ao longo da escrita, durante uma fase posterior da pesquisa. Por exemplo, se o estudo começa com uma fase quantitativa, o pesquisador pode introduzir hipóteses. Mais adiante no estudo, quando a fase qualitativa é abordada, aparecem as questões da pesquisa qualitativa.

- Ao escrever essas questões ou hipóteses, siga as diretrizes deste capítulo para formular boas questões ou hipóteses.
- É preciso prestar atenção à ordem das questões e hipóteses de pesquisa. A ordem irá refletir o tipo de abordagem de métodos mistos a ser usada, conforme será discutido no Capítulo 10. Em um projeto de métodos mistos de fase única em que os resultados quantitativos e qualitativos são mesclados, as questões quantitativas ou qualitativas podem ser formuladas primeiro. Em um projeto de duas fases, as questões da primeira fase viriam primeiro, seguidas pelas questões da segunda fase, para que os leitores as vejam na ordem em que serão abordadas na proposta de estudo. Em um projeto de três fases, frequentemente a questão de métodos mistos se situará no meio dentro da ordem de questionamento, a questão da primeira fase será qualitativa e a questão da fase final será quantitativa. Esses diferentes tipos de projetos por etapas serão discutidos posteriormente no Capítulo 10 como tipos específicos de abordagens de pesquisa de métodos fixos.
- Além das questões/hipóteses quantitativas e questões qualitativas, incluir uma **questão de pesquisa de métodos mistos** que aborda diretamente a mistura ou integração das vertentes da pesquisa quantitativa e qualitativa. Essa é a questão que será respondida no estudo baseado na mistura (ver Creswell e Plano Clark, 2018). Essa é uma forma inovadora de questão em métodos de pesquisa, e Tashakkori e Creswell (2007, p. 208) a denominam questão "híbrida" ou "integrada".
- A questão de métodos mistos pode ser escrita de diferentes formas. Ela pode assumir uma de três formas: a primeira é redigi-la de uma forma que comunique os métodos ou procedimentos em um estudo (p. ex., os dados qualitativos ajudam a explicar os resultados da fase quantitativa inicial do estudo?). A segunda forma é escrevê-la de modo que transmita o conteúdo do estudo (p. ex., o tema de apoio social ajuda a explicar por que alguns alunos se tornam intimidadores nas escolas?) (ver Tashakkori e Creswell, 2007). A terceira abordagem é combinar os métodos e o conteúdo como uma questão híbrida (p. ex., Como os dados da entrevista qualitativa sobre intimidação de alunos explicam melhor por que o apoio social, medido quantitativamente, tende a desencorajar o *bullying* a partir da mensuração com uma escala de *bullying*?).
- Considerar como apresentar as questões quantitativas, qualitativas e de métodos mistos em um estudo de métodos mistos. Um roteiro ideal seria escrever as questões em seções separadas, tais como as questões ou hipóteses quantitativas, as questões qualitativas e a questão de métodos mistos. Esse formato destaca a importância de todos os três conjuntos de questões e chama a atenção dos leitores para a combinação (ou integração) das vertentes quantitativas e qualitativas em um estudo de métodos mistos. Frequentemente os pesquisadores posicionam a questão de métodos mistos (escrita na forma de métodos, ou conteúdo, ou alguma combinação) em último lugar porque o estudo irá se basear nesse elemento da abordagem.

O Exemplo 7.8 é uma boa ilustração de uma questão de métodos mistos focada na intenção de misturar, para integrar as entrevistas

Exemplo 7.8 Hipóteses e questões de pesquisa em um estudo de métodos mistos

Houtz (1995) apresentou um exemplo de um estudo de duas fases com hipóteses e questões de pesquisa quantitativa e qualitativa à parte, apresentadas em seções que introduzem cada fase. Ela não utilizou uma questão de pesquisa de métodos mistos separada e distinta porque essa questão não foi desenvolvida na época do projeto. No entanto, seu estudo foi uma pesquisa rigorosa de métodos mistos. Ela estudou as diferenças entre as estratégias do ensino fundamental (não tradicionais) e do início do ensino médio (tradicionais)* para alunos de sétimo e oitavo ano e suas atitudes com relação às ciências e ao desempenho em ciências. Seu estudo foi conduzido em um momento em que muitas escolas estavam mudando do modelo de dois anos (*junior high school*) para o modelo educacional de três anos (*middle school*) (ensino fundamental)** (incluindo a sexta série). Nesse estudo de duas fases, a primeira fase envolveu avaliar as atitudes e o desempenho pré-teste e pós-teste utilizando escalas e pontuações no exame. Houtz acompanhou então os resultados quantitativos com entrevistas qualitativas com os professores de ciências, o diretor da escola e os orientadores. A segunda fase ajudou a explicar as diferenças e as semelhanças entre as duas abordagens de ensino obtidas na primeira fase.

Com um estudo quantitativo de primeira fase, Houtz (1995) mencionou as hipóteses que guiaram sua pesquisa:

> Foi formulada a hipótese de que não haveria diferença significativa entre os alunos de ensino fundamental e aqueles do ensino médio na atitude com relação às ciências como disciplina escolar. Também foi formulada a hipótese de que não haveria diferença significativa entre os alunos do ensino fundamental e aqueles do ensino médio no seu desempenho em ciências. (p. 630)

Essas hipóteses apareceram no início do estudo como uma introdução à fase quantitativa. Antes da fase qualitativa, Houtz (1995) levantou questões para explorar mais profundamente os resultados quantitativos. Concentrando-se nos resultados do teste de desempenho, ela entrevistou os professores de ciências, o diretor e os orientadores da universidade, questionando três perguntas:

> Que diferenças existem atualmente entre a estratégia de instrução do ensino fundamental e a do ensino médio nesta escola em transição? Como este período de transição impactou a atitude e o desempenho em ciências de seus alunos? Como os professores se sentem com relação a este processo de mudança? (p. 649)

O exame desse estudo de métodos mistos mostra de perto que o autor incluiu questões quantitativas e qualitativas, especificou-as no início de cada fase de seu estudo e utilizou bons elementos para escrever tanto as hipóteses quantitativas quanto as questões de pesquisa qualitativas. Se Houtz (1995) tivesse desenvolvido

---

*N. de R.T. A pesquisa tem referência nas escolas do Estados Unidos. Escolas tradicionais são aquelas em que provavelmente muitos leitores estudaram, e as não tradicionais foram criadas para os alunos que não se enquadram nas primeiras. São escolas que oferecem cursos em horários alternativos ao diurno ou que não têm notas, etc.

**N. de R.T. Nos Estados Unidos, há as *Middle Schools* (Escolas Intermediárias) e as *Junior High Schools* (Escolas Secundárias). Em alguns estados as primeiras foram substituídas pelas segundas. São escolas que abrangem da 5ª ou 6ª a 8ª e da 7ª a 8ª séries, respectivamente. Ver Figura 1 e comentários em Snyder, T. D., Brey, C., & Dillow, S. A. (2019). *Digest of Education Statistics 2018* (54th. ed). Washington: NCES, IES, U.S. Department of Education. Recuperado de https://nces.ed.gov/pubs2020/2020009.pdf

uma questão de métodos mistos, ela poderia ter sido apresentada a partir de uma perspectiva de processo:

> Como as entrevistas com os professores, o diretor e os orientadores da universidade ajudam a explicar quaisquer diferenças quantitativas no desempenho dos alunos de ensino fundamental e do ensino médio? (orientação para os métodos)

Como alternativa, a questão de métodos mistos poderia ter sido escrita a partir de uma orientação de conteúdo, como a seguinte:

> Como os temas mencionados pelos professores ajudam a explicar por que os alunos de ensino fundamental têm notas inferiores aos do ensino médio? (orientação para o conteúdo).

qualitativas e os dados quantitativos, a relação entre as notas e o desempenho dos alunos. Essa questão enfatizou o que a integração estava tentando realizar – uma compreensão abrangente e sutil –, e, no final do artigo, os autores apresentaram evidências respondendo a essa questão.

O Exemplo 7.9 ilustra outra questão de métodos mistos que emprega tanto os métodos quanto a linguagem do conteúdo.

Exemplo 7.9 Uma questão de métodos mistos escrita usando métodos e linguagem do conteúdo

> Em que extensão e de que formas as entrevistas qualitativas com alunos e membros do corpo docente contribuem para um entendimento mais abrangente e sutil dessa relação prevista entre as notas no CEEPT* e o desempenho acadêmico dos alunos, por meio de uma análise integrativa de métodos mistos? (Lee e Greene, 2007, p. 369).

*N. de R.T. CEEPT é a sigla em inglês para um teste realizado em ambiente informatizado para aqueles alunos cuja segunda língua é o inglês.

Resumo

As questões e as hipóteses de pesquisa restringem a descrição de objetivo e se tornam indicações importantes para os leitores. Os pesquisadores qualitativos formulam pelo menos uma questão central e várias subquestões. Eles iniciam as questões com as palavras *como* ou *o que*, e utilizam verbos exploratórios, como *explorar, entender ou descobrir*. Também formulam questões amplas e gerais para permitir aos participantes a explicação de suas ideias. Além disso, se concentram inicialmente em um fenômeno de interesse central. As questões também podem mencionar os participantes e o local da pesquisa.

Os pesquisadores quantitativos escrevem questões ou hipóteses de pesquisa. As duas formas incluem variáveis que são descritas, relacionadas ou comparadas com as variáveis independentes e dependentes medidas separadamente. Em muitas propostas quantitativas, os autores usam questões de pesquisa; no entanto, uma descrição de pesquisa mais formal emprega hipóteses. Essas hipóteses são previsões sobre as conclusões dos resultados e podem ser escritas como hipóteses alternativas especificando os resultados esperados (mais ou menos, mais elevados ou mais baixos que alguma coisa). Elas também podem ser declaradas na forma nula, indicando que não se espera diferença ou que não há relação entre os grupos em uma variável dependente. Geralmente, o pesquisador escreve a variável (ou variáveis) independente primeiro, seguida da variável (ou variáveis) dependente. Um modelo para ordenar as questões em uma proposta quantitativa é começar com questões descritivas seguidas de questões inferenciais que relacionem variáveis ou comparem grupos. Encorajamos os pesquisadores de métodos mistos na escrita de questões quantitativas, qualitativas *e* de uma questão de métodos mistos em seus estudos. A questão de métodos mistos pode ser escrita para enfatizar os métodos ou o conteúdo do estudo, ou ambos, e essas questões podem ser colocadas em diferentes pontos dentro de um estudo. Ao adicionar uma questão de métodos mistos, o pesquisador comunica a importância da combinação ou integração dos elementos quantitativos e qualitativos. Um formato ideal seria escrever os três tipos de questões em seções separadas, como as questões ou hipóteses quantitativas, as questões qualitativas e as questões de métodos mistos em um estudo.

Exercícios de escrita

1. Para um estudo qualitativo, escrever 1 ou 2 questões centrais seguidas de 5 a 7 subquestões.
2. Para um estudo quantitativo, elaborar dois conjuntos de questões. O primeiro conjunto deve ser de questões descritivas sobre as variáveis independentes e dependentes do estudo. O segundo conjunto deve conter questões que descrevem e relacionam (ou comparam) a variável (ou variáveis) independente com a variável (ou variáveis) dependente, de acordo com o modelo apresentado neste capítulo, que combina questões descritivas e inferenciais.
3. Para métodos mistos, elaborar uma questão de pesquisa de métodos mistos. Escrever a questão incorporando *tanto* os métodos de um estudo *quanto* o conteúdo.

Leituras complementares

Creswell, J. W. (2015). *Educational Research: Planning, conducting, and evaluating quantitative and qualitative research* (5th ed.). Upper Saddle River, NJ: Pearson Education.

Creswell apresenta uma introdução para a redação de hipóteses e questões de pesquisa quantitativa e questões de pesquisa qualitativa nesse texto introdutório sobre pesquisa educacional. Ele diferencia descrições de objetivo, perguntas da pesquisa, hipóteses e objetivos. Além disso, examina por que essas descrições são importantes, e depois apresenta a estrutura da escrita para questões e hipóteses usando muitos exemplos da literatura.

Morse, J. M. (1994). Designing funded qualitative research. Em N. K. Denzin & Y. S. Lincoln (Eds.), *Handbook of qualitative research* (p. 220-235). Thousand Oaks, CA: Sage.

Janice Morse, pesquisadora de enfermagem, identifica e descreve as principais questões envolvidas no planejamento de um projeto qualitativo. Ela compara várias estratégias de investigação e mapeia o tipo de questões de pesquisa utilizadas em cada estratégia. Para a fenomenologia e a etnografia, a pesquisa exige questões descritivas e significativas. Para a teoria fundamentada, as questões precisam lidar com o processo, enquanto na etnometodologia e na análise do discurso, as questões estão relacionadas à interação verbal e ao diálogo. Ela indica que o teor da questão de pesquisa determina o foco e o escopo do estudo.

Tashakkori, A. & Creswell, J. W. (2007). Exploring the nature of research question in mixed methods research. *Editorial. Journal of Mixed Methods Research*, 1(3), p. 207-211.

Esse editorial trata do uso e da natureza das questões de pesquisa na pesquisa de métodos mistos. Destaca a importância das questões de pesquisa no processo de pesquisa e discute a necessidade de um entendimento mais elaborado sobre o uso das questões de métodos mistos. Ele lança a pergunta, "Como se estrutura uma questão de pesquisa em um estudo de métodos mistos?" (p. 207). São apresentados três modelos: escrever questões quantitativas e qualitativas separadamente, escrever uma questão de métodos mistos abrangente, ou escrever questões de pesquisa para cada fase de um estudo à medida que a pesquisa se desenvolve.

8

Métodos quantitativos

Agora deixemos a introdução, o objetivo, as questões e hipóteses, e voltemo-nos para a seção de métodos de uma proposta. Este capítulo apresenta os passos essenciais no planejamento de métodos quantitativos para uma proposta ou estudo de pesquisa, com um foco específico em levantamentos e projetos experimentais. Esses projetos refletem suposições filosóficas pós-positivistas, como discutido no Capítulo 1. Por exemplo, o determinismo sugere que o exame das relações entre as variáveis é fundamental para responder às questões e hipóteses por meio de levantamentos e experimentos. Em um dos casos, o pesquisador pode estar interessado em avaliar se jogar *videogames* violentos *está associado a* taxas mais altas de agressão no *playground* entre crianças, que se configura como uma hipótese correlacional que pode ser avaliada em um projeto de levantamento. Em outro caso, o pesquisador pode estar interessado em avaliar se jogar um *videogame* pode *causar* comportamento agressivo, o que configura uma hipótese causal que é mais bem avaliada por um experimento verdadeiro. Em cada um dos casos, essas abordagens quantitativas se concentram na medição cuidadosa (ou manipulação experimental) de um conjunto parcimonioso de variáveis para responder às perguntas e hipóteses da pesquisa orientadas pela teoria. Neste capítulo, o foco está nos componentes essenciais de uma seção de métodos nas propostas para um levantamento ou estudo experimental.

Definindo levantamentos e experimentos

Um **projeto de levantamento** apresenta uma descrição quantitativa de tendências, atitudes e opiniões de uma população ou testes para associações entre as variáveis de uma população, a partir do estudo de uma amostra dessa população. Os projetos de levantamento ajudam os pesquisadores a responder a três tipos de questões: (a) questões descritivas (p. ex., Que porcentagem de enfermeiros praticantes apoia a disponibilização de serviços de aborto em hospitais?); (b) questões sobre as relações entre as variáveis (p. ex., Há uma associação positiva entre o endosso de serviços de aborto em hospitais e o apoio à implementação de cuidados paliativos entre os enfermeiros?); ou em casos em que um projeto de levantamento é repetido ao longo do tempo em um estudo longitudinal; (c) questões sobre as relações preditivas entre as variáveis ao longo do tempo (p. ex., O endosso no Tempo 1 de apoio para serviços de aborto em hospital prediz maior esgotamento em enfermeiros no Tempo 2?).

Um **projeto experimental** manipula sistematicamente uma ou mais variáveis visando avaliar como essa manipulação impacta um resultado (ou resultados) de interesse. É importante observar que um experimento isola os efeitos dessa manipulação, ao manter todas as outras variáveis constantes. Quando um grupo recebe um tratamento e o outro grupo não (sendo uma variável de interesse manipulada), o experimentador pode isolar se o tratamento e *não* outros fatores influenciam o resultado. Por exemplo, uma amostra de enfermeiros pode ser designada aleatoriamente para um programa de escrita expressiva de três semanas (nas quais eles escrevam sobre seus mais profundos pensamentos e sentimentos) ou um programa de escrita controle de três semanas combinadas (escrevendo sobre os fatos da sua rotina matinal diária) para avaliar se essa manipulação da escrita expressiva reduz o esgotamento no trabalho nos meses seguintes ao programa (i.e., a condição da escrita é a variável de interesse manipulada, e esgotamento no trabalho é o resultado de interesse). Se um estudo quantitativo emprega um projeto de levantamento ou experimental, ambas as abordagens compartilham um objetivo comum de ajudar o pesquisador a fazer inferências sobre as relações entre as variáveis e como os resultados da amostra podem ser generalizados para uma população de interesse mais ampla (p. ex., todos os enfermeiros na comunidade).

Componentes de um plano de método de estudo de levantamento

O planejamento de um plano de método de levantamento segue um formato-padrão. Muitos exemplos desse formato aparecem em publicações acadêmicas e proporcionam modelos úteis. As seções que seguem detalham componentes típicos. Na preparação do planejamento desses componentes em uma proposta, considere como guia geral as questões presentes na lista do Quadro 8.1.

Quadro 8.1 Uma lista de verificação de questões para o planejamento de um plano de estudo de levantamento

________	O objetivo é estabelecido como projeto de levantamento?
________	Que tipo de projeto será usado e quais são as razões para a escolha do projeto mencionado?
________	A natureza do levantamento (corte transversal vs. longitudinal) está identificada?
________	A população e seu tamanho estão mencionados?
________	A população será estratificada? Se for, como isso será feito?
________	Quantas pessoas farão parte da amostra? Em que base esse tamanho foi escolhido?
________	Qual será o procedimento para a amostragem desses indivíduos (p. ex., aleatório, não aleatório)?
________	Qual instrumento será utilizado no levantamento? Para cada instrumento: quem o desenvolveu, quantos itens ele contém, ele tem confiabilidade e validade aceitáveis e quais são as âncoras da escala?
________	Qual procedimento será usado para o teste-piloto ou para o teste de campo do levantamento?
________	Qual é o cronograma utilizado para administrar o levantamento?
________	Que valores numéricos são atribuídos às "respostas" e como serão convertidos em variáveis?
________	Como as variáveis serão usadas para testar suas questões de pesquisa?
________	Quais passos específicos serão tomados na análise dos dados para fazer o seguinte:
(a) ______	analisar os retornos?
(b) ______	verificar os vieses das respostas?
(c) ______	conduzir uma análise descritiva?
(d) ______	combinar os itens em escalas?
(e) ______	verificar a confiabilidade das escalas?
(f) ______	usar testes estatísticos inferenciais para responder às questões de pesquisa ou avaliar as implicações práticas dos resultados?
________	Como os resultados serão interpretados?

O projeto de levantamento

As primeiras partes da seção do plano de método de levantamento podem apresentar os leitores ao objetivo básico e à justificativa para a pesquisa de levantamento. Inicie a seção descrevendo a justificativa para o projeto, especificamente:

- Identificando o objetivo da pesquisa de levantamento. O principal propósito é responder a uma questão (ou questões) sobre as variáveis de interesse para você. Uma descrição do objetivo da amostra poderia ser: "O objetivo principal deste estudo é avaliar empiricamente se o número de horas extras trabalhadas prediz sintomas subsequentes de esgotamento em uma amostra de enfermeiros que trabalham em serviços de emergência".
- Indicando por que um método de levantamento é o tipo de abordagem preferido para este estudo. Nessa justificativa, pode ser importante considerar as vantagens dos projetos de levantamento, como a parcimônia do projeto, o processo rápido na coleta dos dados e as restrições que impediram que você buscasse outros projetos (p. ex., "Um projeto experimental não foi adotado para examinar a relação entre as horas extras trabalhadas e os sintomas de esgotamento porque seria proibitivamente difícil, e potencialmente antiético, designar aleatoriamente enfermeiros para trabalhar diferentes quantidades de horas extras.").
- Indicando se o levantamento será de corte transversal, com os dados coletados em um momento do tempo, ou será longitudinal, com os dados coletados no decorrer do tempo.
- Especificando a forma de coleta dos dados. Fowler (2014) identificou os seguintes tipos: correio, telefone, internet, entrevistas pessoais ou administração em grupo (ver também Fink, 2016; Krueger e Casey, 2014). O uso de um levantamento feito pela internet e a sua administração *on-line* tem sido amplamente discutida na literatura (Nesbary, 2000; Sue e Ritter, 2012). Independentemente da forma de coleta dos dados, é importante apresentar uma justificativa para o procedimento, usando argumentos baseados em seus pontos fortes e fracos, custos, disponibilidade dos dados e conveniência.

A população e a amostra

Na seção dos métodos, é importante seguir o tipo de projeto com as características da população e o procedimento de amostragem. Os metodologistas têm escrito excelentes discussões sobre a lógica básica da teoria da amostragem (p. ex., Babbie, 2015; Fowler, 2014). Seguem aspectos essenciais da população e da amostra a serem descritos em um plano de pesquisa:

- *População.* Identificar a população do estudo. Também declarar o tamanho dessa população, se ele puder ser determinado, e os meios para identificar os indivíduos na população. Aqui surgem questões de acesso, e o pesquisador pode se referir à disponibilidade das estruturas de amostragem – listas de correio ou listas publicadas de respondentes potenciais na população.
- *Projeto da amostragem.* Identificar se o projeto da amostragem para essa população é de fase única ou multifásico (chamado *clustering*). A amostragem por *cluster* é ideal quando é impossível ou pouco prático compilar uma lista dos elementos que compõem a população (Babbie, 2015). Um procedimento de amostragem de fase única é aquele em que o pesquisador tem acesso aos nomes na população e pode amostrar as pessoas (ou outros elementos) diretamente. Em um procedimento multifásico ou de *clustering*, o pesquisador primeiro identifica os *clusters* (grupos ou organizações), obtém os nomes dos indivíduos pertencentes a eles e depois as amostras dentro deles.
- *Tipo de amostragem.* Identificar e discutir o processo de seleção dos participantes. O ideal é que se selecione uma amostra *aleatória,* em que cada indivíduo na população tenha a mesma probabilidade

de ser selecionado (uma amostragem sistemática ou probabilística*). Mas, em muitos casos, pode ser muito difícil (ou impossível) obter uma amostra aleatória dos participantes. Como alternativa, uma *amostra sistemática* pode ter uma **amostra aleatória** com precisão equivalente (Fowler, 2014). Nessa abordagem, você escolhe um começo aleatório em uma lista e seleciona cada pessoa numerada como *X* na lista. O número *X* está baseado em uma fração determinada pelo número de pessoas na lista e o número a ser selecionado na lista (p. ex., 1 a cada 80 pessoas)**. Finalmente, menos desejável, mas frequentemente usada, é uma amostra de não probabilidade (ou *amostra de conveniência*), na qual os respondentes são escolhidos baseados em sua conveniência e disponibilidade.

- *Estratificação.* Identificar se o estudo vai envolver *estratificação* da população antes da seleção da amostra. Isso requer que as características dos membros da população sejam conhecidas para que a população possa ser estratificada antes da seleção da amostra (Fowler, 2014). Estratificação significa que as características específicas dos indivíduos (p. ex., gênero – mulheres e homens) estão representadas na amostra e que a amostra reflete a real proporção na população de indivíduos com determinadas características. Quando se seleciona aleatoriamente as pessoas de uma população, essas características podem ou não estar presentes na amostra nas mesmas proporções que na população; a estratificação garante sua representação. Identificar também as características usadas na estratificação da população (p. ex., gênero, níveis de renda, educação). Em cada camada, identificar se a amostra contém indivíduos com a característica na mesma proporção em que a característica aparece na população em geral.
- *Determinação do tamanho da amostra.* Indicar o número de pessoas na amostra e os procedimentos usados para computar esse número. A determinação do tamanho da amostra é, na sua essência, uma relação de compromisso: uma amostra maior trará mais precisão às inferências feitas, mas o recrutamento de mais participantes demanda tempo e é dispendioso. Na pesquisa de levantamento, os pesquisadores algumas vezes escolhem um tamanho de amostra baseados na seleção de uma fração da população (digamos, 10%) ou selecionando um tamanho da amostra que esteja baseado em estudos passados. Essas abordagens não são ideais; em vez disso, a determinação do tamanho da amostra deve estar baseada nos seus planos de análise (Fowler, 2014).
- *Análise do poder.* Se o plano de análise consiste em detectar uma associação significativa entre as variáveis de interesse, uma análise do poder pode ajudar a estimar o tamanho de uma amostra-alvo. Muitas calculadoras de análise do poder estão disponíveis de forma gratuita *on-line* e comercialmente (p. ex., G*Power; Faul, Erdfelder, Lang e Buchner, 2007; Faul, Erdfelder, Buchner e Lang, 2009). Os valores de *input* para uma análise do poder normal irão depender das questões que você pretende abordar em seu estudo de projeto de levantamento (para um recurso útil, ver Kraemer e Blasey, 2016). Como exemplo, se você pretende conduzir um estudo transversal medindo a correlação entre o número de horas extras trabalhadas e os sintomas de esgotamento em uma amostra de enfermeiros que trabalham em um serviço de emergência, você pode estimar o tamanho da amostra necessário para determinar se a sua correlação é significativa, isto é, se ela difere de zero (p. ex., uma hipótese possível é que haverá uma

---

*N. de R.T. Uma maneira de calcular uma amostra aleatória é recorrer às "calculadoras *on-line*" ou *simple size calculator*. Há muitas na internet.

**N. de R.T. Também chamada de amostragem causal sistemática ou quase-aleatória. Por exemplo: Você quer avaliar a satisfação de usuários de um supermercado. O grande problema é que seria impossível saber quem irá no supermercado no período que você escolheu para realizar a pesquisa para poder ser sorteado e compor uma amostra aleatória. A saída é usar o procedimento apresentado. Começa-se por um indivíduo e se estabelece uma ordenação temporal. Entrevista-se o 10º, o 20º, o 30º e assim por diante.

associação positiva entre o número de horas trabalhadas e os sintomas de exaustão emocional). Essa análise do poder requer apenas três informações:

1. Uma estimativa do tamanho da correlação (*r*)*. Uma estratégia comum para gerar uma estimativa é encontrar estudos similares que tenham reportado o tamanho da correlação entre as horas trabalhadas e os sintomas de esgotamento. Essa simples tarefa pode muitas vezes ser difícil, seja porque não existem estudos publicados examinando essa associação ou porque os estudos adequados publicados não reportam um coeficiente de correlação. Uma dica: em casos em que um relato publicado mede as variáveis de interesse para você, uma opção é contatar os autores do estudo pedindo a eles, gentilmente, o fornecimento do resultado da análise de correlação da sua base de dados para a sua análise do poder.
2. Um valor alfa bicaudal (α)**. Esse valor é chamado de erro do Tipo I e se refere ao risco que queremos assumir ao dizer que temos uma correlação real (de valor diferente de zero) quando de fato esse efeito não é real (e determinado pelo acaso), ou seja, um efeito falso-positivo. Um valor alfa comumente aceito é 0,05, que se refere a 5% de probabilidade (5/100) de que estamos confortáveis em cometer um erro Tipo I, tal que 5% das vezes iremos dizer que existe uma relação significativa (não zero) entre o número de horas trabalhadas e os sintomas de esgotamento quando na verdade esse efeito ocorreu por acaso e não é real.
3. Um valor beta (β). Esse valor é denominado erro Tipo II e se refere ao risco que queremos assumir ao dizer que não temos um efeito significativo quando na verdade existe uma associação significativa, ou seja, um efeito falso-negativo. Os pesquisadores geralmente tentam equilibrar os riscos de cometer erros Tipo I *versus* Tipo II, com um valor beta comumente aceito de 0,20***. Há *softwares***** para calcular a amostra mínima [que atende aos critérios de Cohen (1988) e pedem que se especifique o valor do poder que se refere a 1 – beta (1 – 0,20 = 0,80).

- É possível, então, inserir esses números em um *software* para determinar o tamanho da amostra necessário. Se você assumir que a associação estimada é $r = 0,25$, com um valor alfa bicaudal de 0,05 e um valor beta de 0,20, o cálculo da análise do poder indica que você precisa de no mínimo 123 participantes no estudo que pretende conduzir.
- Para treinar, uma tentativa é conduzir essa análise de poder para determinação do tamanho da amostra. Nós usamos o *software* do programa G*Power (Faul et al., 2007; Faul et al., 2009), com os seguintes parâmetros de inserção:
  - Test Family: Exato
  - Teste estatístico: Correlação: Modelo normal bivariado

*N. de R.T. Correlação avalia a "força" entre duas variáveis. Por exemplo: a relação entre a idade de um bebê e sua altura. Essa relação tem valor elevado (aproximadamente 90%). Há vários tipos de correlação, mas, para se fazer o seu cálculo, deve-se garantir que as duas variáveis tenham uma relação causal (X é a causa e Y é o efeito). No caso, "r" indica a correlação de Pearson. Para que um valor de correlação possa ser aceito (ser significante) a probabilidade de significância ou p-valor deve ser menor ou igual a 5% ou 0,05. Para maiores detalhes, ver: Dancey, C., & Reidy, J. (2019). *Estatística sem matemática para psicologia.* (7. ed.) Porto Alegre: Penso.

**N. de R.T. Alfa (erro do Tipo I) é também chamado de nível de significância.

***N. de R.T. O valor beta = 0,20 é preconizado por Cohen (1988) para pesquisas e estudos referentes às ciências do comportamento (Cohen, S., Karmack., T., & Mermelsteinm, R. (1983). A global measure of perceived stress. *Journal of Health and Social Behavior, 24*(4), 85-96.).

****N. de R.T. Um *software* gratuito e baseado em Cohen (1988) é o G*Power (Buchner, A., Erdfelder, E., Faul, F., & Lang, A. (2007). *Statistical power analyses for Windows and Mac.* Recuperado de: https://www.psychologie.hhu.de/en/research-teams/cognitive-and-industrial-psychology/gpower.html). Ele será comentado pelos autores a seguir.

   - Tipo de análise do poder: *A priori*: Computar tamanho da amostra necessária
   - Caudas: Dois
   - Correlação ρ H1: 0,25
   - α prob erro: 0,05
   - Power (1 – β prob erro): 0,8
   - Correlação ρ H0: 0
- Essa análise do poder para determinação do tamanho da amostra deve ser feita durante o planejamento do estudo, antes de acessar os participantes. Muitos periódicos científicos atualmente exigem que os pesquisadores reportem uma análise do poder para determinação do tamanho da amostra na seção Método.

Instrumentação

Como parte de uma coleta de dados rigorosa, o autor da proposta também apresenta informações detalhadas sobre o instrumento real de levantamento a ser usado no estudo proposto. Considere o seguinte:

- *Nomear os instrumentos de levantamento usados para coletar os dados.* Discutir se foi utilizado um instrumento designado para essa pesquisa, um instrumento modificado ou um instrumento desenvolvido por outra pessoa. Por exemplo, se o seu objetivo é medir as percepções de estresse no último mês, você pode usar a *Perceived Stress Scale* (PSS) de 10 itens (Cohen, Kamarck e Mermelstein, 1983) como seu instrumento para percepção de estresse em seu projeto de levantamento. Muitos instrumentos para levantamento, incluindo a PSS, podem ser adquiridos e usados gratuitamente, desde que você cite a fonte original do instrumento. Mas, em alguns casos, os pesquisadores fazem o uso de instrumentos próprios, sendo necessário o pagamento de uma taxa para a sua utilização. Os instrumentos estão sendo disponibilizados cada vez mais por meios *on-line* (p. ex., Qualtricks, Survey Monkey, etc.). Embora esses produtos possam ser dispendiosos, também podem ser muito úteis para acelerar e melhorar o processo de pesquisa de levantamento. Por exemplo, os pesquisadores podem criar seus próprios levantamentos rapidamente usando gabaritos personalizados e postando-os em *sites* da internet ou enviando-os por *e-mail* aos participantes para que sejam preenchidos. Esses programas facilitam a coleta de dados em planilhas eletrônicas para análise dos dados, reduzindo os erros de digitação dos dados e acelerando a testagem da hipótese.
- *Validade dos resultados com o uso do instrumento.* Para usar um instrumento já existente, é importante descrever a validade dos resultados obtidos pelo uso passado do instrumento. Isso significa os esforços relatados pelos autores para estabelecer a **validade na pesquisa quantitativa** – se é possível extrair inferências significativas e úteis dos escores obtidos pelos instrumentos. As três formas tradicionais de validade que devem ser buscadas são (a) a validade do conteúdo (Os itens medem o conteúdo que foram destinados a medir?), (b) a validade preditiva ou concomitante (As pontuações preveem uma medida de critério? Os resultados se correlacionam com outros resultados?) e (c) a **validade de construto** (Os itens medem construtos ou conceitos hipotéticos?). Em estudos mais recentes, a validação do construto se tornou o objetivo principal das validações e seu foco tem recaído na possibilidade de servirem a um propósito útil e terem consequências positivas quando utilizadas na prática (Humbley e Zumbo, 1996). Estabelecer a validade dos resultados em um levantamento ajuda os pesquisadores a identificar se um instrumento é uma boa escolha para ser utilizado na pesquisa de levantamento. Essa forma de validade é diferente para identificar as ameaças à validade na pesquisa experimental, como será discutido mais adiante neste capítulo.
- *Confiabilidade dos resultados no instrumento.* Também se deve mencionar se as pontuações resultantes do uso passado do instrumento demonstram **confiabilidade** aceitável. Confiabilidade neste contexto se refere à consistência ou reaplicação de um instrumento. A forma mais importante de confiabilidade para

instrumentos multi-itens é a **consistência interna** do instrumento, que é o grau em que conjuntos de itens em um instrumento se comportam da mesma maneira. Isso é importante porque os conjuntos de itens da escala do seu instrumento devem estar avaliando o mesmo construto, portanto esses itens devem ter intercorrelações adequadas. A consistência interna de uma escala é quantificada por um valor alfa (α) de Cronbach que oscila entre 0 e 1, com os valores ideais variando entre 0,7 e 0,9. Por exemplo, a PSS* de 10 itens tem consistência interna excelente em muitos relatos publicados, com a publicação da fonte original reportando valores de consistência interna de α = 0,84-0,86 nos três estudos (Cohen, Kamarck e Mermelstein, 1983). Também pode ser útil avaliar uma segunda forma de confiabilidade do instrumento, no teste-reteste. Essa forma de confiabilidade diz respeito à escala ser razoavelmente estável ao longo do tempo com administrações repetidas. Quando você modifica um instrumento ou combina instrumentos em um estudo, a validade e a confiabilidade originais podem não corroborar o novo instrumento, e é importante estabelecer a validade e a confiabilidade durante a análise dos dados.

- *Itens da amostra.* Incluir itens da amostra do instrumento para que os leitores possam ver os itens reais utilizados. Em um apêndice à proposta, anexar itens da amostra ou todo o instrumento (ou instrumentos) usado.
- *Conteúdo do instrumento.* Indicar as principais seções de conteúdo do instrumento, como a carta de apresentação (Dillman, 2007, proporciona uma lista útil de itens a serem incluídos nas cartas de apresentação), os itens (p. ex., itens demográficos, itens atitudinais, itens comportamentais, itens factuais) e as instruções de fechamento. Também mencionar o tipo de escalas usadas para medir os itens no instrumento, como escalas contínuas (p. ex., *concorda totalmente* a *discorda totalmente*) e escalas categóricas (p. ex., sim/não, classificação da maior para a menor importância).
- *Testagem-piloto.* Discutir os planos para o teste-piloto ou teste de campo do levantamento e apresentar uma justificativa para esses planos. Essa testagem é importante para estabelecer a validade das pontuações em um instrumento; para fornecer uma avaliação inicial da consistência interna dos itens; e para melhorar as questões, o formato e as instruções. A testagem-piloto de todos os materiais do estudo também proporciona uma oportunidade de avaliar o tempo de duração do estudo (e identificar possíveis preocupações com a fadiga dos participantes). Indicar o número de pessoas que participarão da testagem do instrumento e os planos para incorporar seus comentários nas revisões finais do instrumento.
- *Administração do levantamento.* Para uma pesquisa realizada pelo correio, é importante identificar os passos para administrar o levantamento e para realizar seu acompanhamento para garantir um alto índice de resposta. Salant e Dillman (1994) sugerem um processo de administração de quatro fases (ver Dillman, 2007, para um processo similar de três fases). A primeira correspondência é uma carta de apresentação e informações enviada a todos os membros da amostra, e a segunda correspondência é a pesquisa real, distribuída cerca de 1 semana depois do envio da carta de apresentação e informações. A terceira correspondência consiste em um cartão de acompanhamento enviado a todos os membros da amostra 4 a 8 dias depois do envio do questionário inicial. A quarta correspondência, enviada a todos os participantes não respondentes, consiste em uma carta de apresentação e informações com uma assinatura à mão, o questionário e um envelope subscrito e

*N. de R.T. PSS se refere à *Perceived Stress Scale*. Ver: Cohen, S., Karmack., T., & Mermelsteinm, R. (1983). A global measure of perceived stress. *Journal of Health and Social Behavior, 24*(4), 85-96. Para a versão brasileira, ver: Luft, C. D. B., Sanches, S. O., Mazo, G. Z., & Andrade, A. (2007). Versão brasileira da Escala de Estresse Percebido: tradução e validação para idosos. *Revista de Saúde Pública, 41*(4), 606-615.

Quadro 8.2 Variáveis, questões de pesquisa e itens em um levantamento

Nome da variável	Questão de pesquisa	Item no levantamento
Variável Independente 1: Publicações anteriores	Pesquisa descritiva Questão 1: Quantas publicações o docente produziu antes da defesa de doutorado?	Ver as Questões 11, 12, 13, 14 e 15: as publicações incluem artigos de revistas, livros, artigos de eventos científicos, capítulos de livros publicados antes da defesa de doutorado.
Variável Dependente 1: subsídios financiados	Pesquisa descritiva Questão 2: Quantas(os) bolsas/ subsídios o docente recebeu nos últimos três anos?	Ver as Questões 16, 17 e 18: subsídios de fundações, subsídios federais e subsídios estaduais.
Variável-Controle 1: *Status* de estabilidade	Pesquisa descritiva Questão 3: O docente tem estabilidade no cargo?	Ver a Questão 19: estabilidade (sim/ não)
Relacionando a Variável Independente 1: Publicações anteriores à Variável Dependente: subsídios financiados	Questão inferencial 4: A produtividade prévia influencia a quantidade de subsídios recebidos?	Ver as Questões 11, 12, 13, 14, 15 para as Questões 16, 17, 18

selado para o retorno. Os pesquisadores enviam essa quarta correspondência três semanas após a segunda. Assim, no total, contanto que os retornos satisfaçam os objetivos do projeto, o pesquisador conclui o período de administração quatro semanas depois de seu início.

Variáveis no estudo

Embora os leitores de uma proposta sejam informados sobre as variáveis nas descrições de objetivo e nas seções de questões/hipóteses de pesquisa, convém, na seção do método, relacionar as variáveis às questões ou hipóteses específicas no instrumento. Uma técnica é relacionar as variáveis, as questões ou hipóteses de pesquisa e os itens da amostra no instrumento do levantamento, para que o leitor possa facilmente determinar como a coleta de dados se conecta com as variáveis e as questões/ hipóteses. É interessante planejar a inclusão de uma tabela e uma discussão que faça uma referência cruzada às variáveis, às questões ou hipóteses e a itens específicos do levantamento. Esse procedimento é especialmente útil nas dissertações em que os pesquisadores testam modelos de larga escala ou hipóteses múltiplas. O Quadro 8.2 ilustra uma tabela desse tipo usando dados hipotéticos.

Análise dos dados

Na proposta, deve-se apresentar informações sobre os *softwares* utilizados e sobre os passos envolvidos na análise dos dados. *Sites* na internet contêm informações detalhadas sobre os vários *softwares* disponíveis para análise estatística.* Alguns dos programas mais frequentemente usados são os seguintes:

- *IBM SPSS Statistics 24 para Windows e Mac (www.spss.com).* O SPPSS GradPack é um programa de análise profissional. Há também versões para acadêmicos.
- *JMP (www.jmp.com).* Este é um *software* popular disponibilizado pelo SAS.
- *Minitab Statistical Software 17 (minitab.com).* Este é um pacote estatístico com *software* interativo disponibilizado por Minitab Inc.
- *SYSTAT 13 (systatsotware.com).* Este é um pacote estatístico interativo abrangente disponibilizado por Systat Software, Inc.

---

*N. de R.T. Nos últimos anos, um pacote estatístico gratuito tem sido muito usado. Trata-se do "R Project". The R Foundation (2020). *The R Project for Statistical Computing.* Recuperado de: https://www.r-project.org/. Também gratuito, um *software* brasileiro muito amigável é o BIOSTAT 5.3. Instituto Mamirauá. (2021). *BIOSTAT 5.3.* Recuperado de: https://www.mamiraua.org.br/downloads/programas/.

- *SAS/STA (sas.com).* Este é um *software* estatístico com ferramentas como um componente integrante do sistema SAS de produtos disponibilizado pelo SAS Institute, Inc.
- *Stata, release 14 (stata.com).* Este é um programa de análise de dados e estatística disponibilizado por StataCorp.

Programas *on-line* úteis na simulação estatística computacional também podem ser usados, como o Rice Virtual Lab in Statistics encontrado em http://onlinestatbook.com/rvls.html ou SAS Simulation Studio for JMP (www.jmp.com), que aproveita o poder da simulação do modelo e analisa sistemas operacionais essenciais em áreas como serviços de saúde, manufatura e transporte. A interface gráfica do usuário no SAS Simulation Studio para JMP não requer programação e fornece um conjunto completo de ferramentas para construir, executar e analisar os resultados de modelos de simulação (Creswell e Guetterman, no prelo).

Recomendamos a seguinte **dica de pesquisa:** apresentar os planos de análise dos dados como uma série de passos para que o leitor possa ver como um passo conduz ao outro:

Passo 1. Apresente o número de participantes da amostra que retornaram e que não retornaram as respostas do levantamento. Uma tabela com números e porcentagens apresentando as quantidades de respondentes e dos não respondentes é um instrumento útil para apresentar essa informação.

Passo 2. Discuta o método pelo qual o viés da resposta será determinado. **Viés de resposta** é o efeito das não respostas nas estimativas do levantamento (Fowler, 2014). *Viés* significa que, se os participantes não respondentes tivessem respondido, suas respostas teriam alterado substancialmente os resultados gerais. Mencione os procedimentos usados para verificar o viés de resposta, como a análise de onda* ou uma análise de respondente/não respondente. Na análise de onda, o pesquisador examina os retornos em itens selecionados semanalmente para determinar se a média de respostas muda (Leslie, 1972). Com base na suposição de que aqueles que retornam os levantamentos nas semanas finais do período de resposta são quase todos não respondentes, se as respostas começam a mudar então existe potencial para um viés de resposta. Uma verificação alternativa para o viés de resposta é entrar em contato por telefone com alguns não respondentes e determinar se suas respostas diferem substancialmente daquelas dos respondentes. Isso constitui uma verificação respondente/não respondente para o viés de resposta.

Passo 3. Discuta um plano para apresentar uma **análise descritiva** dos dados para todas as variáveis independentes e dependentes do estudo. Essa análise deve indicar as médias, os desvios padrão e a variação das pontuações para essas variáveis. Identifique se faltam alguns dados (p. ex., alguns participantes podem não dar respostas a alguns itens ou a escalas inteiras) e desenvolva planos para relatar a quantidade de dados faltantes e se uma estratégia será implementada para substituir esses dados (para uma revisão, ver Schafer e Graham, 2002).

Passo 4. Se a proposta contém um instrumento com escalas multi-itens ou um plano para desenvolver escalas (combinando os itens em escalas), primeiro avalie se será necessário inverter as pontuações dos itens e depois como as pontuações totais da escala serão calculadas. Também mencione as análises de confiabilidade para a consistência interna das escalas (i.e., o coeficiente alfa de Cronbach).

Passo 5. Identifique as estatísticas e o *software* estatístico para testar as principais questões ou hipóteses de pesquisa no estudo proposto. As **questões** ou **hipóteses inferenciais** relacionam as variáveis ou comparam grupos em termos de variáveis, de tal modo que é possível extrair inferências da amostra para uma população. Apresente uma justificativa para a escolha do teste estatístico e mencione as suposições associadas com a estatística. Como apresentado no Quadro 8.3, tome essa escolha com base na natureza da questão de pesquisa (p. ex., relacionando variáveis ou comparando grupos, como os mais populares), no número de variáveis independentes e dependentes e

*N. de R.T. "Onda" é a ação de envio de convites de participação na pesquisa "repetitivamente" em intervalos de tempo.

as variáveis usadas como covariadas* (p. ex., ver Rudestam e Newton, 2014). Além disso, considere se as variáveis serão medidas em um instrumento como uma pontuação contínua (p. ex., idade, de 18 a 36) ou como uma pontuação categórica (p. ex., mulheres = 1, homens = 2). Finalmente, considere se as pontuações da amostra podem ser normalmente distribuídas em uma curva de sino se colocadas em um gráfico ou se podem ser não normalmente distribuídas. Há outras maneiras de determinar se as pontuações estão normalmente distribuídas (ver Creswell, 2012)**. Esses fatores, combinados, permitem a um pesquisador determinar qual teste estatístico será adequado para responder a questão ou hipótese de pesquisa. No Quadro 8.3, mostramos como os fatores, em combinação, conduzem à seleção de vários testes estatísticos comuns. Para tipos adicionais de testes estatísticos, os leitores podem recorrer a livros de métodos estatísticos, como o de Gravetter e Wallnau (2012).

Passo 6. Um passo final na análise dos dados é apresentar os resultados em tabelas ou figuras e interpretar os resultados do teste estatístico, discutido na próxima seção.

Interpretação dos resultados e escrita da seção de discussão

Uma **interpretação na pesquisa quantitativa** significa que o pesquisador tira conclusões a partir dos resultados para as questões e hipóteses de pesquisa e para o significado maior dos resultados. Essa interpretação envolve vários passos:

- Relatar como os resultados responderam à questão ou hipótese da pesquisa. O *Publication Manual of the American Psychological Association* (American Psychological Association [APA], 2010) sugere que o significado mais completo dos resultados provém do relato extenso da descrição, da **testagem da significância estatística**, dos intervalos de confiança e dos tamanhos do efeito. Assim, é importante esclarecer o significado desses três últimos relatos dos resultados. A testagem da significância estatística relata uma avaliação que indica se valores obtidos refletem um padrão que vai além do acaso. Um teste estatístico é considerado significante se for improvável que os resultados tenham ocorrido devido ao acaso, e a hipótese nula de "sem efeito" possa ser rejeitada. O pesquisador define um nível de significância (alfa), como alfa = 0,05, e então avalia se a estatística do teste se enquadra nesse nível de rejeição da hipótese nula***. Geralmente os resultados serão resumidos como: "a análise da variância revelou uma diferença estatisticamente significante entre moradores de quatro cidades em termos das atitudes com relação

*N. de R.T. Covariadas ou covariáveis são as variáveis que não podem ser "controladas" em uma pesquisa (sobretudo em experimentos) e que têm influência sobre a variável dependente. Por exemplo: foi ministrada uma disciplina de estatística para todos os alunos de um curso de administração. Tomou-se o cuidado de aplicar uma avaliação sobre o nível de conhecimentos abordados na disciplina. Ao usar essa variável como covariante, pode-se retirar o efeito do conhecimento prévio e avaliar o que os alunos aprenderam. Ela passa a ser usada em um teste estatístico chamando ANCOVA (análise de covariância) ou nos modelos de regressão linear geral. Ver: Field, A. (2009). *Descobrindo a estatística usando o SPSS.* (2. ed.). Porto Alegre: Penso.

**N. de R.T. O autor faz referência à curva de Gauss ou distribuição normal. Para avaliação da aderência de dados a uma distribuição normal, há dois testes muito usados: Kolmogorov-Smirnov e Shapiro-Wilk. Ver: Field, A. (2009). *Descobrindo a estatística usando o SPSS.* (2. ed.). Porto Alegre: Penso.

***N. de R.T. Os *softwares* estatísticos usados para as análises de dados quantitativos calculam o p-valor. Como na maioria das vezes define-se um valor do nível de significância (alfa) de 0,05, para a avaliação do resultado do teste de hipótese, compara-se o valor de alfa com o p-valor. Vejamos um exemplo hipotético de duas amostras em que se avaliou a intenção de compra de um produto X para homens e mulheres. Só se realiza uma pesquisa para avaliar diferenças quando se supõem que elas podem existir, então a hipótese nula (formulada ao contrário da suposição) fica: homens e mulheres têm a mesma intenção de compra do produto X. Se o p-valor for menor ou igual a alfa, o teste é significante, isto é, não se aceita (rejeita-se) a hipótese nula (então há diferenças entre as amostras). Se o p-valor é maior que alfa, aceita-se a hipótese nula e o teste é não significante (não há diferenças entre as amostras). Para Maiores detalhes ver: Sampieri, R. H., Collado, C. F., & Lucio, M. P., B. (2013). *Metodologia de pesquisa.* (5. ed.). Porto Alegre: Penso.

Quadro 8.3 Critérios para a escolha de testes estatísticos

Natureza da questão	Número de variáveis independentes	Número de variáveis dependentes	Número de variáveis-controle (covariadas)	Tipo de pontuação das variáveis dependentes e independentes	Distribuição das pontuações	Teste estatístico	O que o teste mede
Comparação do grupo	1	1	0	Categórico/contínuo	Normal	Teste *t*	Uma comparação de dois grupos em termos dos resultados
Comparação do grupo	1 ou mais	1	0	Categórico/contínuo	Normal	Análise de variância	Uma comparação de mais de dois grupos em termos dos resultados
Comparação do grupo	1 ou mais*	1	1	Categórico/contínuo	Normal	Análise de covariância (ANCOVA)	Uma comparação de mais de dois grupos em termos dos resultados, controlando os covariados
Associação entre grupos	1	1	0	Categórico/categórico	Não normal	Qui-quadrado	Uma associação entre duas variáveis medidas por categorias
Variáveis relacionadas	1	1	0	Contínuo/contínuo	Normal	Correlação produto-momento de Pearson	Informa a magnitude e a direção da associação entre duas variáveis medidas em uma escala de intervalo (ou razão)
Variáveis relacionadas	2 ou mais	1	0	Contínuo/contínuo	Normal	Regressão múltipla	Informa sobre a relação entre diversas variáveis preditoras ou independentes e uma variável do resultado. Fornece a previsão relativa de uma variável entre muitas em termos do resultado.

*N. de R.T. As variáveis dependentes devem conter três ou mais amostras, quando se tem os testes ANOVA e ANCOVA. Esclarecendo mais: mediu-se a intenção de alunos do 5º, 6º, 7º e 8º semestre (variável dependente com quatros amostras) concluírem um curso de Economia (variável independente). Ver: Field, A. (2020). *Descobrindo a estatística usando o SPSS.* (5. ed.). Porto Alegre: Penso.

à proibição de fumar em restaurantes $F(3, 20) = 16{,}24, p < 0{,}001$*.

- Duas formas de *evidências práticas* dos resultados devem também ser relatadas: (a) o tamanho do efeito e (b) o intervalo de confiança. Um **intervalo de confiança** é uma variação de valores (um intervalo) que descreve um nível de incerteza em torno de uma pontuação observada estimada. Um intervalo de confiança mostra a qualidade que uma pontuação estimada pode ter. Um intervalo de confianças de 95%, por exemplo, indica que em 95 de cada 100 vezes o valor observado se encaixará no intervalo. O **tamanho do efeito** identifica qual é a importância das variáveis em estudos quantitativos. É uma estatística descritiva que independe do fato da relação nos dados representar a verdadeira população. O cálculo do tamanho do efeito varia para os diferentes testes estatísticos: pode ser usado para explicar a variância entre duas ou mais variáveis ou as diferenças entre as médias para os grupos. Ele também mostra a significância dos resultados além das inferências que estão sendo aplicadas à população.
- A etapa final é esboçar uma seção de discussão onde você discute as implicações dos resultados em termos de sua consistência, refutação ou ampliação em relação aos estudos prévios relatados na literatura científica. Como seus resultados da pesquisa abordam as lacunas em nossa base de conhecimento sobre o tópico? Também é importante reconhecer as implicações dos achados para a prática e para pesquisas futuras na área, além de envolver a discussão das consequências teóricas e práticas dos resultados. Reconhecer brevemente as limitações potenciais do estudo e as explicações alternativas para os resultados do estudo também pode auxiliar nessa etapa.

O Exemplo 8.1 é uma seção de um plano de método de levantamento que ilustra muitos dos passos que acabaram de ser mencionados. Esse trecho (usado com permissão dos autores) foi extraído de um artigo de periódico relatando um estudo dos fatores que afetam a desistência dos alunos em uma pequena faculdade de artes liberais (Bean e Creswell, 1980, p. 321-322).

*N. de R.T. $F(3, 20) = 16{,}24, p < 0{,}001$ é uma notação de resultado de um teste de hipótese, no caso o teste ANOVA (análise de variância); (3, 20): o número 3 significa que havia quatro amostras (moradores de quatro cidades) e o 20 significa que havia uma amostra de 24 sujeitos (no todo). O termo geral dessa notação é $F(k - 1, n - k)$. Onde: k é o número de amostras e n é número de casos ou participantes da pesquisa. Explicando melhor, como se comparam quatro objetos (k = 4)? Toma-se um como fixo e ele é comparado com os outros três (k – 1 = 4 – 1 = 3 graus de liberdade, pois se fixa um deles). Para o teste ANOVA, fixa-se um respondente de cada amostra (em n = 8 × 4 = 24 casos n – k = n – 4 = 20 graus de liberdade, pois quatro foram fixados). 16,24 é o valor do teste ANOVA, que serve se estimar uma probabilidade (a estatística do teste). No exemplo, se alfa é 0,05 e $p < 0{,}001$, o teste é significante, indicando que há diferenças entre as respostas dos moradores das quatro cidades. Para maiores detalhes ver: Dancey, C., & Reidy, J. (2019). *Estatística sem matemática para psicologia*. (7. ed.). Porto Alegre: Penso.

Exemplo 8.1 Um plano de método de levantamento

Metodologia

O local deste estudo foi uma pequena faculdade confessional (mil alunos matriculados) de artes em uma cidade do Meio-oeste com uma população de 175 mil habitantes. *(Os autores identificaram o local da pesquisa e a população.)*

O índice de evasão no ano anterior foi de 25%. Os índices de evasão tendem a ser mais altos entre calouros e alunos de segundo ano, e, por isso, foi feita uma tentativa de atingir o máximo possível desses alunos pela distribuição do questionário entre as turmas. A pesquisa sobre a evasão indica que homens e mulheres desistem da faculdade por razões diferentes (Bean, 1978, no prelo; Spady, 1971). Por isso, somente mulheres participaram deste estudo.

Durante o mês de abril de 1979, 169 mulheres retornaram os questionários. Uma amostra homogênea de 135 mulheres com 25 anos ou menos, solteiras, com cidadania totalmente norte-americana, e brancas, foi selecionada para essa análise a fim de excluir algumas possíveis variáveis intervenientes (Kerlinger, 1973).

Dessas mulheres, 71 eram calouras, 55 estavam no segundo ano e 9 estavam no terceiro ano; além disso, 95% tinham entre 18 e 21 anos. Essa amostra é tendenciosa com relação a alunos com potencial intelectual mais elevado, como está indicado pelas pontuações no teste ACT*. *(Os autores apresentaram informações descritivas sobre a amostra.)*

Os dados foram coletados por meio de um questionário contendo 116 itens. A maioria deles eram itens tipo escala Likert, baseados em uma escala de "uma extensão muito pequena" para "uma extensão muito grande". Outras questões foram formuladas para a obtenção de informações factuais, como pontuações no teste ACT, notas no ensino médio e nível educacional dos pais. Todas as informações utilizadas nesta análise foram derivadas de dados do questionário. O questionário foi desenvolvido e testado em três outras instituições antes de seu uso nesta faculdade. *(Os autores discutiram o instrumento.)*

As validades concorrente e convergente (Campbell e Fiske, 1959) dessas medidas foram estabelecidas pela análise fatorial exploratória (AFE) e avaliadas como adequadas. A confiabilidade dos fatores foi estabelecida pelo coeficiente alfa. Os construtos foram representados por 25 variáveis – itens múltiplos combinados tendo por base a AFE para compor os índices – e 27 medidas foram indicadores de itens únicos. *(A validade e a confiabilidade foram abordadas.)*

A regressão múltipla e a análise de caminho (Heise, 1969; Kerlinger e Pedhazur, 1973) foram utilizadas para analisar os dados. No modelo causal..., foi feita a regressão da intenção de abandonar o curso sobre todas as variáveis que a precederam na sequência causal. Além disso, foi feita a regressão das variáveis intervenientes significativamente relacionadas à intenção de abandonar o curso, sobre as variáveis organizacionais, variáveis pessoais, variáveis ambientais e variáveis de segundo plano *(Foram apresentados os passos para a análise de dados.)*

*N. de R.T. Sigla em inglês para American College Test.

Componentes de um plano de método de estudo experimental

Um plano de método experimental segue uma forma padrão: (a) participantes e projeto (b) procedimento e (c) medidas. Essas três seções sequenciais em geral são suficientes (em estudos com poucas medidas, frequentemente as seções de procedimento e medidas são combinadas em uma única seção). Nesta seção, examinamos esses componentes e também as informações sobre as principais características do projeto experimental e a análise estatística correspondente. Da mesma forma que na seção sobre projeto de levantamentos, a intenção aqui é destacar os tópicos fundamentais a serem tratados em uma proposta de método experimental. Um guia geral para esses tópicos pode ser encontrado na resposta às questões na lista exibida no Quadro 8.4.

Participantes

Os leitores precisam ser informados sobre a seleção, a designação e o número de pessoas que participarão do experimento. É importante considerar as seguintes sugestões ao escrever um plano para a seção de método de um experimento:

- Descreva os procedimentos para recrutamento dos participantes no estudo e os

Quadro 8.4 Uma lista de questões para o projeto de um plano de estudo experimental

_______	Quem são os participantes do estudo?
_______	Como os participantes foram selecionados? Nomeie os critérios específicos de inclusão e exclusão para o estudo.
_______	Como e quando os participantes serão aleatoriamente designados?
_______	Quantos participantes farão parte do estudo?
_______	Qual delineamento de pesquisa experimental será usado? Como seria um modelo visual desse delineamento?
_______	Quais são as variáveis independentes e como são operacionalizadas?
_______	Quais são as variáveis dependentes (i.e., variáveis do resultado) no estudo? Como elas serão medidas?
_______	As variáveis serão incluídas como verificações de manipulação ou covariadas no experimento? Como e quando elas serão medidas?
_______	Qual(is) instrumento(s) será(ão) usado(s) para medir as variáveis dependentes (resultados) no estudo? Por que ele foi escolhido? Quem desenvolveu essas medidas? Ele tem validade e confiabilidade estabelecidas?
_______	Qual é a sequência de passos no procedimento para aplicação do estudo experimental aos participantes?
_______	Quais são as potenciais ameaças à validade interna e externa para o projeto experimental e procedimento? Como eles serão tratados?
_______	Como a testagem-piloto dos materiais e procedimentos será conduzida antes da coleta formal dos dados?
_______	Qual estatística será utilizada para analisar os dados (p. ex., descritiva e inferencial)?
_______	Como os resultados serão interpretados?

processos de seleção utilizados. Geralmente os pesquisadores visam recrutar uma amostra que compartilhe determinadas características, definindo formalmente critérios específicos de inclusão e exclusão para o estudo quando planejam seu estudo (p. ex., critério de inclusão: os participantes devem ser falantes da língua inglesa; critério de exclusão: os participantes não devem ser crianças com menos de 18 anos). As abordagens de recrutamento são abrangentes e podem incluir telefonemas aleatórios para casas na comunidade, envio de folhetos ou *e-mails* de recrutamento para as comunidades-alvo, ou anúncios de jornal. Descreva as abordagens de recrutamento que serão usadas e a recompensa pela participação do estudo.

- Uma das principais características distintivas de um projeto de estudo de levantamento é o uso de distribuição aleatória. Distribuição aleatória é uma técnica para inserir os participantes nas condições de estudo de uma variável manipulada de interesse. Quando os indivíduos são designados aleatoriamente aos grupos, o procedimento é chamado de **experimento verdadeiro**. Caso seja usada a distribuição aleatória, discuta como e quando o estudo irá *designar aleatoriamente* os indivíduos aos grupos de tratamento, que em estudos experimentais são chamados de níveis de uma variável independente. Isso significa que do conjunto de participantes, o Indivíduo 1 vai para o Grupo 1, o Indivíduo 2 vai para o Grupo 2, e assim por diante, de modo que não ocorra viés sistemático na designação dos indivíduos. Esse procedimento elimina a possibilidade de diferenças sistemáticas entre as características dos participantes que poderiam afetar os resultados, de modo que quaisquer diferenças nos resultados podem ser atribuídas à variável (ou variáveis) de interesse manipulada do estudo (Keppel e Wickens, 2003). Frequentemente os estudos experimentais estão interessados em designar aleatoriamente os participantes para níveis de uma variável de interesse *manipulada* (p. ex., uma nova abordagem de tratamento para ensinar frações para crianças vs. a abordagem tradicional), ao mesmo tempo em que estão *medindo* uma segunda variável de interesse preditora que não pode utilizar atribuição aleatória (p. ex., medir se os benefícios do tratamento são maiores entre as meninas em comparação com os meninos; é impossível designar aleatoriamente crianças para serem do sexo masculino ou feminino). Os projetos em que um pesquisador tem apenas controle parcial (ou nenhum controle) sobre a designação aleatória dos participantes para os níveis de uma variável de interesse manipulada são denominados **quase experimentos**.

- Conduza e relate uma análise do poder para a determinação do tamanho da amostra (para mais informações, ver Kraemer e Blasey, 2016). Os procedimentos para uma análise dodo tamanho da amostra são quase os mesmos utilizados para um projeto de levantamento, embora o foco mude para a estimativa do número de participantes necessários em cada condição do experimento para detectar diferenças significativas nos grupos. Nesse caso, parâmetros de entrada mudam a estimativa do tamanho do efeito referenciando as diferenças estimadas entre os grupos da sua variável (ou variáveis) de interesse manipulada e o número de grupos em seu experimento. Os leitores são convidados a revisar a seção da análise do poder na parte inicial deste capítulo sobre projeto do levantamento e então considerar o exemplo a seguir:
  - Anteriormente apresentamos um projeto de levantamento transversal avaliando a relação entre o número de horas extras trabalhadas e os sintomas de esgotamento entre enfermeiros. Poderíamos decidir conduzir um experimento para testar uma questão relacionada: enfermeiros que trabalham em tempo integral apresentam mais sintomas de esgotamento comparados aos que trabalham em tempo parcial? Neste caso, poderíamos conduzir um experimento em que enfermeiros são aleatoriamente designados para tralhar em tempo integral (grupo 1) ou em tempo parcial (grupo 2) por 2 meses, e para cada período poderíamos medir sintomas de esgotamento. Poderíamos conduzir uma análise do poder para avaliar o tamanho da amostra necessário para detectar uma diferença significativa nos sintomas de esgotamento entre esses dois grupos. A literatura prévia pode indicar uma diferença no tamanho do efeito entre esses dois grupos em $d = 0,5$ e, como nosso projeto de estudo de levantamento, podemos presumir um alfa = 0,05 e beta = 0,20 bicaudal. Elaboramos o cálculo mais uma vez usando o programa G*Power (Faul et al., 2007; Faul et al., 2009) para estimar o tamanho da amostra necessário para detectar uma diferença significativa entre os grupos:

    Test Family: testes *t*

    Teste estatístico: Média: diferença entre duas médias independentes (dois grupos)

    Tipo de análise do poder: *A priori*: Computar tamanho da amostra necessário

    Caudas: Duas

    Tamanho do efeito *d*: 0,5

    Prob de erro α: 0,05

    Poder (1 – prob erro β): 0,8

    Taxa de repartição N2/N1: 1
  - Com esses parâmetros de entrada, a análise do poder indica que é necessário um tamanho total da amostra de 128 participantes (64 em cada grupo) para detectar uma diferença significativa entre os grupos nos sintomas de esgotamento.
- No final da seção sobre os participantes, é importante apresentar uma declaração de projeto experimental formal que especifique as variáveis independentes e

seus níveis correspondentes. Por exemplo, uma declaração formal de projeto pode ser assim: "O experimento consistiu em um projeto com dois grupos segundo uma variável comparando sintomas de esgotamento entre enfermeiros que trabalham em tempo integral e em tempo parcial."

Variáveis

As variáveis precisam ser especificadas na declaração formal do projeto e descritas detalhadamente na seção de procedimento do plano de método experimental. Eis algumas sugestões para desenvolver ideias sobre as variáveis em uma proposta:

- Identificar claramente as variáveis independentes no experimento (conforme discussão das variáveis apresentada no Capítulo 3) e como elas serão manipuladas no estudo. Uma abordagem comum é conduzir um projeto fatorial 2 x 2 entre sujeitos, em que duas variáveis independentes são manipuladas em um único experimento. Se esse for o caso, é importante esclarecer como e quando cada variável independente é manipulada.
- Incluir uma medida de verificação da manipulação que avalie se o seu estudo manipulou com sucesso a variável (ou variáveis) independente (s) de interesse. Uma **medida de verificação da manipulação** é definida como a medida da variável de interesse manipulada pretendida. Por exemplo, se um estudo visa manipular a autoestima oferecendo *feedback* positivo do teste (condição de alta autoestima) ou *feedback* negativo do teste (condição de baixa autoestima) usando uma tarefa de desempenho, seria importante avaliar quantitativamente se de fato existem diferenças na autoestima entre essas duas condições com uma medida de verificação da manipulação. Depois dessa manipulação do estudo da autoestima, o pesquisador pode incluir uma rápida medida para declarar a autoestima como uma medida de verificação da manipulação antes de administrar as principais medidas de interesse do resultado.
- Identificar a variável ou variáveis dependentes (i.e., os resultados) no experimento. A variável dependente é a resposta ou a variável de critério que pode ter sido causada ou influenciada pelas condições de tratamento independentes. É importante considerar no plano do projeto experimental se existem múltiplas maneiras de medir o(s) resultado(s) de interesse. Por exemplo, se o resultado principal é agressão, pode ser possível coletar múltiplas medidas de agressão em nosso experimento (p. ex., uma medida comportamental de agressão em resposta a provocação, percepções de agressão autorrelatadas).
- Identificar outras variáveis a serem medidas no estudo. É importante mencionar três categorias de variáveis. Primeiro, incluir medidas das características demográficas dos participantes (p. ex., idade, gênero, etnia). Segundo, medir variáveis que possam contribuir com ruído para o projeto do estudo. Por exemplo, os níveis de autoestima podem flutuar durante o dia (e se relacionam às variáveis de interesse no resultado do estudo) e, portanto, pode ser importante medir e registrar horários do dia no estudo (e, então, usá-los como uma covariavél nas análises estatísticas do estudo). Terceiro, medir as variáveis que podem ser potenciais variáveis de confusão*. Por exemplo, uma crítica da manipulação da autoestima pode dizer que a manipulação do estudo do *feedback* do desempenho positivo/negativo também manipulou involuntariamente a ruminação, e essa ruminação ofereceu uma melhor explicação para os desfechos do estudo nos resultados de interesse. Ao medir a ruminação como uma potencial variável de confusão de interesse, o pesquisador pode avaliar quantitativamente essa alegação da crítica.

---

*N. de R.T. Variável de confusão é aquela que pode influenciar as variáveis tanto dependentes quanto independentes. Por exemplo, o hábito do tabagismo pode ser uma variável de confusão na relação entre desenvolvimento de doenças respiratórias e a poluição atmosférica. Ao não se controlar o hábito de fumar, pode-se ter resultados irreais.

Instrumentos e materiais

Assim como em um plano do método de levantamento, um plano de estudo experimental sólido requer uma discussão meticulosa sobre o instrumento (ou instrumentos), seu desenvolvimento, seus itens, suas escalas e relatos da confiabilidade e validade das pontuações em usos anteriores. Entretanto, um plano de estudo experimental também descreve em detalhes a abordagem para manipulação das variáveis de interesse independentes:

- Discutir de forma detalhada os materiais utilizados para a variável (ou variáveis) de interesse manipulada. Um grupo, por exemplo, pode participar de um plano de aprendizagem auxiliado por computador, utilizado por um professor em uma sala de aula. Esse plano pode envolver apostilas, lições e instruções escritas especiais para auxiliar os alunos desse grupo experimental a aprender como estudar um tema usando computadores. Um teste-piloto desses materiais pode também ser discutido, assim como qualquer treinamento necessário para administrar os materiais de uma maneira padronizada.
- Com frequência o pesquisador não quer que os participantes saibam quais variáveis estão sendo manipuladas ou a qual condição eles foram designados (e, algumas vezes, quais são as principais medidas de interesse do resultado). É importante, então, elaborar uma *matéria de capa* que será usada para explicar o estudo e os procedimentos aos participantes durante o experimento. Se alguma forma de enganação for usada no estudo, é importante elaborar uma abordagem de discussão adequada e ter todos os procedimentos e materiais aprovados pelo comitê de revisão institucional (IRB – do inglês, *institutional review board*) da sua instituição (ver Cap. 4).

Procedimentos experimentais

Os procedimentos específicos do projeto experimental também precisam ser identificados. Essa discussão envolve indicar o tipo geral do experimento, citando as razões que motivaram o projeto e apresentando um modelo visual para ajudar o leitor a entender os procedimentos.

- Identificar o tipo de projeto experimental a ser utilizado no estudo proposto. Os tipos disponíveis nos experimentos são projetos pré-experimentais, quase experimentos e experimentos verdadeiros. Nos projetos *pré-experimentais*, o pesquisador estuda um único grupo e realiza uma intervenção durante o experimento. Esse projeto não tem um grupo-controle para ser comparado ao grupo experimental. Nos *quase experimentos*, o pesquisador usa grupos controle e experimental, mas o projeto pode ter parcial ou total ausência de designação aleatória aos grupos. Em um *experimento verdadeiro*, o pesquisador designa aleatoriamente os participantes para os grupos de tratamento. Um **projeto de indivíduo único** ou projeto *N* de 1 envolve a observação do comportamento de um único indivíduo (ou de um pequeno número de indivíduos) ao longo do tempo.
- Identificar o que está sendo comparado no experimento. Em muitos experimentos, aqueles chamados de projetos entre indivíduos, o pesquisador compara dois ou mais grupos (Keppel e Wickens, 2003; Rosenthal e Rosnow, 1991). Por exemplo, um experimento de projeto fatorial, uma variação do projeto entre grupos, envolve o uso de duas ou mais variáveis de tratamento para examinar os efeitos independentes e simultâneos dessas variáveis sobre um resultado (Vogt e Johnson, 2015). Esse projeto experimental, amplamente utilizado, explora os efeitos de cada tratamento separadamente e também os efeitos das variáveis utilizadas em combinação, proporcionando, assim, uma visão multidimensional rica e reveladora. Em outros experimentos, o pesquisador estuda apenas um grupo, chamado de projeto dentro do grupo. Por exemplo, em um projeto de medidas repetidas, os participantes são designados a diferentes tratamentos em diferentes momentos durante o experimento. Outro exemplo de um projeto

dentro do grupo seria um estudo do comportamento de um único indivíduo no decorrer do tempo, no qual o experimentador proporciona e mantém um tratamento em diferentes momentos do experimento para determinar seu impacto. Finalmente, estudos que incluem uma variável intersujeitos e intrassujeitos são denominados projetos mistos.

- Apresentar um diagrama ou uma figura para ilustrar o projeto de pesquisa específico a ser utilizado. Nessa figura, é necessário usar um sistema de notação padrão. Como uma **dica de pesquisa,** recomendamos a utilização de um sistema de notação clássico, criado por Campbell e Stanley (1963, p. 6):
  - *X* representa uma exposição de um grupo a uma variável ou evento experimental, cujos efeitos serão medidos.
  - *O* representa uma observação ou medida registrada em um instrumento.
  - Os *Xs* e *Os* em uma dada linha são aplicados às mesmas pessoas específicas. Os *Xs* e *Os* na mesma coluna, ou colocados verticalmente em relação um ao outro, são simultâneos.
  - A dimensão da esquerda para a direita indica a ordem temporal dos procedimentos em um experimento (às vezes indicada com uma seta).
  - O símbolo *R* indica designação aleatória.
  - A separação de linhas paralelas por uma linha horizontal indica que os grupos de comparação não são iguais (ou igualados) pela designação aleatória. Nenhuma linha horizontal entre os grupos indica designação aleatória dos indivíduos aos grupos de tratamento.

Nos Exemplos 8.2 a 8.5, essa notação é usada para ilustrar projetos pré-experimentais, quase-experimentais, experimentais verdadeiros e de indivíduo único.

Exemplo 8.2 Projetos pré-experimentais

Estudo de caso único

Este projeto envolve uma exposição de um grupo a um tratamento seguido de uma medida.

Grupo A *X* ________________ *O*

Projeto de pré-teste e pós-teste de um grupo

Este projeto inclui uma medida de pré-teste seguida de um tratamento e um pós-teste para um único grupo.

Grupo A *O*1 ——— *X* ——— *O*2

Comparação de grupo estático ou apenas pré-teste com grupos não equivalentes

Os experimentadores usam este projeto depois de implementar um tratamento. Depois do tratamento, o pesquisador escolhe um grupo de comparação e apresenta um pós-teste tanto para o(s) grupo(s) experimental(is) quanto para o(s) grupo(s) de comparação(ões).

Grupo A *X* ________________ *O*

Grupo B ________________ *O*

Projeto de tratamento alternativo apenas de pós-teste com grupos não equivalentes

Este projeto usa o mesmo procedimento que a comparação de grupo estático, com a exceção de que o grupo de comparação não equivalente recebe um tratamento diferente.

Grupo A *X*1 ________________ *O*

Grupo B *X*2 ________________ *O*

Exemplo 8.3 Projetos quase-experimentais

Projeto de grupo-controle não equivalente (pré-teste e pós-teste)

Neste projeto, uma abordagem popular dos quase experimentos, o grupo A experimental e o grupo B controle são selecionados sem designação aleatória. Os dois grupos realizam um pré-teste e um pós-teste. Somente o grupo experimental recebe o tratamento.

Grupo A *O* ———— *X* ———— *O*

———————————————

Grupo B *O* ———————— *O*

Projeto de séries temporais interrompidas com grupo único

Neste projeto, o pesquisador registra as medidas para um grupo único antes e depois de um tratamento.

Grupo A *O—O—O—O—X—O—O—O—O*

Projeto de séries temporais interrompidas com grupo-controle

Este projeto é uma modificação do projeto de séries temporais interrompidas com grupo único, em que dois grupos de participantes, não aleatoriamente designados, são observados no decorrer do tempo. Um tratamento é administrado em apenas um dos grupos (p. ex., Grupo A).

Grupo A *O—O—O—O—X—O—O—O—O*

———————————————

Grupo B *O—O—O—O—O—O—O—O—O*

Exemplo 8.4 Projetos experimentais verdadeiros

Projeto de pré-teste e pós-teste com grupo-controle

Projeto tradicional e clássico, este procedimento envolve uma designação aleatória *(R)* dos participantes para dois grupos. É aplicado tanto um pré-teste quanto um pós-teste aos dois grupos, mas o tratamento é proporcionado apenas ao Grupo A experimental.

Grupo A *R* ——— *O* ——— *X* ——— *O*

Grupo B *R* ——— *O* ———————— *O*

Projeto apenas de pós-teste com grupo-controle

Este projeto controla quaisquer efeitos de ruído de um pré-teste e é um projeto experimental popular. Os participantes são designados aleatoriamente aos grupos, um tratamento é proporcionado apenas ao grupo experimental, e os dois grupos são medidos no pós-teste.

Grupo A *R* ———————— *X* ——— *O*

Grupo B *R* ———————————— *O*

Projeto Solomon de quatro grupos

Um caso especial de projeto fatorial 2 x 2, este procedimento envolve a designação aleatória dos participantes em quatro grupos. Os pré-testes e os tratamentos são variados para os quatro grupos. Todos os grupos são submetidos a um pós-teste.

Grupo A *R* ——— *O* ——— *X* ——— *O*

Grupo B *R* ——— *O* ———————— *O*

Grupo C *R* ———————— *X* ——— *O*

Grupo D *R* ———————————— *O*

Exemplo 8.5 Projetos de indivíduo único

Projeto A-B-A de indivíduo único

Este projeto envolve múltiplas observações de um único indivíduo. O comportamento-alvo de um único indivíduo é estabelecido no decorrer do tempo e é referido como um comportamento de base. O comportamento de base é avaliado, o tratamento é proporcionado e depois o tratamento é retirado.

Linha de base A	Tratamento B	Linha de base A

O–O–O–O–O–X–X–X–X–X–O–O–O–O–O

Ameaças à validade

Há várias ameaças à validade que levantarão questões sobre a competência de um experimentador para concluir que a variável (ou variáveis) de interesse manipulada(s) afeta(m) um resultado e não algum outro fator. Os pesquisadores experimentais precisam identificar ameaças potenciais à validade interna de seus experimentos e realizar seu planejamento de modo que não seja permitido (ou que seja minimizado) o surgimento delas. Há dois tipos de ameaças à validade: (a) ameaças internas e (b) ameaças externas.

- As **ameaças à validade interna** são experiências, procedimentos ou tratamentos experimentais dos participantes que ameaçam a possibilidade de o pesquisador extrair inferências corretas dos dados sobre a população em um experimento. O Quadro 8.5 exibe essas ameaças, apresenta uma descrição de cada uma delas e sugere as atitudes que o pesquisador pode tomar para que a ameaça não ocorra. Há aquelas que envolvem os participantes (i.e., história, maturação, regressão, seleção e mortalidade), aquelas relacionadas ao uso de um tratamento experimental que o pesquisador manipula (i.e., difusão, desmoralização compensatória e ressentida, e rivalidade compensatória), e aquelas que envolvem os procedimentos utilizados no experimento (i.e., testagem e instrumentos).
- As ameaças potenciais à validade externa também devem ser identificadas, além de serem adotadas medidas para minimizar tais ameaças. As **ameaças à validade externa** surgem quando os experimentadores extraem inferências incorretas dos dados da amostra para outras pessoas, para outros locais e para situações passadas ou futuras. Como mostra o Quadro 8.6, essas ameaças surgem devido às características dos indivíduos selecionados para a amostra, a singularidade do local e a programação do tempo do experimento. Por exemplo, as ameaças à validade externa surgem quando o pesquisador generaliza além dos grupos do experimento para outros grupos raciais ou sociais que não estão sendo estudados, para locais não examinados ou para situações passadas ou futuras. Os passos para lidar com esses problemas potenciais também são apresentados no Quadro 8.6.
- Outras ameaças que podem ser mencionadas na seção do método são as ameaças à **validade da conclusão estatística**, que surgem quando os experimentadores extraem inferências inexatas dos dados devido à potência estatística inadequada ou à violação de suposições estatísticas. As ameaças à validade de construto ocorrem quando os investigadores usam definições e medidas de variáveis inadequadas.

Seguem **dicas de pesquisa** para os autores de propostas lidarem com as questões de validade:

- Identifique as ameaças à validade que podem surgir em seu estudo. Uma seção à parte dentro da proposta pode ser elaborada para apresentar essa ameaça.

Quadro 8.5 Tipos de ameaças à validade interna

Tipo de ameaça à validade interna	Descrição da ameaça	Em resposta, atitudes que o pesquisador pode tomar
História	Como o tempo passa durante um experimento, podem ocorrer eventos que influenciam indevidamente o resultado para além do tratamento experimental.	O pesquisador pode proporcionar que o grupo experimental e o grupo-controle experimentem os mesmos eventos externos.
Maturação	Os participantes de um experimento podem amadurecer ou mudar durante o experimento, influenciando, assim, os resultados.	O pesquisador pode selecionar os participantes que amadurecem ou mudam na mesma velocidade (p. ex.,mesma faixa etária) durante o experimento.
Regressão à média	Os participantes com pontuações extremas são selecionados para o experimento. Naturalmente, suas pontuações provavelmente sofrerão alterações durante o experimento. As pontuações, com o tempo, regressam rumo à média.	Um pesquisador pode selecionar os participantes que não têm pontuações extremas como características de ingresso no experimento.
Seleção	Podem ser selecionados participantes que tenham algumas características que os predisponham a ter determinados resultados (p. ex., que sejam brilhantes).	O pesquisador pode selecionar os participantes aleatoriamente para que as características tenham a probabilidade de ser igualmente distribuídas entre os grupos experimentais.
Mortalidade (também denominada atrito do estudo)	Os participantes abandonam um experimento em andamento devido a muitas razões possíveis. Por isso, são desconhecidos os resultados para esses indivíduos.	Um pesquisador pode recrutar uma amostra grande para considerar os abandonos ou para comparar aqueles que abandonam a experiência com os que continuam nela, em termos do resultado.
Difusão do tratamento (também denominada contaminação cruzada dos grupos)	Os participantes dos grupos-controle e experimental se comunicam um com o outro. Essa comunicação pode influenciar a maneira como os dois grupos pontuam nos resultados.	O pesquisador pode manter os dois grupos o mais separado possível durante o experimento.
Desmoralização compensatória/ressentida	Os benefícios de um experimento podem ser desiguais ou ressentidos quando apenas o grupo experimental recebe o tratamento (p. ex., o grupo experimental recebe terapia e o grupo-controle não recebe nada).	O pesquisador pode proporcionar benefícios para os dois grupos, dando ao grupo-controle o tratamento depois que termina o experimento ou dando ao grupo-controle algum tipo diferente de tratamento durante o experimento.
Rivalidade compensatória	Os participantes do grupo-controle acham que estão sendo desvalorizados em comparação com o grupo experimental, pelo fato de não experimentarem o tratamento.	O pesquisador pode tomar medidas para criar igualdade entre os dois grupos – por exemplo, reduzindo as expectativas do grupo-controle ou explicando claramente o valor do grupo-controle.
Testagem	Os participantes tornam-se familiarizados com a medida do resultado e lembram as respostas para o teste posterior.	O pesquisador pode ter um intervalo de tempo mais longo entre as administrações do resultado ou o uso de itens diferentes em um teste posterior do que aqueles que foram usados em um teste anterior.
Instrumentação	O instrumento muda entre um pré-teste e um pós-teste, impactando, assim, as pontuações no resultado.	O pesquisador pode usar o mesmo instrumento para as medidas pré-teste e pós-teste.

Fonte: Adaptado de Creswell (2012).

Quadro 8.6 Tipos de ameaças à validade externa

Tipo de ameaça à validade externa	Descrição da ameaça	Em resposta, atitudes que o pesquisador pode tomar
Interação entre a seleção e o tratamento	Devido às características estritas dos participantes do experimento, o pesquisador não pode generalizar para indivíduos que não tenham as características dos participantes.	O pesquisador restringe as afirmações sobre grupos para os quais os resultados não podem ser generalizados. O pesquisador conduz experimentos adicionais com grupos com características diferentes.
Interação entre o local e o tratamento	Devido às características do local dos participantes em um experimento, um pesquisador não pode generalizar para indivíduos de outros locais.	O pesquisador precisa conduzir experimentos adicionais em novos locais para ver se ocorrem os mesmos resultados do que no local original.
Interação entre a história e o tratamento	Por conta da limitação temporal de um experimento, um pesquisador não pode generalizar os resultados para situações passadas ou futuras.	O pesquisador precisa replicar o estudo em épocas posteriores para determinar se ocorrem resultados iguais aos de um período anterior.

Fonte: Adaptado de Creswell (2012).

- Defina o tipo exato de ameaça e qual problema potencial ele apresenta ao seu estudo.
- Discuta como você planeja tratar a ameaça no planejamento de seu experimento.
- Cite referências a livros que discutem a questão das ameaças à validade, como Cook e Campbell (1979); Shadish, Cook e Campbell (2001); e Tuckman (1999).

O procedimento

O pesquisador de uma proposta precisa descrever em detalhes o procedimento sequencial passo a passo para a condução do experimento. O leitor deve conseguir entender claramente o projeto que está sendo utilizado, a variável (ou variáveis) manipulada e a variável (ou variáveis) do resultado, e a linha de tempo das atividades. Também é importante descrever os passos dados para minimizar o ruído e o viés nos procedimentos experimentais (p. ex., "Para reduzir o risco do viés do experimentador, o experimentador não teve conhecimento da condição dos participantes no estudo até que as medidas dos resultados tivessem sido avaliadas.").

- Discuta uma abordagem passo a passo para o procedimento no experimento. Por exemplo, Borg e Gall (2006) delinearam os passos geralmente utilizados no procedimento para um projeto de pré-teste e pós-teste com grupo-controle que compara os participantes nos grupos experimental e controle:
  1. Administre aos participantes da pesquisa medidas de variável dependente ou uma variável intimamente correlacionada à variável dependente.
  2. Designe os participantes para pares compatibilizados tendo por base suas pontuações nas medidas descritas no Passo 1.
  3. Designe aleatoriamente um membro de cada par para o grupo experimental e o outro membro para o grupo-controle.
  4. Exponha o grupo experimental ao tratamento experimental e não administre nenhum tratamento nem tratamento alternativo ao grupo-controle.

5. Administre medidas das variáveis dependentes aos grupos experimental e controle.
6. Compare o desempenho dos grupos experimental e controle no(s) pós-teste(s), utilizando testes de significância estatística.

Análise dos dados

Informe o leitor sobre os tipos de análise estatística que serão implementados na base de dados.

- Relate as estatísticas descritivas. Algumas estatísticas descritivas comumente relatadas incluem as frequências (p. ex., quantos indivíduos do sexo masculino e do sexo feminino participaram no estudo?), as médias e os desvios-padrão (p. ex., qual é a idade média da amostra; quais são as médias dos grupos e os correspondentes valores do desvio-padrão para as principais medidas dos resultados?).
- Indique os testes estatísticos inferenciais utilizados para examinar as hipóteses no estudo. Para os projetos experimentais com informações categóricas (grupos) sobre a variável independente e informações contínuas sobre a variável dependente, os pesquisadores usam testes *t* ou análise univariada de variância (ANOVA), análise de covariância (ANCOVA) ou análise multivariada de variância (MANOVA – múltiplas medidas dependentes). (Vários destes testes estão mencionados no Quadro 8.3.) Nos projetos fatoriais, onde mais de uma variável independente é manipulada, você pode testar os efeitos principais (de cada variável independente) e as interações entre as variáveis independentes. Além disso, indique a importância prática relatando os tamanhos do efeito e os intervalos de confiança.
- Para projetos de pesquisa com indivíduo único, use gráficos de linha para a linha de base e observações de tratamento para as unidades de tempo da abscissa (eixo horizontal) e para o comportamento visado da ordenada (eixo vertical). Os pesquisadores colocam cada ponto de dado separadamente no gráfico, e conectam os pontos de dados com linhas (ver, p. ex., Neuman e McCormick, 1995). Ocasionalmente, os testes de significância estatística, como os testes *t*, são utilizados para comparar a média agrupada da linha de base e as fases do tratamento, embora esses procedimentos possam violar a suposição das medidas independentes (Borg e Gall, 2006).

Interpretação dos resultados e escrita de uma seção de discussão

O último passo em um experimento é interpretar os resultados à luz das hipóteses ou questões de pesquisa e elaborar uma seção de discussão. Nessa interpretação, veja se as hipóteses ou questões foram corroboradas ou refutadas. Considere se a manipulação da variável independente foi efetiva (uma medida de verificação pode ser útil nesse caso). Aponte as razões pelas quais os resultados foram significantes, ou pelas quais não foram, relacionandos as novas evidências à literatura existente (Cap. 2), a teoria utilizada no estudo (Cap. 3) ou na lógica persuasiva que pode explicar os resultados. Veja se os resultados podem ter sido influenciados por pontos fortes únicos da abordagem, ou pontos fracos (p. ex., ameaças à validade interna), e indique como os resultados podem ser generalizados para algumas pessoas, locais e épocas. Finalmente, indique as implicações dos resultados, incluindo implicações para a pesquisa futura sobre o tópico.

O Exemplo 8.6 descreve um plano de método experimental adaptado de um estudo de estresse de afirmação de valores publicado por Creswell e colaboradores (2005).

Exemplo 8.6 Plano de um método experimental

Este estudo testou a hipótese de que pensar sobre os próprios valores pessoais importantes em uma atividade de autoafirmação pode atenuar subsequentes respostas de estresse a uma tarefa de desafio ao estresse em laboratório. A hipótese específica do estudo era que o grupo de autoafirmação teria, em relação ao grupo-controle, menores respostas salivares do hormônio do estresse cortisol em uma tarefa de desempenho estressante. Destacamos aqui um plano de organização da abordagem metodológica para conduzir esse estudo. Para uma descrição completa dos métodos e resultados do estudo, ver o trabalho publicado (Creswell et al., 2005).

Método

Participantes

Uma amostra de conveniência de 85 universitários será recrutada em uma grande universidade pública localizada na costa oeste, e compensada com créditos no curso ou $30*. Esse tamanho da amostra é justificado com base em uma análise de poder conduzida antes da coleta de dados com o programa G*Power (Faul et al., 2007; Faul et al., 2009) baseado em [parâmetros de inserção específicos descritos aqui para a análise do poder]. Os participantes serão elegíveis se satisfizerem os seguintes critérios do estudo [liste aqui os critérios de inclusão e exclusão]. Todos os procedimentos do estudo foram aprovados pela University of California, Los Angeles Institutional Review Board, e os participantes fornecerão consentimento livre e esclarecido antes da sua participação nas atividades relacionadas ao estudo.

O estudo é um projeto misto 2 x 4, com condição de afirmação dos valores como uma variável de dois níveis entre os sujeitos (condição: afirmação dos valores ou controle) e o tempo como uma variável de quatro níveis intrassujeitos (tempo: linha de base, 20 minutos pós-estresse, 30 minutos pós-estresse e 45 minutos pós-estresse). A principal medida dos resultados é o hormônio do estresse, cortisol, medido por amostras da saliva.

Procedimento

Para controlar o ritmo circadiano do cortisol, todas as sessões em laboratório serão agendadas entre 2h30 da tarde e 7h30 da manhã. Os participantes passarão pelos procedimentos laboratoriais um de cada vez. A história de capa consiste em dizer aos participantes que a pesquisa está interessada em estudar as respostas psicológicas a tarefas de desempenho em laboratório.

Na chegada, todos os participantes devem preencher um questionário inicial sobre valores, onde irão ordenar cinco valores pessoais. Depois de um período de aclimatação de 10 minutos, os participantes fornecerão uma amostra de saliva como linha de base para a avaliação dos níveis salivares de cortisol. Os participantes então receberão instruções sobre as tarefas do estudo e serão designados aleatoriamente pelo experimentador (usando um gerador de números aleatórios) para uma afirmação de valores ou condição controle, onde serão solicitados a [descrição da

*N. de R.T. Nos Estados Unidos, muitos pesquisadores pagam para que pessoas participem da pesquisa. Essa prática não é comum no Brasil. Alguns pesquisadores oferecem sorteio de computadores, *tablets*, etc., aos participantes ou indicam que, a cada X participantes, cestas básicas serão doadas.

manipulação da variável independente de afirmação de valores com a subsequente medida de verificação da manipulação]. Em seguida, todos os participantes irão completar a tarefa de desafio de estresse em laboratório [descrição dos procedimentos da tarefa de desafio ao estresse produzindo uma resposta de estresse]. Após a tarefa de estresse, os participantes preencherão múltiplas medidas de questionários para tarefas pós-estresse [descrição dessas medidas] e depois fornecerão amostras de saliva a 20, 30 e 45 minutos do início da tarefa pós-estresse. Depois de fornecerem a última amostra de saliva, os participantes serão orientados, compensados e dispensados.

Resumo

Este capítulo identificou os componentes essenciais para a organização de uma abordagem metodológica e um plano para conduzir um estudo de levantamento ou experimental. O delineamento dos passos para um estudo de levantamento iniciou com uma discussão sobre o objetivo, a identificação da população e da amostra, os instrumentos de levantamento a serem utilizados, a relação entre as variáveis, as questões de pesquisa, os itens específicos do levantamento e os passos a serem seguidos na análise e na interpretação dos dados do levantamento. No planejamento de um experimento, o pesquisador identifica os participantes do estudo, as variáveis – a variável (ou variáveis) de interesse manipulada e as variáveis do resultado – e os instrumentos utilizados. O planejamento também inclui o tipo específico de experimento: um projeto pré-experimental, quase-experimental, de experimento verdadeiro ou de indivíduo único. O pesquisador, então, traça uma figura para ilustrar o projeto, usando uma notação apropriada. Em seguida, é possível incluir comentários sobre as ameaças potenciais à validade interna e externa (e possivelmente validade estatística e de construto) relacionadas ao experimento, à análise estatística utilizada para testar as hipóteses ou questões de pesquisa, e à interpretação dos resultados.

Exercícios de escrita

1. Trace um plano para os procedimentos a serem utilizados em um estudo de levantamento. Depois da escrita da seção, examine a lista do Quadro 8.1 para determinar se todos os componentes foram abordados.
2. Trace um plano para os procedimentos de um estudo experimental. Consulte o Quadro 8.4 depois de concluir seu plano, para determinar se todas as questões foram tratadas adequadamente.

Leituras complementares

Campbell, D. T. & Stanley, J. C. (1963). Experimental and quasi-experimental designs for research. Em N. L. Gage (Ed.). *Handbook of research on teaching* (p. 1-76). Chicago: Rand-McNally.

Este capítulo do *Handbook* de Gage é a descrição clássica dos projetos experimentais. Campbell e Stanley criaram um sistema de notação para os experimentos que é utilizado até hoje; também apresentaram os tipos de projetos experimentais, começando pelos fatores que colocam em risco a validade interna e externa, os tipos de projeto pré-experimentais, os experimentos reais, os projetos quase-experimentais e os projetos correlacionais e *ex post facto*. O capítulo apresenta um excelente resumo dos tipos de projetos, suas ameaças à validade e os procedimentos estatísticos para testar os projetos. É um capítulo essencial para os alunos que estão se iniciando nos estudos experimentais.

Fowler, F. J. (2014). *Survey research methods* (5th ed.). Thousand Oaks, CA: Sage.

Floyd Fowler apresenta um texto útil sobre as decisões importantes no planejamento de um projeto de pesquisa de levantamento. Ele aborda o uso de procedimentos de amostragem alternativa, maneiras de reduzir os índices de não resposta, coleta de dados, planejamento de boas perguntas, emprego de técnicas de entrevista consistentes, preparação dos levantamentos para análise e questões éticas nos projetos de levantamento.

Keppel, G. & Wickens, T. D. (2003). *Design and analysis: A researcher's handbook* (4th ed.). Englewood Cliffs, NJ: Prentice Hall.

Geoffrey Keppel e Thomas Wickens mostram um tratamento completo dos projetos de experimentos, partido dos princípios do projeto até a análise estatística de dados experimentais. Em síntese, este livro é destinado para os estudantes de estatística de níveis médio a avançado que buscam compreender o projeto e a análise estatística de experimentos. O capítulo introdutório fornece uma visão geral informativa dos componentes de projetos experimentais.

Kraemer, H. C. e Blasey, C. (2016). *How many subjects? Statistical power analysis in research.* Thousand Oaks: Sage.

Este livro oferece orientações sobre como conduzir análises do poder para estimar o tamanho da amostra. Ele serve como um excelente recurso, tanto para procedimentos básicos quanto para procedimentos mais complexos.

Lipsey, M. W. (1990). *Design sensitivity: Statistical power for experimental research.* Newbury Park, CA: Sage.

Mark Lipsey compôs um importante livro sobre os tópicos dos projetos experimentais e do poder estatístico desses projetos. Sua premissa básica é que um experimento necessita ter sensibilidade suficiente para detectar os efeitos que ele pretende investigar. O livro explora o poder da estatística e inclui uma tabela para auxiliar os pesquisadores a identificar o tamanho apropriado dos grupos em um experimento.

Neuman, S. B. & McCormick, S. (Eds.). (1995). *Single-subject experimental research: Applications for literacy.* Newark, DE: International Reading Association.

Susan Neuman e Sandra McCormick editaram um guia útil e prático para o planejamento de uma pesquisa de indivíduo único. Elas apresentam muitos exemplos de diferentes tipos de projetos, como projetos reversos e projetos de linhas de base múltiplas, além de enumerar os procedimentos estatísticos que podem estar envolvidos na análise dos dados de um indivíduo único. Um dos capítulos, por exemplo, ilustra as convenções para exibir os dados em gráficos de linha. Embora o livro cite muitas aplicações na alfabetização, ele também tem ampla aplicação nas ciências sociais e humanas.

Thompson, B. (2006). *Formulations of behavioral statistics: An insight-based approach.* New York: The Guilford.

Bruce Thompson organizou um livro altamente legível sobre o uso de estatística. Ele examina noções básicas sobre estatística descritiva (localização, dispersão, forma), sobre as relações entre as variáveis e significância estatística, sobre a importância prática dos resultados e sobre estatística mais avançada como regressão, ANOVA, o modelo linear geral e regressão logística. Ao longo do livro, ele apresenta exemplos práticos para ilustrar seus pontos de vista.

9

Métodos qualitativos

Os métodos qualitativos mostram uma abordagem de investigação acadêmica diferente daquela apresentada pelos métodos da pesquisa quantitativa. Embora os processos sejam similares, os métodos qualitativos partem de dados basedos em texto e imagem, têm passos singulares na análise dos dados e se valem de diferentes abordagens. A escrita de uma seção de métodos para uma proposta ou estudo de pesquisa qualitativa requer, em parte, a educação dos leitores quanto à intenção da pesquisa qualitativa, mencionando procedimentos específicos, refletindo cuidadosamente o papel que o pesquisador desempenha no estudo, extraindo informações de uma lista de fontes de dados em constante expansão, usando protocolos específicos para registro dos dados, analisando as informações por meio de múltiplas etapas de análise e mencionando abordagens para documentar a integridade ou precisão metodológica – ou a validade – dos dados coletados. Este capítulo aborda esses importantes componentes da escrita de uma boa seção de método qualitativo para uma proposta ou estudo. O Quadro 9.1 apresenta uma lista de verificação para revisar

Quadro 9.1 Uma lista de verificação de questões para o planejamento de um procedimento qualitativo

_________	Foram mencionadas as características básicas dos estudos qualitativos?
_________	Foi mencionado o tipo específico de abordagem qualitativa a ser utilizado no estudo? Estão mencionadas a história, uma definição e as aplicações da abordagem?
_________	O leitor compreende o papel do pesquisador ou sua reflexividade no estudo (histórico passado, experiências culturais e sociais, conexões pessoais com lugares e pessoas, os passos seguidos no ingresso e questões éticas sutis) e como eles podem moldar as interpretações feitas no estudo?
_________	Foi identificada a estratégia de amostragem intencional para os locais e os indivíduos?
_________	Foi mencionada uma estratégia clara para incluir os participantes mencionados?
_________	Foram mencionadas as formas específicas de coleta de dados, assim como uma justificativa para seu uso?
_________	Foram mencionados os procedimentos para registro das informações durante a coleta dos dados (como os protocolos)?
_________	Foram identificados os passos seguidos na análise dos dados?
_________	Há evidência de que o pesquisador organizou os dados para a análise?
_________	O pesquisador examinou os dados em geral para obter uma percepção das informações?
_________	Foram mencionadas as formas como os dados serão representados, como em tabelas, gráficos e figuras?
_________	O pesquisador codificou os dados?

(continua)

Quadro 9.1 Uma lista de verificação de questões para o planejamento de um procedimento qualitativo *(Continuação)*

_________	Os códigos foram desenvolvidos para formar uma descrição e/ou para identificar os temas?
_________	Os temas estão inter-relacionados para exibir um nível mais elevado de análise e de abstração?
_________	Foram especificadas as bases para a interpretação da análise (experiências pessoais, a literatura, questões, agenda de ações)?
_________	O pesquisador mencionou o resultado do estudo (desenvolveu uma teoria, apresentou um quadro complexo dos temas)?
_________	Foram citadas múltiplas estratégias para a validação dos resultados?

a seção de métodos qualitativos do seu projeto a fim de determinar se você abordou tópicos importantes.

A seção de métodos qualitativos de uma proposta requer atenção aos tópicos que têm semelhanças com um projeto quantitativo (ou de métodos mistos). Eles envolvem contar ao leitor acerca do projeto que está sendo usado no estudo e, nesse caso, o uso da pesquisa qualitativa e a sua intenção básica. Também envolve a discussão sobre a amostra para o estudo, a coleta de dados geral e os procedimentos de registro. Além disso, se aprofunda nos passos para a análise dos dados e nos métodos usados para a apresentação dos dados, com sua interpretação e validação, assim como a indicação dos resultados potenciais do estudo. Em contraste com outros projetos, a abordagem qualitativa inclui comentários feitos pelo pesquisador sobre o seu papel e a sua autorreflexão (ou reflexividade, como é chamada), assim como o tipo específico de estratégia qualitativa que está sendo usada. Além disso, como a estrutura da escrita de um projeto qualitativo pode variar consideravelmente de um estudo para outro, a seção do método também deve incluir comentários sobre a natureza do produto final escrito.

Características da pesquisa qualitativa

Durante muitos anos, os autores qualitativos tiveram de discutir as características da pesquisa qualitativa e convencer o corpo docente e o público sobre sua legitimidade. Agora essas discussões são encontradas com menos frequência na literatura e há algum consenso sobre o que constitui uma investigação qualitativa. Por isso, nossas sugestões sobre a seção do método de um projeto ou de uma proposta são as seguintes:

- Examine as necessidades dos potenciais públicos para a proposta ou estudo. Decida se os membros do público têm conhecimento suficiente sobre as características da pesquisa qualitativa de modo que essa seção não seja necessária. Por exemplo, embora a pesquisa qualitativa geralmente seja aceita e bem conhecida nas ciências sociais, somente nas duas últimas décadas ela emergiu na ciência da saúde. Assim, para públicos da ciência da saúde, será importante uma revisão das suas características básicas.
- Se existir dúvidas acerca do conhecimento do público, apresente as características básicas da pesquisa qualitativa na proposta e considere trazer a discussão de um artigo recente sobre pesquisa (ou estudo) qualitativa para utilizar como exemplo dessas características.
- Se você apresentar as características básicas, quais delas você deve mencionar? Inúmeros autores de textos introdutórios, como Creswell (2016), Hatch (2002) e Marshall e Rossman (2016), apresentam as características a seguir:
    - *Ambiente natural* – Os pesquisadores qualitativos tendem a coletar dados no

campo e no local em que os participantes vivenciam a questão ou problema que está sendo estudado. Os pesquisadores não levam os indivíduos para um laboratório (uma situação artificial) e geralmente não enviam instrumentos para os indivíduos preencherem. Essas informações mais particulares coletadas por meio de conversa direta com os participantes e da observação de como eles se comportam e agem dentro de seu contexto configuram uma característica importante da pesquisa qualitativa. No ambiente natural, os pesquisadores têm interações frente a frente, frequentemente se estendendo por um período prolongado.

- *O pesquisador como um instrumento fundamental* – Os pesquisadores qualitativos coletam pessoalmente os dados por meio de exame de documentos, observação do comportamento ou entrevista com os participantes. Eles podem utilizar um protocolo – instrumento para a coleta dos dados –, mas são eles próprios que coletam as informações e realizam sua interpretação. Além disso, os pesquisadores qualitativos não costumam utilizar ou tomar como base para seus estudos questionários ou instrumentos desenvolvidos por outros pesquisadores.
- *Múltiplas fontes de dados* – Os pesquisadores qualitativos geralmente coletam múltiplos tipos de dados, como entrevistas, observações, documentos e informações audiovisuais, em vez de confiarem em uma única fonte de dados. Todos esses tipos de dados são abertos, no quais os participantes podem compartilhar suas ideias livremente, sem limitações por escalas ou instrumentos predeterminados. Em seguida, os pesquisadores revisam todos os dados, extraem sentido deles e organizam as informações em códigos e temas que cobrem todas as fontes de dados.
- *Análise de dados indutiva e dedutiva* – Os pesquisadores qualitativos geralmente trabalham de fora indutiva, criando padrões, categorias e temas de baixo para cima, a partir da organização dos dados em unidades de informação cada vez mais abstratas. Esse processo indutivo ilustra o trabalho de um lado para o outro entre os temas e o banco de dados até os pesquisadores terem estabelecido um conjunto abrangente de temas. Então, dedutivamente, os pesquisadores refletem sobre seus dados a partir dos temas para determinar se mais evidências podem apoiar cada tema ou se precisam reunir informações adicionais. Assim, embora o processo inicie indutivamente, o pensamento dedutivo também desempenha um papel importante à medida que a análise avança.
- *Significados dos participantes* – Durante todo o processo de pesquisa qualitativa, os pesquisadores mantêm um foco na aprendizagem do significado que os participantes dão ao problema ou questão, e não no significado que os pesquisadores trazem para a pesquisa ou que os autores expressam na literatura.
- *Projeto emergente* – O processo de pesquisa dos pesquisadores qualitativos é emergente. Isso significa que o plano inicial para a pesquisa não pode ser rigidamente prescrito, e que algumas ou todas as fases do processo podem mudar ou se deslocar depois que o pesquisador entrar no campo e começar a coleta de dados. Por exemplo, as questões podem mudar, as formas de coleta de dados podem ser deslocadas, e os indivíduos estudados, assim como os locais visitados, podem ser modificados. Essas mudanças sinalizam que os pesquisadores estão analisando o tópico ou o fenômeno em estudo com uma profundidade cada vez maior. A ideia fundamental que está por trás da pesquisa qualitativa é a de aprender sobre o problema ou questão a partir dos participantes e manejar a pesquisa de modo a obter essas informações.

- *Reflexividade* – Na pesquisa qualitativa, os pesquisadores refletem sobre como seu papel no estudo e seu histórico pessoal, cultura e experiências têm potencial para moldar suas interpretações, como os temas que eles desenvolvem e o significado que atribuem aos dados. Esse aspecto dos métodos é mais do que meramente a apresentação de vieses e valores no estudo, mas como o histórico dos pesquisadores na verdade pode definir a direção do estudo.
- *Relato holístico* – Os pesquisadores qualitativos tentam desenvolver um quadro complexo do problema ou questão que está sendo estudada. Isso envolve o relato de múltiplas perspectivas, a identificação dos muitos fatores envolvidos em uma situação, e, em geral, o esboço do quadro mais amplo que emerge. Esse quadro ampliado não é necessariamente um modelo linear de causa e efeito, mas um modelo de múltiplos fatores que interagem de diferentes maneiras. Esse quadro, diriam os pesquisadores, reflete a vida real e como os eventos operam no mundo real. Um modelo visual de muitas facetas de um processo ou de um fenômeno central ajuda no estabelecimento desse quadro holístico (ver, p. ex., Creswell e Brown, 1992).

Abordagens qualitativas

Além dessas características gerais, há abordagens mais específicas (i.e., estratégias de investigação, projetos ou procedimentos) na condução da pesquisa qualitativa (Creswell e Poth, 2018). Essas abordagens emergiram no campo da pesquisa qualitativa desde sua maturação nas ciências sociais no começo da década de 1990. Elas incluem procedimentos para a coleta, análise e registro dos dados, mas sua origem está nas disciplinas das ciências sociais. Existem muitas abordagens, como as 28 abordagens identificadas por Tesch (1990), os 22 tipos na árvore de Wolcott (2009) e as 5 abordagens da pesquisa qualitativa de Creswell e Poth (2018) e Creswell (2016). Marshal e Rossman (2016) discutiram cinco tipos comuns em cinco autores diferentes. Como foi mencionado no Capítulo 1, recomendamos aos pesquisadores qualitativos que escolham entre as possibilidades, como narrativa, fenomenologia, etnografia, estudo de caso e teoria fundamentada. Selecionamos essas cinco porque atualmente são populares nas ciências sociais e da saúde. Existem outras que têm sido adequadamente tratadas em livros qualitativos, como a pesquisa-ação participativa (Kemmis e Wilkinson, 1998), a análise do discurso (Cheek, 2004) ou a pesquisa-ação participativa (Ivankova, 2015). Nessas abordagens, os pesquisadores estudam os indivíduos (narrativa, fenomenologia); exploram processos, atividades e eventos (estudo de caso, teoria fundamentada); ou aprendem sobre o comportamento de compartilhamento de cultura ampliado de indivíduos ou grupos (etnografia).

Ao escrever um procedimento para uma proposta qualitativa, considere as seguintes **dicas de pesquisa**:

- Identificar a abordagem específica da pesquisa que será utilizada e oferecer referências da literatura que discutam a abordagem.
- Apresentar algumas informações básicas sobre a abordagem, como sua disciplina de origem, suas aplicações (preferencialmente à sua área de atuação) e uma breve definição (ver Cap. 1 para as cinco abordagens ou projetos).
- Discutir por que ela é a estratégia apropriada para ser utilizada no estudo proposto.
- Identificar como o uso da abordagem irá moldar muitos aspectos do processo do projeto, como o título, o problema, as questões de pesquisa, a coleta e análise dos dados e a narrativa final.

O papel do pesquisador e a reflexividade

Como mencionado na lista das características, a pesquisa qualitativa é uma pesquisa interpretativa; o investigador geralmente está envolvido em uma experiência constante e intensiva com os participantes. Isso introduz uma série de questões estratégicas, éticas e pessoais ao processo de pesquisa qualitativa (Locke, Spirduso e Silverman, 2013). Com essas preocupações em mente, os pesquisadores identificam explícita e reflexivamente seus vieses, valores e históricos pessoais, como gênero, história, cultura e *status* socioeconômico (SSE) que moldam suas interpretações realizadas durante um estudo. Além disso, ter acesso a um local de pesquisa e às questões éticas que podem surgir são também elementos do papel do pesquisador.

A reflexividade requer comentários sobre dois pontos importantes:

- *Experiências passadas*. Incluem descrições sobre experiências passadas com o problema da pesquisa, com os participantes ou com o ambiente que ajudam o leitor a entender a conexão entre os pesquisadores e o estudo. Essas experiências podem envolver a participação no ambiente, experiências educacionais ou profissionais passadas, cultura, etnicidade, raça, SSE ou outra demografia que vincula os pesquisadores diretamente ao estudo.
- *Como experiências passadas moldam as interpretações*. Seja explícito, então, sobre como essas experiências podem potencialmente moldar as interpretações que os pesquisadores realizam durante o estudo. Por exemplo, a partir das experiências, os pesquisadores podem apresentar inclinação para determinados temas, procurar ativamente evidências que apoiem suas posições e criar conclusões favoráveis ou desfavoráveis sobre os locais ou participantes.

Como o pensamento reflexivo pode ser incorporado ao seu estudo qualitativo (Creswell, 2016)? Você pode fazer anotações sobre suas experiências pessoais durante o estudo. Essas notas podem incluir observações sobre o processo de coleta de dados, palpites a partir do que você está aprendendo e preocupações sobre as reações dos participantes ao processo de pesquisa. Essas ideias podem ser escritas como **lembretes** – notas escritas durante a pesquisa que refletem no processo ou que ajudam a moldar o desenvolvimento de códigos e temas. Ao escrever essas notas reflexivas, como você sabe se está sendo suficientemente reflexivo para um estudo qualitativo? A reflexividade é suficiente quando os pesquisadores realizam o registro de notas durante o processo de pesquisa, refletem sobre suas próprias experiências e consideram o modo como suas experiências pessoais podem moldar sua interpretação dos resultados. Além disso, os pesquisadores qualitativos precisam limitar suas discussões sobre as experiências pessoais para que não se sobreponham à importância do conteúdo ou dos métodos em um estudo.

Outro aspecto da reflexão sobre o papel do pesquisador é estar atento às conexões entre o pesquisador e os participantes ou locais da pesquisa que possam influenciar indevidamente as interpretações do pesquisador. A pesquisa de "quintal" (Glesne e Peshkin, 1992) envolve o estudo da organização, dos amigos ou do ambiente de trabalho imediato do próprio pesquisador. Isso geralmente compromete a capacidade do pesquisador de revelar informações e levanta questões de desequilíbrio de poder entre o pesquisador e os participantes. Quando os pesquisadores coletam dados em seus próprios ambientes de trabalho (ou quando estão em um papel superior ao dos participantes), as informações podem apresentar conveniência e facilidade em sua coleta, contudo, elas podem não ser acuradas, além de colocar em risco os papéis dos pesquisadores e dos participantes. Se o estudo de quintal for essencial, então é responsabilidade do pesquisador mostrar como os dados não serão comprometidos e como tais informações não colocam os participantes (ou os pesquisadores) em risco. Além disso, são necessárias muitas estratégias para validação (ver as abordagens de validação mais adiante neste capítulo) a fim de demonstrar a precisão das informações.

Além disso, é importante indicar os passos seguidos para a obtenção da permissão do comitê de revisão institucional (IRB) (ver Cap. 4) para proteger os direitos dos participantes humanos. A carta de aprovação do IRB pode ser anexada como um apêndice, junto da discussão sobre o processo envolvido na obtenção das permissões. Também é importante considerar uma discussão dos passos seguidos para o ingresso no local e para obter permissão de estudo dos participantes ou da situação (Marshall e Rossman, 2016). É importante obter acesso aos locais da pesquisa ou dos arquivos, procurando a aprovação dos "**guardiões**"*, indivíduos do local de pesquisa que proporcionam o acesso ao local e permitem a realização da pesquisa. Pode existir a necessidade de desenvolvimento e submissão à aprovação dos "guardiões" de uma proposta breve. Bogdan e Biklen (1992) apresentaram tópicos que podem ser tratados em uma proposta desse tipo:

- Por que o local foi escolhido para o estudo?
- Quais atividades ocorrerão no local durante o estudo da pesquisa?
- O estudo causará algum tipo de perturbação?
- Como os resultados serão relatados?
- O que o "guardião" ganhará com o estudo?

É importante comentar sobre as questões éticas sutis que podem surgir (ver o Cap. 4), e para cada questão levantada, discutir como elas serão abordadas pelo estudo da pesquisa. Por exemplo, quando estudar um tópico delicado, é necessário omitir os nomes das pessoas, dos locais e das atividades. Nessa situação, o processo para mascarar as informações requer uma discussão na proposta.

Procedimentos de coleta de dados

Os comentários sobre o papel do pesquisador determinam o palco para a discussão das questões envolvidas na coleta dos dados. Os passos para a coleta de dados incluem o estabelecimento dos limites para o estudo por meio de amostragem e recrutamento; a coleta de informações a partir de observações e entrevistas não estruturadas ou semiestruturadas, assim como de documentos e materiais visuais; e também o estabelecimento do protocolo para registro das informações.

- Identifique os locais ou os indivíduos intencionalmente selecionados para o estudo proposto. A ideia por trás da pesquisa qualitativa é a **seleção intencional** dos participantes ou dos locais (ou dos documentos ou do material visual) que podem auxiliar de forma mais efetiva o pesquisador no entendimento do problema e da questão de pesquisa. Isso não sugere, necessariamente, uma amostragem ou seleção aleatória de muitos participantes e locais, como geralmente é observado na pesquisa quantitativa. Uma discussão sobre os participantes e o local pode incluir quatro aspectos identificados por Miles e Huberman (1994): (a) o local (i.e., onde a pesquisa será realizada), (b) os atores (i.e., quem será observado ou entrevistado), (c) os eventos (i.e., o que os atores serão observados ou entrevistados fazendo) e (d) o processo (i.e., a natureza evolutiva dos eventos realizados pelos atores no local).
- Discuta as estratégias usadas para recrutar indivíduos (ou casos) para o estudo. Esse é um aspecto desafiador da pesquisa. Indique as formas de divulgação de informações sobre o estudo utilizadas entre os participantes considerados apropriados e faça menção às mensagens de recrutamento que realmente tenham sido enviadas. Discuta sobre formas de fornecer incentivos para a participação dos indivíduos e reflita sobre as abordagens que podem ser usadas caso um método de recrutamento não seja exitoso.
- Comente sobre o número de participantes e os locais envolvidos na pesquisa. Além do pequeno número que caracteriza a pesquisa qualitativa, quantos locais e participantes você deveria ter? Em primeiro lugar, não existe uma resposta específica para essa pergunta; a literatura contém

*N. de R.T. O termo guardião (*gatekeeper*) foi usado pelo autor para designar as pessoas que permitem o acesso ao local da pesquisa – por exemplo, o diretor de uma organização.

uma variedade de perspectivas (p. ex., ver Creswell e Poth, 2018). O tamanho da amostra depende da abordagem qualitativa utilizada (p. ex., etnografia, estudo de caso). A partir da revisão de muitos estudos de pesquisas qualitativas, temos algumas estimativas aproximadas para apresentar. A narrativa inclui um ou dois indivíduos; a fenomenologia envolve uma faixa de 3 a 10; a teoria fundamentada, 20 a 30; a etnografia examina um grupo que compartilha uma única cultura com inúmeros artefatos, entrevistas e observações; e os estudos de caso incluem aproximadamente quatro a cinco casos. Esta é certamente uma forma de abordar a questão do tamanho da amostra. Outra abordagem é igualmente viável. A ideia de **saturação** provém da teoria fundamentada. Charmaz (2006) disse que paramos de coletar dados quando as categorias (ou temas) estão saturadas: quando a reunião de novos dados não provoca novos *insights* ou revela novas propriedades. Esse será o momento em que você tem uma amostra adequada.

- Indique o tipo ou os tipos de dados a serem coletados. Em muitos estudos qualitativos, os pesquisadores coletam muitas formas de dados e despendem um tempo considerável na coleta de informações dentro do ambiente natural. Os procedimentos de coleta na pesquisa qualitativa envolvem quatro tipos básicos, com seus pontos fortes e limitações, como mostra o Quadro 9.2.
  - Uma **observação qualitativa** é aquela em que o pesquisador faz anotações de campo sobre o comportamento e as atividades dos indivíduos no local de pesquisa. Nessas anotações, o pesquisador registra, de uma maneira não estruturada ou semiestruturada (usando algumas questões anteriores de interesse do pesquisador), as atividades no local da pesquisa. Os observadores

Quadro 9.2 Tipos, opções, vantagens e limitações da coleta de dados qualitativos

Tipos de coleta de dados	Opções dentro dos tipos	Vantagens do tipo	Limitações do tipo
Observação	• Participante completo – o pesquisador oculta o papel. • Observador como participante – o papel do pesquisador é conhecido. • Participante como observador – o papel da observação é secundário ao papel do participante. • Observador completo – o pesquisador observa sem participar.	• O pesquisador tem uma experiência de primeira mão com o participante. • O pesquisador pode registrar informações, caso ocorram. • Aspectos pouco comuns podem surgir durante a observação. • Útil na exploração de tópicos que podem ser desconfortáveis para os participantes discutirem.	• Os pesquisadores podem ser vistos como invasivos. • Podem ser observadas informações privadas que o pesquisador não pode relatar. • O pesquisador pode não ter boas habilidades de atenção e observação. • Alguns participantes podem apresentar determinados problemas para se conseguir um *rapport** (p. ex., com crianças).

(continua)

*N. de R.T. *Rapport* é uma palavra de origem francesa usada em psicologia e para a qual não há tradução. Significa criar empatia, relacionamento, etc.

Quadro 9.2 Tipos, opções, vantagens e limitações da coleta de dados qualitativos *(Continuação)*

Tipos de coleta de dados	Opções dentro dos tipos	Vantagens do tipo	Limitações do tipo
Entrevistas	• Frente a frente – entrevista individual pessoalmente. • Por telefone – entrevistas realizadas por telefone. • Grupo focal – o pesquisador entrevista os participantes em grupo. • Entrevista por *e-mail*.	• Útil quando os participantes não podem ser diretamente observados. • Os participantes podem fornecer informações históricas. • Permite ao pesquisador controlar a linha do questionamento.	• Proporciona informações indiretas, filtradas pelos pontos de vista dos entrevistados. • Proporciona informações em um local designado, em vez do local de campo natural. • A presença do pesquisador pode influenciar as respostas. • Nem todas as pessoas são igualmente articuladas e perceptivas.
Documentos	• Documentos públicos – minutas de reuniões, ou jornais. • Documentos privados – periódicos, diários ou cartas.	• Permite ao pesquisador obter a linguagem e as palavras dos participantes. • Podem ser acessados em um momento conveniente para o pesquisador – uma fonte de informações pertinente. • Representam dados aos quais os participantes deram atenção. • Por configurarem evidências escritas, poupam tempo e gastos ao pesquisador para transcrevê-los.	• Nem todas as pessoas são igualmente articuladas e perceptivas. • Podem ser informações protegidas, não disponíveis ao acesso público ou privado. • Requerem que o pesquisador busque as informações em lugares difíceis de encontrar. • Requerem transcrição ou digitalização óptica. • Os materiais podem estar incompletos. • Os documentos podem não ser autênticos ou precisos.
Materiais audiovisuais digitais	• Fotografias • Videoteipes • Objetos de arte • Mensagens de computador • Sons • Filmes	• Pode ser um método conveniente de coleta de dados. • Proporciona uma oportunidade para os participantes compartilharem diretamente sua realidade. • É criativo, pois capta a atenção visualmente.	• Pode ser difícil de interpretar. • Pode não ser acessível pública ou privadamente. • A presença de um observador (p. ex., um fotógrafo) pode ser perturbadora e afetar as respostas.

Nota: Este Quadro inclui material extraído de Bogdan e Biklen (1992), Creswell e Poth (2018) e Merriam (1998).

qualitativos também podem se envolver em papéis que variam desde um não participante até um completo participante. Em geral, essas observações são abertas na medida em que os pesquisadores fazem perguntas gerais aos participantes permitindo que eles forneçam livremente seus pontos de vista.

- Nas **entrevistas qualitativas**, o pesquisador conduz entrevistas frente a frente com os participantes, entrevistas por telefone ou se engaja em entrevistas de grupo focal, com 6 a 8 entrevistados em cada grupo. Essas entrevistas envolvem questões não estruturadas, geralmente abertas e em pequena quantidade, com o propósito de suscitar concepções e opiniões dos participantes.

- Durante o processo de pesquisa, o pesquisador pode coletar **documentos qualitativos**. Podem ser documentos públicos (p. ex., jornais, minutas de reuniões, relatórios oficiais) ou documentos privados (p. ex., diários pessoais, cartas, *e-mails*).
- Uma categoria final dos dados qualitativos consiste em **materiais audiovisuais e digitais qualitativos** (incluindo materiais das mídias sociais). Esses dados podem assumir a forma de fotografias, objetos de arte, videoteipes, páginas principais de *sites* na internet, *e-mails*, mensagens de texto, textos nas mídias sociais ou quaisquer formas de som. Inclua procedimentos criativos para a coleta dos dados que se enquadrem na categoria de etnografia visual (Pink, 2001) e que podem incluir histórias de vida, narrativas visuais metafóricas e arquivos digitais (Clandinin, 2007).
- Em uma discussão sobre as formas de coleta de dados, seja específico sobre os tipos e inclua argumentos relacionados aos pontos fortes e fracos de cada tipo, como discutido no Quadro 9.2. Em geral, na boa pesquisa qualitativa, os pesquisadores se baseiam em múltiplas fontes de dados qualitativos para fazer interpretações sobre um problema da pesquisa.

- Inclua tipos de coleta de dados que vão além de observações e entrevistas típicas. Essas formas pouco comuns despertam o interesse do leitor para uma proposta e podem captar informações úteis que as observações e entrevistas não conseguem. Por exemplo, examine, no Quadro 9.3, a súmula dos tipos de dados que podem ser usados para estender a imaginação sobre as possibilidades, como coleta de sons ou sabores, ou o uso de itens apreciados para suscitar comentários durante uma entrevista. Tal ampliação será encarada

Quadro 9.3 Lista de fontes de coleta de dados qualitativos

Observações

- Conduza uma observação como participante ou como observador.
- Conduza uma observação mudando a posição de participante para observador (e vice-versa).

Entrevistas

- Conduza entrevistas individuais na mesma sala, ou de forma virtual, por plataformas com base na internet ou por *e-mail*.
- Conduza uma entrevista de grupo focal na mesma sala, ou de forma virtual por plataformas com base na internet ou por *e-mail*.

Documentos

- Mantenha um diário de campo durante o estudo de pesquisa, ou peça que um participante mantenha um diário.
- Examine documentos pessoais (p. ex., cartas, *e-mails*, **blogues** particulares).
- Analise documentos organizacionais (p. ex., relatórios, planos estratégicos, tabelas, registros médicos).
- Analise documentos públicos (p. ex., memorandos oficiais, **blogues**, registros, material de arquivo).
- Examine autobiografias e biografias.

(continua)

Quadro 9.3 Lista de fontes de coleta de dados qualitativos *(Continuação)*

Materiais audiovisuais e digitais
• Solicite aos participantes que tirem fotografias ou gravem videoteipes (i.e., obtenção de fotos).
• Use vídeo ou filme em uma situação social ou de um indivíduo.
• Examine fotografias ou vídeos.
• Examine *sites* na internet, *tweets*, mensagens no Facebook.
• Colete sons (p. ex., sons musicais, o riso de uma criança, buzinas de automóvel).
• Colete mensagens de texto de telefones celulares ou de computador.
• Examine bens materiais ou objetos de rituais.

Fonte: Adaptado de Creswell e Poth (2018).

positivamente pelos membros do comitê de graduação e por editores de periódicos.

Procedimentos de registro de dados

Antes de entrar no campo, os pesquisadores qualitativos planejam sua abordagem ao registro de dados. A proposta ou projeto qualitativo deve identificar os procedimentos que o pesquisador irá usar para o registro desses dados.

- *Protocolo de observação*. Planeje desenvolver e usar um protocolo para o registro das observações em um estudo qualitativo. Os pesquisadores frequentemente se engajam em múltiplas observações no decorrer de um estudo qualitativo e usam um **protocolo observacional** para registrar as informações coletadas. Ele pode ser de uma única página, com uma linha de divisão no meio, no sentido longitudinal, para separar as *notas descritivas* (retratos dos participantes, reconstrução de diálogo, descrição do local físico, relatos de determinados eventos ou atividades) das *notas reflexivas* (os pensamentos pessoais do observador, como "especulação, sentimentos, problemas, ideias, palpites, impressões e preconceitos", Bogdan e Biklen, 1992, p. 121). Também podem ser escritas dessa forma as *informações demográficas* sobre horário, local e data do campo onde ocorreu a observação.
- *Protocolo de entrevista*. Planeje desenvolver e usar um protocolo de entrevista para formular perguntas e registrar as respostas durante uma entrevista qualitativa. Os pesquisadores registram as informações colhidas nas entrevistas fazendo anotações à mão, gravando em áudio ou em vídeo. Mesmo que uma entrevista seja gravada, recomendamos que os pesquisadores façam anotações, caso o equipamento de gravação falhe. Se for usada gravação em áudio, os pesquisadores precisam planejar antecipadamente a transcrição da gravação.
- O protocolo de entrevista deve ter aproximadamente duas páginas. Deve haver alguns espaços entre as questões para que o entrevistador faça anotações curtas e citações caso o gravador não funcione corretamente. O número total de perguntas deve ser algo entre 5 e 10, embora não exista um número preciso. Ele deve ser preparado antes da entrevista e usado consistentemente em todas as entrevistas. É importante que o entrevistador memorize as perguntas para não passar a impressão de estar simplesmente lendo o protocolo de entrevista. O protocolo de entrevista consiste em vários componentes importantes: as informações básicas sobre a entrevista, uma introdução, perguntas do conteúdo da entrevista com sondagem e as instruções finais (ver também Creswell, 2016). Ver Figura 9.1.

Procedimentos de análise dos dados

Uma discussão dos métodos em uma proposta ou estudo qualitativo também precisa especificar os passos na análise das várias formas de dados qualitativos. Em geral, a intenção é

- *Informações básicas sobre a entrevista.* Esta é uma seção da entrevista em que o entrevistador registra informações básicas sobre a entrevista para que o banco de dados possa ser bem organizado. Deve incluir a hora e a data da entrevista, o local onde ela é feita e os nomes do entrevistador e do entrevistado. A previsão de duração da entrevista também pode ser anotada, além do nome do arquivo para a cópia digital do registro em áudio e a transcrição.
- *Introdução.* Esta seção do protocolo fornece as instruções para o entrevistador para que informações úteis não sejam negligenciadas durante um período potencialmente ansioso da condução da entrevista. O entrevistador deve se apresentar e discutir o objetivo do estudo. Esse objetivo pode ser redigido previamente e simplesmente ser lido pelo entrevistador. Também deve conter um lembrete para o entrevistador coletar uma cópia assinada do termo de consentimento livre e esclarecido (ou, então, o participante pode enviar o formulário para o entrevistador). O entrevistador também pode falar sobre a estrutura geral da entrevista (p. ex., como ela irá começar, o número de perguntas, o tempo que deverá levar) e indagar se o entrevistado tem alguma pergunta antes de iniciar a entrevista. Finalmente, antes de dar início ao processo de entrevista, o entrevistador pode precisar definir alguns termos importantes que serão usados na entrevista.
- *Pergunta de abertura.* Um primeiro passo importante em uma entrevista é deixar o entrevistado à vontade. Nós geralmente começamos com uma pergunta para quebrar o gelo. Nessa pergunta, pedimos que os participantes falem sobre si mesmos de uma forma que não os afaste. Podemos lhes perguntar sobre o seu trabalho, seu papel ou mesmo como passaram o dia. Não fazemos perguntas pessoais (p. ex.: "Qual é a sua renda?"). As pessoas gostam de falar sobre si mesmas, e essa pergunta de abertura deve ser estruturada para atingir esse objetivo.
- *Perguntas sobre o conteúdo.* Essas perguntas são as subquestões de pesquisa no estudo, expressas de maneira que pareçam amigáveis para o entrevistado. Elas essencialmente subdividem e analisam o fenômeno central em suas partes – perguntando acerca das diferentes facetas do fenômeno central. A ideia de que a questão final seria uma reafirmação da questão central está aberta ao debate. Espera-se que depois que o entrevistado respondeu todas as subquestões, o pesquisador qualitativo terá uma boa compreensão de como a questão central foi respondida.
- *Utilização de sondagem.* As perguntas sobre o conteúdo também precisam incluir sondagens. Sondagens são lembretes para o pesquisador de dois tipos: pedir mais informações ou pedir uma explicação das ideias. A formulação específica pode ser a seguinte (e essas palavras podem ser inseridas no protocolo da entrevista como um lembrete para o entrevistador):
    - "Conte-me mais" (pedindo mais informações)
    - "Eu preciso de mais detalhes" (pedindo mais informações)
    - "Você pode explicar melhor a sua resposta?" (pedindo uma explicação)
    - "O que significa 'não muito'?" (pedindo uma explicação)

  Algumas vezes os pesquisadores qualitativos iniciantes se sentem desconfortáveis com um pequeno número de perguntas e acham que a sua entrevista será muito curta com um número tão reduzido (5 a 10). Certamente, algumas pessoas podem ter pouco a dizer (ou poucas informações para dar sobre o fenômeno central), mas ao incluir sondagens na entrevista, o pesquisador pode aumentar a duração da entrevista e também as informações úteis concretas. Uma pergunta final importante poderia ser: "Quem eu devo contatar a seguir para saber mais?" ou "Há alguma informação adicional que não abordamos que você gostaria de compartilhar?". Essas questões de *follow-up* essencialmente encerram a entrevista e mostram o desejo do pesquisador de aprender mais sobre o tópico da entrevista.
- *Instruções de encerramento.* É importante agradecer ao entrevistado pelo seu tempo e responder qualquer questionamento que possa surgir. Reafirme para o entrevistado a confidencialidade da entrevista. Pergunte se você pode fazer outra entrevista, caso seja necessário esclarecer certos pontos. Uma pergunta que pode surgir é como os participantes tomarão conhecimento dos resultados do seu projeto. É importante refletir e dar uma resposta a essa pergunta, por ser um processo que envolve seu tempo e recursos. Uma forma conveniente de dar informações aos entrevistados é se oferecer para lhes enviar um resumo do estudo final. Essa breve comunicação dos resultados é eficiente e conveniente para a maioria dos pesquisadores.

Figura 9.1 Exemplo de Protocolo de Entrevista.

extrair sentido dos dados de texto e imagens. Esse processo envolve segmentar e separar os dados (como descascar as camadas de uma cebola), assim como reuni-los novamente. A discussão em seu estudo sobre a análise dos dados qualitativos pode começar por vários pontos gerais sobre o processo global:

- *Procedimentos simultâneos.* A análise dos dados na pesquisa qualitativa prosseguirá concomitantemente com outras partes do desenvolvimento do estudo qualitativo, a saber, a coleta dos dados e o registro dos resultados. Enquanto as entrevistas são realizadas, por exemplo, os pesquisadores podem analisar uma entrevista coletada anteriormente, escrever anotações que podem por fim ser incluídas como uma narrativa no relatório final e organizar a estrutura do relatório final. Esse processo é diferente na pesquisa quantitativa, em que o entrevistador coleta os dados, depois analisa as informações e por fim escreve o relatório.
- *Enxugamento dos dados.* Como os dados de texto e imagem são muito densos e ricos, não podem ser usadas todas as informações em um estudo qualitativo. Assim, na análise dos dados, os pesquisadores precisam "enxugar" os dados (Guest, MacQueen e Namey, 2012), um processo que consiste em focar em alguns dados e desconsiderar outras partes deles. Esse processo é diferente da pesquisa quantitativa, na qual os pesquisadores fazem o possível para preservar todos os dados e reconstruir ou substituir os dados em falta. Na pesquisa qualitativa, o impacto desse processo é agregar dados a um pequeno número de temas, algo entre 5 e 7 temas (Creswell, 2013).
- *Uso de programas de computador qualitativos como auxílio.* Também especifique se você irá usar um programa de computador para análise de dados qualitativos como auxílio na análise dos dados (ou se codificará os dados à mão). A codificação é um processo trabalhoso e demorado, mesmo para dados de poucos indivíduos. Assim, os programas de computador qualitativos se tornaram muito populares e ajudam os pesquisadores na organização, classificação e busca por informações em bancos de dados de textos ou imagens (ver o capítulo de Guest e colaboradores [2012] sobre *software* para análise de dados qualitativos). Diversos programas de computador excelentes estão disponíveis e possuem características semelhantes: bons tutoriais, arquivos de demonstração, capacidade de incorporar dados de texto e imagem (p. ex., fotografias), características de armazenamento e organização dos dados, capacidade de busca para a localização de todo texto associado a códigos específicos, códigos inter-relacionados para fazer indagações sobre a relação entre os códigos e importação e exportação de dados qualitativos para programas *quantitativos*, como planilhas ou programas de análise dos dados. A ideia básica por trás desses programas é que o uso do computador é um meio eficiente para armazenamento e localização de dados qualitativos. Embora o pesquisador ainda precise percorrer cada linha do texto (como na codificação à mão, analisando as transcrições) e atribuir códigos, esse processo pode ser mais rápido e mais eficiente do que a codificação à mão. Além disso, em grandes bancos de dados, o pesquisador pode localizar rapidamente todas as passagens (ou segmentos do texto) codificadas igualmente e determinar se os participantes estão respondendo a uma ideia codificada de forma semelhante ou diferente. O programa de computador também pode facilitar a relação de diferentes códigos (p. ex., Como homens e mulheres – o primeiro código de *gênero* – diferem em termos das suas *atitudes em relação ao tabagismo* – um segundo código?). Essas são apenas algumas características dos *softwares* que fazem deles uma escolha lógica para a análise dos dados qualitativos em vez da codificação à mão. Como com qualquer programa de computador, os *softwares* qualitativos requerem tempo e habilidade para seu aprendizado e utilização efetiva, embora livros e manuais

para uso dos programas estejam amplamente disponíveis. Demonstrações para seis programas populares de análise de dados qualitativos se encontram disponíveis: MAXqda (www.maxqda.com/), Atlas.ti (www.atlasti.com), Provalis e QDA Miner (https://provalisresearch.com/), Dedoose (www.deddose.com/) e QSR NVivo (www.qsrintenational.com/). Esses programas estão disponíveis para as plataformas PC e MAC.

- *Visão geral do processo de análise dos dados* (ver Fig. 9.2). Como **dica de pesquisa**, estimulamos os pesquisadores a observar uma análise de dados qualitativos como um processo que requer passos sequenciais a serem seguidos, do específico para o geral, e envolvendo múltiplos níveis de análise:

Passo 1. *Organize e prepare os dados para a análise.* Isso envolve transcrever as entrevistas, escanear opticamente o material, digitar as anotações de campo, catalogar todo o material visual, e separar e dispor os dados em diferentes tipos, dependendo das fontes de informação.

Passo 2. *Leia ou examine todos os dados.* O primeiro passo oferece uma percepção geral das informações e uma oportunidade de refletir sobre seu significado global. Quais ideias gerais os participantes estão expressando? Qual é o tom das ideias? Qual é a impressão da profundidade, da

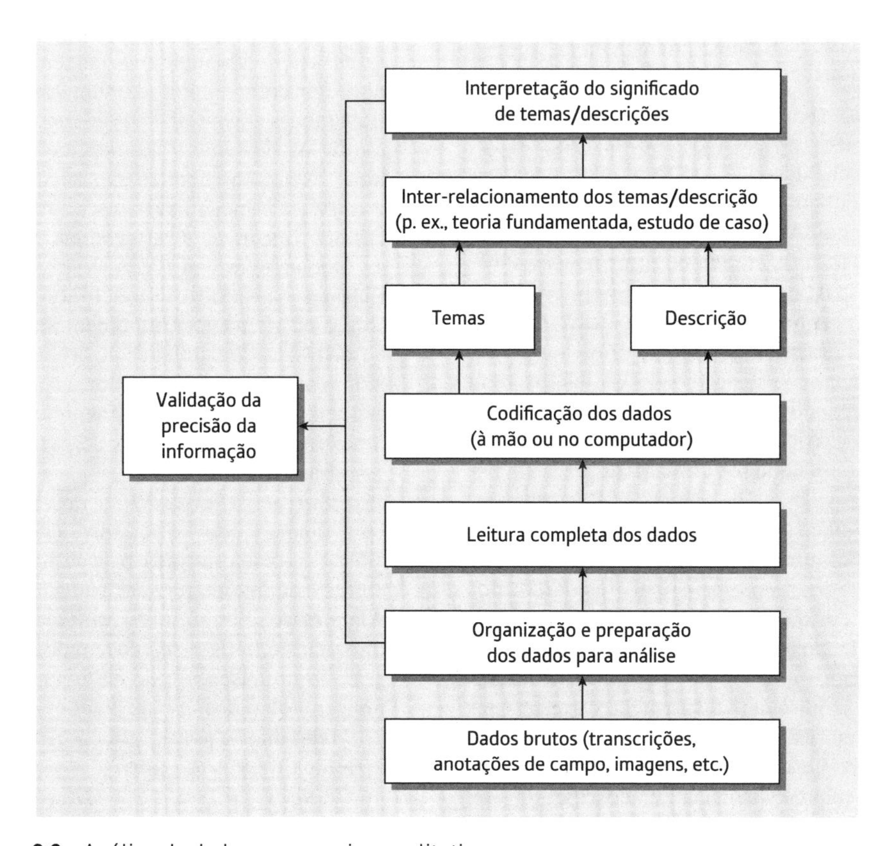

Figura 9.2 Análise de dados na pesquisa qualitativa.

credibilidade e do uso geral das informações? Às vezes os pesquisadores qualitativos escrevem anotações nas margens das transcrições ou notas de campo observacionais ou começam a registrar os pensamentos gerais sobre os dados nesse estágio. Para os dados visuais, um caderno para rascunho de ideias pode começar a tomar forma.

Passo 3. *Comece a codificar todos os dados.* A **codificação** é o processo de organização dos dados agrupando as partes em blocos (ou segmentos de texto ou imagem) e escrevendo nas margens uma palavra que representa uma categoria (Rossman e Rallis, 2012). Isso envolve manter os dados de texto, ou as figuras, reunidos durante a coleta de dados, segmentando sentenças (ou parágrafos) ou imagens em categorias e rotulando essas categorias com um termo, geralmente baseado na linguagem real do participante (chamado termo *in vivo*).

Passo 4. *Gere uma descrição e temas.* Utilize o processo de codificação para gerar uma descrição do local ou das pessoas e também das categorias ou temas para análise. A *descrição* envolve uma apresentação detalhada de informações sobre pessoas, lugares ou eventos em um local. Os pesquisadores podem gerar códigos para essa descrição, que é útil no planejamento de descrições detalhadas para projetos de pesquisa de estudos de caso, etnográficos e narrativos. A codificação também pode ser usada para gerar um pequeno número de *temas* ou categorias (talvez cinco a sete categorias para um estudo de pesquisa). Esses temas são aqueles que aparecem como principais resultados nos estudos qualitativos e são frequentemente utilizados como títulos nas seções de resultados dos estudos (ou na seção de resultados de uma dissertação ou tese). Eles devem exibir múltiplas perspectivas dos indivíduos e ser corroborados por diversas citações e evidências específicas. Além de identificar os temas durante o processo de codificação, os pesquisadores qualitativos podem utilizá-los para criar camadas adicionais de análise complexa. Por exemplo, os pesquisadores interconectam temas em um enredo de história (como nas narrativas) ou desenvolvem esses temas dentro de um modelo teórico (como na teoria fundamentada). Os temas são analisados para cada caso e em diferentes casos (como nos estudos de caso) ou moldados em uma descrição geral (como na fenomenologia). Estudos qualitativos sofisticados vão além da descrição e da identificação, podendo criar conexões complexas do tema.

Passo 5. *Representação da descrição e dos temas.* Informe como a descrição e os temas serão *representados* na narrativa qualitativa. A abordagem mais popular é a utilização de uma passagem narrativa para comunicar os resultados da análise. Essa pode ser uma discussão que mencione uma cronologia dos eventos, a discussão detalhada de vários temas (que pode ser complementada com subtemas, ilustrações específicas, perspectivas múltiplas dos indivíduos e citações) ou uma discussão com temas interconectados. Muitos pesquisadores qualitativos também usam recursos visuais, figuras ou tabelas como adjuntos às discussões. Eles apresentam um modelo de processo (como na teoria fundamentada), uma descrição do local de pesquisa específico (como na etnografia) ou informações descritivas sobre cada participante em uma tabela (como nos estudos de caso e nas etnografias).

- *Procedimentos de codificação específicos.* Como mostra o Quadro 9.4, Tesch (1990) apresentou oito passos habitualmente usados na formação de códigos. Além disso, é importante estar atento aos tipos de códigos a ser desenvolvidos ao analisar uma transcrição de texto ou uma imagem (ou outro tipo de objeto visual).

Tendemos a pensar em códigos como incluídos em três categorias:

- *Códigos esperados.* Codifique tópicos que os leitores esperariam encontrar, baseado na literatura e no senso

Quadro 9.4 Oito passos de Tesch para o processo de codificação

1. Obtenha uma percepção do todo. Leia atentamente todas as transcrições. Talvez você anote algumas ideias enquanto elas vêm à mente.
2. Pegue um documento (p. ex., uma entrevista) – o mais interessante, o mais curto, aquele que está no alto da pilha. Aprofunde-se nele, perguntando a si mesmo "O que é isto?". Não pense sobre a substância da informação, mas sobre seu significado subjacente. Escreva seus pensamentos na margem.
3. Quando tiver terminado essa tarefa para vários participantes, faça uma lista de todos os tópicos. Reúna os tópicos similares. Coloque-os em colunas, talvez dispostos como tópicos principais, tópicos únicos e descartáveis.
4. Agora, pegue essa lista e volte a seus dados. Abrevie os tópicos como códigos e escreva os códigos próximos aos segmentos apropriados do texto. Experimente esse esquema preliminar de organização para ver se emergem novas categorias e códigos.
5. Encontre a redação mais descritiva para seus tópicos e os transforme em categorias. Busque maneiras de reduzir sua lista total de categorias agrupando tópicos que se relacionem. Uma ideia é traçar linhas entre suas categorias para mostrar as inter-relações.
6. Tome uma decisão final sobre a abreviação de cada categoria e ponha esses códigos em ordem alfabética.
7. Reúna o material dos dados pertencente a cada categoria em um lugar e realize uma análise preliminar.
8. Se necessário, recodifique seus dados

comum. Ao estudar *bullying* nas escolas podemos codificar alguns segmentos como "atitudes em relação a si mesmo". Esse código seria esperado em um estudo sobre *bullying* nas escolas.

- *Códigos surpreendentes.* Codifique resultados que são surpreendentes e que não puderam ser previstos antes de iniciar o estudo. Em um estudo sobre liderança em organizações sem fins lucrativos, poderíamos aprender sobre o impacto do aquecimento global no prédio da organização e como isto molda a localização e a proximidade dos indivíduos entre si. Sem sair do prédio antes de iniciar o estudo e olhar para ele, não pensaríamos necessariamente sobre os códigos de aquecimento global e localização dos escritórios em um estudo de liderança.
- *Códigos de interesse incomum ou conceitual.* Codifique ideias incomuns e aquelas que são, em si mesmas, de interesse conceitual para os leitores. Iremos usar um dos códigos que descobrimos em nosso estudo qualitativo da resposta de um *campus* a um atirador (Asmussen e Creswell, 1995). Não previmos que o código "novo desencadeamento" emergisse em nosso estudo, e ele surgiu a partir da perspectiva de um psicólogo chamado ao *campus* para avaliar a resposta. O fato de que os indivíduos foram relembrados de incidentes traumáticos – novo desencadeamento – nos motivou a usar o termo como um código importante e, por fim, um tema na nossa análise.

- *Sobre o uso de códigos predeterminados.* Outra questão acerca da codificação é se o pesquisador deve (a) desenvolver códigos *somente* com base nas informações emergentes coletadas dos participantes, (b) usar códigos predeterminados e, então, adequar os dados a eles ou (c) usar alguma combinação de códigos emergentes e predeterminados. A abordagem tradicional nas ciências sociais é permitir a emergência dos códigos durante a análise dos dados. Nas ciências da saúde, uma abordagem popular é usar códigos predeterminados com base na teoria que está sendo examinada. Nesse caso, os pesquisadores podem desenvolver um **livro de códigos qualitativo**: um quadro que contenha uma lista dos códigos predeterminados que os pesquisadores usam para a codificação dos dados. Guest e colaboradores (2012) discutiram e ilustraram o uso de livros de códigos na pesquisa qualitativa. O propósito de um livro de códigos é fornecer definições para os códigos e maximizar a coerência entre os códigos – especialmente quando muitos codificadores estão envolvidos. Ele forneceria uma lista de códigos, um rótulo para cada código, uma breve definição, uma definição completa, informações sobre quando usar o código e quando não usá-lo, e um exemplo de citação que ilustre o código. Esse livro de códigos pode evoluir e mudar durante um estudo com base na análise detalhada dos dados quando o pesquisador não estiver começando a partir da perspectiva de um código emergente. Para os pesquisadores que têm uma teoria distinta que desejam testar nos seus projetos, recomendaríamos o desenvolvimento de um livro de códigos preliminar para codificar os dados e depois permitir que o livro de códigos se desenvolva e mude com base nas informações obtidas durante a análise dos dados.

- *Codificação das imagens visuais*. Conforme mencionado anteriormente, os dados visuais estão sendo usados com mais frequência na pesquisa qualitativa. Essas fontes de dados representam imagens retiradas de fotografias, vídeos, filmes e desenhos (Creswell, 2016). Os participantes podem receber uma câmera e serem solicitados a fotografarem o que veem. Ou então eles podem ser solicitados a fazer um desenho do fenômeno em estudo ou refletir sobre um quadro ou objeto favorito que provocaria respostas. Surgem desafios na utilização de imagens visuais na pesquisa qualitativa: as imagens podem refletir tendências da cultura ou da sociedade em vez da perspectiva de um único indivíduo. É difícil respeitar o anonimato quando as imagens dos indivíduos e lugares representam os dados qualitativos. São necessárias permissões para respeitar a privacidade dos indivíduos que fornecem os dados visuais.

  Apesar dessas preocupações, depois que o pesquisador qualitativo obtém os dados visuais, o processo de codificação entra em jogo. Estes passos geralmente seguem este procedimento:

  Passo 1. Prepare seus dados ou análise. Se utilizar codificação à mão, imprima cada imagem com uma margem larga (ou cole em um pedaço de papel maior) para possibilitar um espaço para designar os códigos. Se estiver usando um computador, importe todas as imagens para o aplicativo.

  Passo 2. Codifique a imagem marcando áreas da imagem e atribuindo rótulos. Alguns códigos podem envolver metadetalhes (p. ex., o ângulo da câmera).

  Passo 3. Compile todos os códigos para as imagens em uma folha separada.

  Passo 4. Revise os códigos para eliminar redundância e sobreposição. Este passo também começa a reduzir os códigos a temas potenciais.

  Passo 5. Agrupe os códigos em temas que representam uma ideia comum.

  Passo 6. Atribua os códigos/temas a três grupos: códigos/temas esperados, códigos/temas surpreendentes e códigos/temas incomuns. Este passo ajuda a assegurar que os "resultados" qualitativos representarão perspectivas diversas.

  Passo 7. Organize os códigos/temas em um mapa conceitual que mostre o fluxo de ideias na seção dos "resultados". O fluxo pode representar a apresentação dos temas de um quadro mais geral para um mais específico.

  Passo 8. Escreva a narrativa para cada tema que entrará na seção dos "resultados" de um estudo ou para um resumo geral que entrará na seção de "discussão" como resultados globais do estudo (Creswell, 2016, p. 169-170).

- *Análise adicional dos dados pelo tipo de abordagem*. Uma conceituação útil a ser desenvolvida na seção do método é que a análise dos dados qualitativos prosseguirá em dois níveis: (a) o primeiro nível básico é o procedimento mais geral (ver acima) ao analisar os dados, e (b) o segundo nível mais avançado seriam os passos da análise incluídos nas abordagens qualitativas específicas. Por exemplo, a pesquisa narrativa emprega a recuperação das histórias dos participantes usando recursos estruturais, como enredo, ambiente, atividades, clímax e desenlace (Clandinin e Connelly, 2000). A pesquisa fenomenológica utiliza a análise de declarações significativas, a geração de unidades de significado e o desenvolvimento do que Moustakas (1994) chamou de uma descrição da essência. A teoria fundamentada tem passos sistemáticos (Corbin e Strauss, 2015; Strauss e Corbin, 1990, 1998). Esses passos envolvem a geração de categorias de informação (codificação aberta), a seleção de uma das categorias e o posicionamento dela dentro de um modelo teórico (codificação axial) e, então, a explicação de uma história a partir da interconexão dessas categorias (codificação seletiva). Estudo de caso e pesquisa etnográfica envolvem uma descrição detalhada do ambiente ou dos indivíduos, seguido pela análise dos dados para os temas ou questões (ver Stake, 1995; Wolcott, 1994). Uma descrição completa da análise dos dados em uma proposta, quando o investigador está usando uma destas estratégias, seria descrever em primeiro lugar o processo geral de análise, e em seguida os passos específicos dentro da estratégia.

Interpretação

A **interpretação na pesquisa qualitativa** envolve vários procedimentos: o resumo dos resultados gerais, a comparação dos resultados com a literatura, a discussão de uma visão pessoal dos resultados e a indicação das limitações e pesquisas futuras. Em termos dos resultados gerais, a pergunta "Quais lições foram aprendidas?" capta a essência dessa ideia (Lincoln e Guba, 1985). Essas lições podem ser a interpretação pessoal do pesquisador, expressa no entendimento que o pesquisador traz para o estudo a partir de sua cultura, história e experiências pessoais.

Pode ser um significado derivado de uma comparação dos resultados com as informações recolhidas da literatura ou de teorias; dessa forma, os autores sugerem que os resultados confirmam informações passadas ou divergem delas. Também podem sugerir novas questões que precisam ser respondidas – perguntas suscitadas pelos dados e pela análise que o pesquisador não havia previsto no início do estudo. Segundo Wolcott (1994), os etnógrafos podem concluir um estudo formulando perguntas adicionais. A abordagem do questionamento também é utilizada nas abordagens transformativas da pesquisa qualitativa. Além disso, quando os pesquisadores qualitativos usam uma lente teórica, eles podem formar interpretações que requerem agendas de ação para reforma e mudança. Os pesquisadores podem descrever como os resultados da narrativa serão comparados com as teorias e a literatura geral sobre o tópico. Em muitos artigos qualitativos, os pesquisadores também discutem a literatura no final do estudo (ver Cap. 2). Assim, a interpretação na pesquisa qualitativa pode assumir muitas formas; ser adaptada para diferentes tipos de projetos; e ser flexível para informar significados pessoais, baseados na pesquisa e na ação.

Por fim, parte da interpretação envolve sugerir as limitações em um projeto e apresentar direções para pesquisas futuras. As limitações frequentemente estão associadas aos métodos de um estudo (p. ex., tamanho inadequado da amostra, dificuldade no recrutamento) e representam os pontos fracos na pesquisa que são reconhecidos pelo autor para que estudos futuros não sofram dos mesmos problemas. As sugestões para pesquisas futuras propõem temas que os estudos podem abordar para desenvolver a literatura, sanar alguns dos pontos fracos no estudo presente ou apresentar novos caminhos ou direções que podem indicar aplicações ou conhecimentos úteis.

Validade e confiabilidade

Embora a validação dos resultados ocorra durante todos os passos do processo de pesquisa, essa discussão se concentra em como um pesquisador escreve uma passagem em uma proposta ou estudo sobre os procedimentos que serão realizados para validar os resultados do estudo proposto. Os pesquisadores precisam comunicar os passos que seguirão em seus estudos para verificar a precisão e a credibilidade de seus resultados. A validade não possui as mesmas conotações na pesquisa qualitativa que geralmente possui na pesquisa quantitativa, nem é uma companheira da confiabilidade (exame da estabilidade) nem da generalização (a validade externa da aplicação dos resultados a novos locais, pessoas ou amostras), tópicos discutidos no Capítulo 8. A **validade qualitativa** significa que o pesquisador verifica a precisão dos resultados empregando alguns procedimentos, enquanto a **confiabilidade qualitativa** indica que a abordagem do pesquisador é consistente entre diferentes pesquisadores e diferentes projetos (Gibbs, 2007).

- *Definição da validade qualitativa.* A validade é um dos pontos fortes da pesquisa qualitativa, e tem como base determinar se a precisão dos resultados existe a partir do ponto de vista do pesquisador, do participante ou dos leitores de um relato (Creswell e Miller, 2000). São abundantes os termos na literatura qualitativa voltados para a validade, como *fidedignidade*, *autenticidade* e *credibilidade* (Creswell e Miller, 2000), e esse é um tópico muito discutido (Lincoln, Lynham e Guba, 2011).
- *Utilização de múltiplos procedimentos de validade.* Uma perspectiva procedural que recomendamos para as propostas de pesquisa é a de identificar e discutir uma ou mais estratégias disponíveis para verificar a precisão dos resultados. Os pesquisadores devem incorporar ativamente as **estratégias de validade** às suas propostas. Recomendamos o uso de múltiplas abordagens, que podem melhorar a capacidade do pesquisador para avaliar a precisão dos resultados e também para convencer os leitores dessa precisão. Há oito estratégias principais, organizadas desde as mais frequentemente usadas e com maior facilidade de implementação até as utilizadas ocasionalmente e com maior dificuldade de implementação:
  - *Triangule** diferentes fontes de dados examinando as evidências das fontes e utilizando estas evidências para criar uma justificativa coerente para os temas. Se os temas forem estabelecidos baseados na convergência de várias fontes de dados ou perspectivas dos participantes, então é possível dizer que esse processo está auxiliando a validação do estudo.
  - Utilize a *verificação dos membros* para determinar a precisão dos resultados qualitativos retornando o relatório final ou as descrições ou os temas específicos aos participantes e determinando se esses participantes consideram os resultados precisos. Isso não significa retomar as transcrições brutas para verificar a precisão; em vez disso, o pesquisador retoma partes do produto aprimorado, ou semiaprimorado, como os principais resultados, os temas, as análises de caso, a teoria fundamentada, a descrição cultural, e assim por diante. Tal procedimento pode envolver a realização de uma entrevista de acompanhamento com os participantes do estudo e proporcionar uma oportunidade para eles comentarem os resultados.
  - Utilize uma *descrição rica e densa* para comunicar os resultados. Essa

*N. de R.T. Triangular significa comparar, encontrar semelhanças em diferentes fontes de dados.

descrição pode transportar os leitores para o local e proporcionar à discussão um elemento de experiências compartilhadas. Por exemplo, quando os pesquisadores qualitativos apresentam descrições detalhadas do local ou oferecem muitas perspectivas sobre um tema, os resultados tornam-se mais realistas e mais ricos. Esse procedimento pode aumentar a validade dos resultados.

- Esclareça o *viés* que o pesquisador traz para o estudo. Essa autorreflexão cria uma narrativa aberta e honesta a qual vai soar bem para os leitores. A reflexividade já foi mencionada como uma característica básica da pesquisa qualitativa. A boa pesquisa qualitativa contém comentários dos pesquisadores sobre como sua interpretação dos resultados é moldada por suas origens, como seu gênero, cultura, história e origem socioeconômica.
- Apresente *informações negativas* ou *discrepantes* que se opõem aos temas. Como a vida real é composta de diferentes perspectivas que nem sempre podem ser unidas, discutir as informações contrárias aumenta a credibilidade de um relato. Um pesquisador pode fazer isso discutindo as evidências sobre um tema. A maior parte das evidências vai gerar um caso para o tema; os pesquisadores também podem apresentar informações que contradigam a perspectiva geral desse tema. Apresentando essas evidências contraditórias, o relato se torna mais realístico e mais válido.
- Passe um *tempo prolongado* no campo. Dessa maneira, o pesquisador desenvolve um entendimento profundo do fenômeno que está sendo estudado e pode comunicar detalhes sobre o local e as pessoas, o que confere credibilidade ao relato narrativo. Quanto mais experiência um pesquisador tem com os participantes em seu local real, mais acurados ou válidos serão os resultados.
- Utilize a revisão por pares (*peer debriefing*) para aumentar a precisão do relato. Esse processo envolve localizar uma pessoa (um *debriefer* entre os pares) que examina e formula questões sobre o estudo qualitativo para que o relato repercuta em outras pessoas além do pesquisador. Essa estratégia – que envolve uma interpretação além do pesquisador e investida em outra pessoa – aumenta a validade de um relato.
- Utilize um *auditor externo* para examinar todo o projeto. Distintamente de um *debriefer* entre pares, esse auditor não está familiarizado com o pesquisador ou com o projeto e pode realizar uma avaliação objetiva do projeto durante todo o processo de pesquisa ou na conclusão do estudo. Seu papel é similar àquele de um auditor fiscal, e há perguntas específicas que os auditores podem fazer (Lincoln e Guba, 1985). O procedimento de pedir que um investigador independente examine muitos aspectos do projeto (p. ex., a precisão da transcrição, a relação entre as questões e os dados de pesquisa, o nível de análise dos dados a partir dos dados brutos por meio da interpretação) aumenta a validade geral de um estudo qualitativo.

- *Usando a confiabilidade qualitativa.* Como os pesquisadores qualitativos verificam para determinar se suas abordagens são confiáveis (i.e., consistentes ou estáveis)? Yin (2009) sugeriu que os pesquisadores qualitativos precisam documentar os procedimentos de seus estudos de caso e documentar o máximo de passos possível dos procedimentos. Ele também recomenda apresentar um protocolo e um banco de dados detalhados do estudo de caso para que outros possam seguir os procedimentos. Gibbs (2007) sugeriu vários procedimentos de confiabilidade qualitativa:
    - Verificar as transcrições para se assegurar de que elas não contêm erros óbvios cometidos durante a transcrição.
    - Certificar-se de que não há um desvio na definição dos códigos, uma

mudança no significado durante o processo de codificação. Isso pode ser realizado pela comparação constante dos dados com os códigos e pela escrita de anotações sobre os códigos e suas definições (ver a discussão sobre um livro de códigos qualitativo).

- Para a pesquisa em equipe, coordene a comunicação entre os codificadores por meio de reuniões regulares documentadas e do compartilhamento da análise.
- Faça uma verificação cruzada dos códigos desenvolvidos por diferentes pesquisadores comparando resultados que são derivados independentemente. Os autores de propostas precisam incluir vários desses procedimentos como evidências de que terão resultados consistentes em seu estudo proposto. Recomendamos que vários procedimentos sejam mencionados em uma proposta e que os pesquisadores individuais encontrem outra pessoa que possa verificar seus códigos para o que é chamado de **acordo entre codificadores** (ou verificação cruzada) (ver também Guest et al., 2012; Creswell, 2016). Esse acordo pode ser baseado em se dois ou mais codificadores concordam com os códigos utilizados para as mesmas passagens no texto. Isso não quer dizer que eles codifiquem a mesma passagem do texto; mas determinam se outro codificador o codificaria com o mesmo código ou com um código similar. Os subprogramas de confiabilidade nos *softwares* de computador qualitativos podem então ser usados para determinar o nível de consistência da codificação. Miles e Huberman (1994) recomendaram que a consistência da codificação necessita estar de acordo em pelo menos 80% do tempo para uma boa confiabilidade qualitativa.

- Generalização qualitativa é um termo utilizado de uma maneira limitada na pesquisa qualitativa, pois a intenção dessa forma de investigação não é generalizar os resultados para os indivíduos, os locais ou as situações fora daqueles que estão sendo estudados (ver Gibbs, 2007, para esta nota de advertência sobre a generalização qualitativa). Na verdade, o valor da pesquisa qualitativa está na descrição específica e nos temas desenvolvidos no contexto de um local específico. É a particularidade em vez da generalização (Greene e Caracelli, 1997) que constitui a marca da boa pesquisa qualitativa. Entretanto, há algumas discussões na literatura qualitativa sobre a generalização, especialmente quando aplicada à pesquisa de estudo de caso em que o pesquisador estuda vários casos. Yin (2009), por exemplo, acreditava que os resultados do estudo de caso qualitativo podem ser generalizados para alguma teoria mais ampla. A generalização ocorre quando os pesquisadores qualitativos estudam casos adicionais e generalizam os resultados para os novos casos. Trata-se do mesmo processo da lógica da replicação utilizada na pesquisa experimental. Entretanto, repetir os resultados de um estudo de caso em um novo cenário de caso requer uma boa documentação dos procedimentos qualitativos, como um protocolo para documentar o problema em detalhes e o desenvolvimento de um banco de dados completo do estudo de caso.

Escrita do relatório qualitativo

Um plano para métodos qualitativos deve terminar com alguns comentários sobre a narrativa que emerge da análise dos dados. Existem muitas variedades de narrativas, e exemplos de revistas acadêmicas ilustram os modelos. Em um plano para um estudo, considere a sugestão de vários pontos sobre a narrativa.

- O procedimento básico no relato dos resultados de um estudo qualitativo é desenvolver descrições e temas a partir dos dados (ver Fig. 9.1), apresentar essas descrições e temas que comuniquem perspectivas múltiplas dos participantes e descrições detalhadas do local ou dos indivíduos. A partir do uso de uma estratégia de investigação qualitativa, esses resultados também podem proporcionar uma narrativa cronológica da vida de um indivíduo (pesquisa narrativa), uma descrição detalhada de suas experiências (fenomenologia), uma teoria gerada dos dados (teoria fundamentada), um retrato detalhado de um grupo que compartilha uma cultura (etnografia) ou uma análise profunda de um ou mais casos (estudo de caso).

- Dadas essas diferentes estratégias, as seções dos resultados e da interpretação de um plano para um estudo podem discutir como as seções serão apresentadas: como relatos objetivos, experiências do trabalho de campo (Van Maanen, 1988), uma cronologia, um modelo de processo, uma história ampliada, uma análise por casos ou entre casos, ou um retrato descritivo detalhado.
- No nível específico, pode haver alguma inclusão na proposta ou projeto sobre estratégias de redação que serão usadas para comunicar a pesquisa qualitativa. Elas podem incluir as seguintes:
  - Citações: de passagens curtas a longas incorporadas.
  - Diálogo que reflita a cultura dos participantes, sua língua e sua sensibilidade à sua cultura ou etnicidade, e o entrelaçamento de palavras das interpretações dos participantes e do autor.
  - Formas narrativas variadas, como matrizes, quadro de comparação e diagramas.
  - Utilize o pronome na primeira pessoa "eu" ou o coletivo "nós" na forma narrativa.
  - Metáforas e analogias (ver, p. ex., Richardson, 1990).
  - Formas narrativas associadas a estratégias qualitativas específicas (p. ex., a descrição nos estudos de caso e etnografias, uma história detalhada na pesquisa narrativa).

O Exemplo 9.1 é uma seção do método qualitativo completo que foi incluído em uma proposta de Miller (1992). Ele contém a maioria dos tópicos para uma boa seção de método qualitativo abordado neste capítulo.

Exemplo 9.1 Procedimentos qualitativos

O projeto de Miller era um estudo etnográfico das experiências no primeiro ano de exercício no cargo do reitor de uma faculdade com cursos de quatro anos de duração. Do modo como apresentamos essa discussão, remetemos às seções abordadas neste capítulo e as destaco em negrito. Também mantivemos o uso de Miller do termo *informante*, embora atualmente deva ser usado o termo mais apropriado, *participante*.

O paradigma da pesquisa qualitativa

O paradigma da pesquisa qualitativa tem suas raízes na antropologia cultural e na sociologia americana (Kirk e Miller, 1986). Só recentemente ele foi adotado pelos pesquisadores educacionais (Borg e Gall, 1989). A intenção da pesquisa qualitativa é entender uma situação social, um evento, um papel, um grupo ou uma interação específica (Locke, Spirduso e Silverman, 1987). É, em grande parte, um processo investigativo, no qual o pesquisador pouco a pouco extrai sentido de um fenômeno social contrastando, comparando, replicando, catalogando e classificando o objeto do estudo (Miles e Huberman, 1984). Marshall e Rossman (1989) sugerem que isso envolve imersão na vida cotidiana do local escolhido para o estudo; o pesquisador entra no mundo dos informantes e, por meio de uma interação contínua, busca as perspectivas e os significados dos informantes. (*São mencionadas as suposições qualitativas*).

Os acadêmicos afirmam que a pesquisa qualitativa pode ser distinguida da metodologia quantitativa por muitas características singulares as quais são inerentes ao projeto. Segue uma síntese das suposições comumente articuladas com relação às características apresentadas por vários pesquisadores.

1. A pesquisa qualitativa acontece nos ambientes naturais, onde ocorrem o comportamento e os eventos humanos.
2. A pesquisa qualitativa tem como base suposições que são muito diferentes dos projetos quantitativos. A teoria ou as hipóteses não são estabelecidas *a priori*.
3. O pesquisador é o principal instrumento na coleta de dados, em vez de algum mecanismo inanimado (Eisner, 1991; Fraenkel e Wallen, 1990; Lincoln e Guba, 1985; Merriam, 1988).
4. Os dados que emergem de um estudo qualitativo são descritivos. Ou seja, os dados são relatados em palavras (principalmente as palavras do participante) ou imagens, em vez de em números (Fraenkel e Wallen, 1990; Locke et al., 1987; Marshall e Rossman, 1989; Merriam, 1988).
5. O foco da pesquisa qualitativa são as percepções e as experiências dos participantes e a maneira como eles extraem sentido de suas vidas (Fraenkel e Wallen, 1990; Locke et al., 1987; Merriam, 1988). Por isso, a tentativa não é entender uma, mas múltiplas realidades (Lincoln e Guba, 1985).
6. A pesquisa qualitativa se concentra no processo que está ocorrendo e também no produto ou resultado. Os pesquisadores estão particularmente interessados em entender como as coisas acontecem (Fraenkel e Wallen, 1990; Merriam, 1988).
7. É utilizada a interpretação ideográfica. Em outras palavras, é oferecida maior atenção às particularidades; e os dados são interpretados com relação às particularidades de um caso, em vez de às generalizações.
8. A pesquisa qualitativa é um projeto emergente em seus resultados negociados. Os significados e as interpretações são negociados com as fontes de dados humanos porque são as realidades dos indivíduos que o pesquisador tenta reconstruir (Lincoln e Guba, 1985; Merriam, 1988).
9. Essa tradição da pesquisa tem base na utilização de conhecimento tácito (conhecimento intuitivo e sentido), pois geralmente as nuanças das realidades múltiplas podem ter maior apreciação dessa maneira (Lincoln e Guba, 1985). Por isso, os dados não são quantificáveis no sentido tradicional da palavra.
10. A objetividade e a veracidade são fundamentais para as duas tradições da pesquisa. Entretanto, os critérios de julgamento para um estudo qualitativo diferem daqueles da pesquisa quantitativa. Antes de tudo, o pesquisador busca a credibilidade, baseada na coerência, no insight e na conveniência instrumental (Eisner, 1991), e também a fidedignidade (Lincoln e Guba, 1985) por meio de um processo de verificação, em vez de medidas tradicionais de validade e confiabilidade. (*As características qualitativas são mencionadas*).

O projeto de pesquisa etnográfico

Este estudo vai utilizar a tradição da pesquisa etnográfica. Este projeto emergiu do campo da antropologia, principalmente das contribuições de Bronislaw Malinowski, Robert Park e Franz Boas (Jacob, 1987; Kirk e Miller, 1986). A intenção da pesquisa etnográfica é obter um quadro holístico do tema do estudo, com ênfase na retratação das experiências cotidianas dos indivíduos por meio da observação e de entrevistas realizadas com eles e com outras pessoas relevantes (Fraenkel e Wallen, 1990). O estudo etnográfico inclui entrevistas em profundidade e observação persistente e contínua do participante em uma situação (Jacob, 1987) e, tentando captar todo o quadro, revela como as pessoas descrevem e estruturam seu mundo (Fraenkel e Wallen, 1990). (*O autor usou a abordagem etnográfica*).

O papel do pesquisador

Particularmente na pesquisa qualitativa, o papel do pesquisador como principal instrumento de coleta de dados necessita da identificação dos valores pessoais, das suposições e dos vieses no início do estudo. A contribuição do pesquisador para a situação da pesquisa pode ser útil e positiva, em vez de prejudicial (Locke et al., 1987). Minhas percepções da educação superior e da reitoria da faculdade têm sido moldadas por minhas experiências pessoais. De agosto de 1980 a maio de 1990 trabalhei como administrador de faculdades privadas de 600 a 5 mil alunos. Mais recentemente (1987 a 1990) trabalhei como pró-reitor de graduação em uma pequena faculdade do Meio-oeste. Como membro do gabinete do reitor, estava envolvido com todas as atividades e decisões de alto nível administrativo do gabinete, e trabalhei intimamente com o corpo docente, com os oficiais de gabinete, com o reitor e com o conselho administrativo. Além de me comunicar diretamente com o reitor, trabalhei com ele durante seu primeiro ano no cargo. Acredito que esse entendimento do contexto e do papel aumenta minha consciência, meu conhecimento e minha sensibilidade de muitos dos desafios, das decisões e dos problemas encontrados por um reitor em seu primeiro ano de exercício no cargo, e vai me ajudar a trabalhar com o informante neste estudo. Tenho o conhecimento tanto da estrutura da educação superior quanto do papel da reitoria da faculdade. Será dada uma atenção particular ao papel do novo reitor na iniciação de mudanças, construção de relacionamentos, tomada de decisões e demonstração de liderança e visão.

Devido às experiências anteriores trabalhando próximo a um novo reitor de faculdade, trago alguns vieses a este estudo. Embora todo esforço para garantir a objetividade, tais vieses podem moldar a maneira como vejo e entendo os dados que coleto e a maneira em que interpreto minhas experiências. Inicio este estudo com a perspectiva de que a reitoria de uma faculdade é uma posição diversificada e frequentemente difícil. Embora as expectativas sejam imensas, questiono quanto poder o reitor tem para iniciar mudanças e demonstrar liderança e visão. Encaro o primeiro ano como crítico; repleto de ajustes, frustrações, surpresas imprevistas e desafios. (*O autor fez uma reflexão sobre seu papel no estudo*).

Limitando o estudo

Local

Este estudo será conduzido no campus de uma faculdade estadual do Meio-oeste. A faculdade está situada em uma comunidade rural do Meio-oeste. Os 1.700 alunos da instituição triplicam a população de 1.000 habitantes da cidade durante o período letivo. A instituição concede títulos de licenciado, bacharel e mestre em 51 cursos.

Atores

O informante deste estudo é o novo reitor de uma faculdade estadual do Meio-oeste. O principal informante deste estudo é o reitor. Entretanto, eu o estarei observando no contexto das reuniões administrativas do gabinete. O gabinete do reitor inclui três vice-reitores (Assuntos Acadêmicos, Administração e Assuntos Estudantis) e dois pró-reitores (Estudos de Pós-graduação e Educação Continuada – *lato sensu*).

Eventos

Usando a metodologia da pesquisa etnográfica, o foco deste estudo serão as experiências e os eventos cotidianos do novo reitor da faculdade, assim como as percepções e o significado relacionados a essas experiências como expressados pelo informante. Isso inclui a assimilação de eventos ou de informações inesperadas e a extração de sentido de eventos e questões críticas que surgem.

Processos

Estarei particularmente atento ao papel do novo reitor na iniciação de mudanças, na construção de relacionamentos, na tomada de decisões e na demonstração de liderança e visão. (*O autor mencionou os limites da coleta de dados*).

Considerações éticas

A maioria dos autores que discute o projeto de pesquisa qualitativa trata da importância das considerações éticas (Locke et al., 1982; Marshall e Rossman, 1989; Merriam, 1988; Spradley, 1980). Antes de tudo, o pesquisador tem a obrigação de respeitar os direitos, as necessidades, os valores e os desejos do(s) informante(s). Até certo ponto, a pesquisa etnográfica é sempre invasiva. A observação do participante invade a vida do informante (Spradley, 1980) e informações sensíveis frequentemente são reveladas. Essa é uma preocupação particular neste estudo, em que a posição e a instituição do informante são extremamente visíveis. Serão empregadas as seguintes salvaguardas para proteger os direitos do informante:

1. os objetivos da pesquisa serão articulados verbalmente e por escrito, para que sejam claramente entendidos pelo informante (incluindo uma descrição de como os dados serão utilizados);
2. o informante concederá uma permissão por escrito para o prosseguimento do estudo como está articulado;
3. um formulário de isenção da pesquisa será preenchido pelo comitê de revisão institucional (IRB) (Apêndices B1 e B2);
4. o informante será informado de todos os dispositivos e as atividades da coleta de dados;
5. as transcrições literais, as interpretações e os relatórios escritos serão disponibilizados para o informante;
6. os direitos, os interesses e os desejos do informante serão considerados em primeiro lugar quando forem feitas escolhas com relação aos dados; e
7. a decisão final com relação ao anonimato do informante caberá ao próprio. (*O autor tratou das questões éticas e do exame do IRB.)*

Estratégias da coleta de dados

Os dados serão coletados de fevereiro a maio de 1992, e incluirão um mínimo de entrevistas bimensais gravadas, de 45 minutos, com o informante (questões iniciais da entrevista, Apêndice C), observações bimensais de duas horas de reuniões do gabinete administrativo, observações bimensais de duas horas das atividades diárias e análises bimensais do calendário e de documentos (minutas de reuniões, memorandos, publicações) do reitor. Além disso, o informante concordou em gravar impressões de suas experiências, pensamentos e sentimentos em um diário gravado (diretrizes para a reflexão gravada, Apêndice D). Duas entrevistas de acompanhamento serão marcadas para o fim de maio de 1992 (ver Apêndice E para a linha de tempo e o programa de atividade propostos). *(O autor propôs utilizar entrevistas frente a frente, participar como observador e obter documentos privados).*

Para ajudar na fase de coleta dos dados, utilizarei um diário de campo, no qual constará um relato detalhado das maneiras como planejo despender meu tempo quando estiver no local da pesquisa, e na fase de transcrição e análise (também comparando esse registro com o modo como o tempo é realmente despendido). Pretendo registrar os detalhes relacionados às minhas observações em um caderno de anotações de campo e manter um diário de campo para relatar meus próprios pensamentos, sentimentos, experiências e percepções durante todo o processo da pesquisa. *(O autor registrou informações descritivas e reflexivas).*

Procedimento de análise dos dados

Merriam (1988) e Marshall e Rossman (1989) afirmam que a coleta e a análise dos dados devem ser um processo simultâneo na pesquisa qualitativa. Schatzman e Strauss (1973) declaram que a análise de dados qualitativos envolve principalmente classificar as coisas, as pessoas e os eventos e as propriedades que os caracterizam. Habitualmente, durante todo o processo de análise dos dados, os etnógrafos indexam ou codificam seus dados utilizando o máximo de categorias possível (Jacob, 1987). Eles buscam identificar e descrever padrões e temas a partir da perspectiva do(s) participante(s), e depois tentam compreender e explicar esses padrões e temas (Agar, 1980). Durante a análise dos dados, eles serão organizados categórica e cronologicamente, examinados repetidas vezes e continuamente codificados. Uma lista das principais ideias que vêm à tona será composta (como foi sugerido por Merriam, 1988). As entrevistas gravadas e o diário gravado pelo participante serão transcritos literalmente. As anotações de campo e as inclusões no diário serão regularmente revistas. *(O autor descreveu os passos na análise dos dados).*

Além disso, o processo de análise dos dados será auxiliado pelo uso de um programa computadorizado de análise de dados qualitativos chama do HyperQual. Raymond Padilla (Universidade do Estado do Arizona) criou o HyperQual em 1987, para ser usado com o computador Macintosh. O HyperQual utiliza o *software* HyperCard e facilita o registro e a análise de dados de textos e gráficos. Áreas especiais estão destinadas a armazenar e organizar os dados. Utilizando o HyperQual, o pesquisador pode "entrar diretamente nos dados de campo, incluindo os dados de entrevista, observações, anotações do pesquisador e ilustrações... (e) rotular (ou codificar) todos os dados ou parte dos dados da fonte para que os blocos de dados possam ser extraídos e depois reagrupados em uma nova configuração esclarecedora" (Padilla, 1989, p. 69-70). Blocos de dados significativos podem ser identificados, recuperados, isolados, agrupados e reagrupados para análise. As categorias ou nomes de códigos podem ser inseridos inicialmente ou em uma data posterior. Códigos podem ser acrescentados, modificados ou delegados com o editor HyperQual e o texto pode ser buscado para as principais categorias, temas, palavras ou frases. *(O autor menciona o uso proposto de um software de computador para a análise dos dados).*

Verificação

Para garantir a validade interna serão empregadas as seguintes estratégias:

1. Triangulação dos dados – Os dados serão coletados por meio de múltiplas fontes para incluir entrevistas, observações e análise de documentos;
2. Checagem do membro – O informante vai atuar como um controle durante todo o processo de análise. Um diálogo contínuo com relação a minhas interpretações da realidade e dos significados do informante vai garantir o valor de verdade dos dados;
3. Observações prolongadas e repetidas no local da pesquisa – As observações regulares e repetidas de fenômenos e situações similares vão ocorrer no local da pesquisa durante um período de quatro meses;
4. Exame dos pares – Um aluno de doutorado e um assistente de graduação do Departamento de Psicologia Educacional atuarão como examinadores dos pares;
5. Modos participativos de pesquisa – O informante estará envolvido na maior parte das fases deste estudo, desde o planejamento do projeto até a verificação das interpretações e conclusões; e
6. Esclarecimento de viés do pesquisador – No início deste estudo, o viés do pesquisador será articulado na escrita da proposta da dissertação, sob o título de "O Papel do Pesquisador".

A principal estratégia utilizada neste projeto para garantir a validade externa será a provisão de descrições ricas, densas e detalhadas para que qualquer pessoa interessada na transferência tenha uma estrutura sólida para comparação (Merriam, 1988). Três técnicas para garantir a confiabilidade serão empregadas neste estudo. Primeiro, o pesquisador apresentará um relato detalhado do foco do estudo, do papel do pesquisador, da posição e base para a seleção do informante e do contexto a partir do qual os dados serão coletados (LeCompte e Goetz, 1984). Segundo, será utilizada a triangulação ou métodos múltiplos de coleta e análise dos dados, o que fortalecerá a confiabilidade e também a validade interna (Merriam, 1988). Por fim, as estratégias da coleta e da análise dos dados serão relatadas em detalhes para apresentar um quadro claro e preciso dos métodos utilizados neste estudo. Todas as fases deste projeto estarão sujeitas ao escrutínio de um auditor externo experiente em métodos de pesquisa qualitativa. *(O autor identificou as estratégias de validade que serão usadas no estudo).*

Relato dos resultados

Lofland (1974) sugere que, embora as estratégias de coleta e de análise dos dados sejam similares nos métodos qualitativos, o modo como os resultados são relatados é diferente. Miles e Huberman (1984) tratam da importância de se criar um painel dos dados e sugerem que o texto narrativo tem sido a forma mais frequente de exibição dos dados qualitativos. Este é um estudo naturalístico. Por isso, os resultados serão apresentados de forma descritiva e narrativa, em vez de um relatório científico. A descrição densa será o veículo para a comunicação de um quadro holístico das experiências de um novo reitor de faculdade. O projeto final será uma construção das experiências do informante e os significados que ele lhes atribui. Isso permitirá que os leitores experimentem de forma indireta os desafios que ele encontra e proporcionará uma lente através da qual os leitores poderão ver o mundo do indivíduo. *(Os resultados do estudo foram mencionados).*

Resumo

Este capítulo explorou os componentes utilizados no desenvolvimento e na redação de uma seção de método qualitativo para uma proposta. Reconhecendo as variações existentes nos estudos qualitativos, o capítulo apresenta uma diretriz geral para os procedimentos. Essa diretriz inclui uma discussão das características gerais da pesquisa qualitativa caso o público não esteja familiarizado com essa abordagem da pesquisa. Essas características são o fato de que a pesquisa ocorre no ambiente natural, tem como base o pesquisador como instrumento para a coleta de dados, emprega múltiplos métodos de coleta de dados, é tanto indutiva quanto dedutiva, é baseada nos significados dos participantes, inclui a reflexividade do pesquisador e é holística. A diretriz recomenda discutir um projeto de pesquisa, como o estudo de indivíduos (narrativa, fenomenologia), a exploração de processos, de atividades e de eventos (estudo de caso, teoria fundamentada) ou o exame amplo do comportamento de indivíduos ou de grupos que compartilham uma cultura (etnografia). A escolha do projeto precisa ser apresentada e defendida. Além disso, a proposta ou estudo precisa tratar do papel do pesquisador: experiências passadas, história, cultura e como isto potencialmente molda as interpretações dos dados. Também inclui uma discussão sobre as conexões pessoais com o local, os passos para obter o acesso e a previsão de questões éticas sensíveis. A discussão da coleta de dados deve sugerir a abordagem intencional da amostragem e as formas dos dados a serem coletados (i. e., observações, entrevistas, documentos, materiais audiovisuais e digitais). Convém também indicar os tipos de protocolos de registro dos dados que serão utilizados.

A análise dos dados é um processo contínuo durante a pesquisa. Envolve analisar as informações do participante, e os pesquisadores geralmente empregam os passos da análise geral e também aqueles passos encontrados em uma estratégia de projeto específica. Os passos mais gerais incluem a organização e a preparação dos dados, uma leitura inicial das informações, a codificação dos dados, o desenvolvimento a partir dos códigos de uma descrição e de uma análise temática, o uso de programas computadorizados, a representação dos resultados em quadros, gráficos e figuras e a interpretação dos resultados. Essas interpretações envolvem declarar as lições aprendidas, comparar os resultados com a literatura anterior e com a teoria, levantar questões, oferecer uma perspectiva pessoal, indicar as limitações e sugerir uma agenda para reforma. A proposta também deve conter uma seção sobre os resultados esperados para o estudo. E, por fim, um passo adicional importante no planejamento de uma proposta é mencionar as estratégias que serão utilizadas para validar a precisão dos resultados e demonstrar a confiabilidade dos códigos e temas.

Exercícios de escrita

1. Escreva um plano para o procedimento a ser utilizado em seu estudo qualitativo. Depois de escrever o plano, utilize o Quadro 9.1 como lista de verificação para determinar a abrangência de seu plano.
2. Desenvolva uma tabela que liste, em uma coluna à esquerda, os passos que você planeja seguir para analisar seus dados. Em uma coluna à direita, indique os passos quando se aplicam diretamente ao seu projeto, a estratégia de pesquisa que planeja usar e os dados coletados.

Leituras complementares

Creswell, J. W. (2016). *The 30 essential skills for the qualitative researcher.* Thousando Oaks, CA: Sage.

Este é o livro com mais aplicações de John Creswell. Inclui passos específicos para a condução de muitos dos procedimentos mais importantes da investigação qualitativa. Ele discute a natureza essencial da pesquisa qualitativa, procedimentos específicos para conduzir uma observação e uma entrevista, os procedimentos detalhados de análise dos dados, os usos de programas de computador para auxiliar na análise dos dados qualitativos, estratégias de validade e procedimentos para verificações da concordância entre os codificadores.

Creswell, J. W. & Poth, C. N. (2018). *Qualitative inquiry and research design: Choosing among five approaches* (4th ed.). Thousand Oaks, CA: Sage.

A premissa básica deste livro é que toda a pesquisa qualitativa não é a mesma e as variações nos procedimentos de condução da investigação qualitativa evoluíram com o passar do tempo. Este livro discute cinco abordagens da pesquisa qualitativa: (a) pesquisa narrativa, (b) fenomenologia, (c) teoria fundamentada, (d) etnografia e (e) estudos de caso. Ao longo do livro, é adotada uma abordagem do processo na qual o leitor prossegue a partir de suposições filosóficas amplas, seguindo os passos de condução de um estudo qualitativo (p. ex., desenvolvendo questões da pesquisa, coletando e analisando os dados, etc.). O livro também apresenta comparações entre as cinco abordagens para que a pesquisa qualitativa possa fazer uma escolha informada de qual é a melhor estratégia para um estudo particular.

Flick, U. (Ed.). (2007). *The Sage Qualitative Research Kit.* London: Sage.*

Coleção coordenada por Uwe Flick com a participação de autores de pesquisa qualitativa de nível internacional, e criada para abordar coletivamente as questões básicas que surgem quando os pesquisadores realmente fazem pesquisa qualitativa. Ela aborda o planejamento e o projeto de um estudo qualitativo, a coleta e a produção de dados qualitativos, a análise de dados qualitativos (p. ex., dados visuais, análise do discurso) e as questões da qualidade na pesquisa qualitativa. Em termos gerais, apresenta uma inserção recente e atualizada no campo da pesquisa qualitativa.

Guest, G., MacQueen, K. M., & Namey, E. E. (2012). *Applied thematic analysis.* Thousand Oaks, CA: Sage.

Este livro apresenta um estudo prático e detalhado de temas e análise de dados na pesquisa qualitativa. Ele contém passagens detalhadas sobre o desenvolvimento de códigos, livros de códigos e temas, além de abordagens para melhorar a validade e confiabilidade (incluindo a concordância entre os codificadores) na pesquisa qualitativa. Explora técnicas de redução dos dados e uma comparação dos temas. Apresenta informações úteis sobre ferramentas de *software* para análise dos dados, além de procedimentos para a integração dos dados quantitativos e qualitativos.

Marshall, C., & Rossman, G. B. (2011). *Designing qualitative research* (5th ed.). Thousand Oaks, CA: Sage.

Catherine Marshall e Gretchen Rossman introduzem os procedimentos para o planejamento de um estudo qualitativo e uma proposta qualitativa. Os tópicos cobertos são abrangentes e incluem a construção de uma estrutura conceitual em torno de um estudo; a lógica e as suposições do projeto geral e dos métodos; os métodos de coleta de dados e os procedimentos para administrar, registrar e analisar dados qualitativos; e os recursos necessários para um estudo, como tempo, equipe e financiamento. Esse é um texto abrangente e criterioso, com o qual tanto pesquisadores qualitativos iniciantes quanto mais experientes podem aprender.

*N. de R.T. A *Coleção Pesquisa Qualitativa* foi traduzida e publicada no Brasil pela Artmed Editora em seis livros.

10

Métodos mistos

Como você escreveria uma seção de procedimento de métodos mistos para a sua proposta ou estudo? Até este ponto, consideramos os dados quantitativos e qualitativos coletados. Ainda não discutimos a "mistura" ou combinação das duas formas de dados em um estudo. Podemos começar com a suposição de que ambas as formas de dados fornecem diferentes tipos de informação (dados abertos no caso da qualitativa e dados fechados no caso da quantitativa). Se assumirmos, ainda, que cada tipo de coleta de dados tem limitações e pontos fortes, podemos considerar como os pontos fortes podem ser combinados para desenvolver uma compreensão mais sólida do problema ou das questões (e, também, superar as limitações de cada um). De certo modo, será obtida uma melhor percepção de um problema a partir da combinação ou integração dos dados quantitativos e qualitativos. Essa "combinação" ou integração dos dados, podemos argumentar, fornece uma compreensão mais sólida do problema ou questão do que cada uma isoladamente. A pesquisa de métodos mistos, portanto, está simplesmente "garimpando" mais os bancos de dados ao integrá-los. Essa ideia está na essência de uma nova metodologia denominada "pesquisa de métodos mistos".

A apresentação da natureza da pesquisa de métodos mistos e suas características essenciais é necessária para começar um bom procedimento de métodos mistos. Comece pela suposição de que métodos mistos é uma metodologia em pesquisa e que os leitores precisam ser instruídos quanto à intenção básica e definição do projeto, as razões para escolher o procedimento e o valor que ele agrega a um estudo. Depois disso decida sobre um projeto de métodos mistos a ser usado. Existem vários dentre os quais escolher; considere as diferentes possibilidades e decida qual é a melhor para seu estudo proposto. Com essa escolha em mãos, discuta a coleta dos dados, a análise dos dados e a interpretação dos dados, a discussão e os procedimentos de validação dentro do contexto do projeto. Finalmente, encerre com uma discussão das questões éticas potenciais que precisam ser previstas no estudo e sugira um esboço para a redação do estudo final. Todos esses são procedimentos de métodos-padrão, e estão estruturados neste capítulo quanto à sua aplicação para a pesquisa de métodos mistos. O Quadro 10.1 mostra uma lista de verificação dos procedimentos de métodos mistos abordados neste capítulo.

Componentes dos procedimentos de métodos mistos

A pesquisa de métodos mistos elaborou um conjunto de procedimentos que autores e desenvolvedores de uma proposta podem utilizar no planejamento de um estudo de métodos mistos. Em 2003, foi publicado o *Handbook of Mixed Methods in the Social and Behavior Sciences* (Tashakkori e Teddlie, 2003) (e posteriormente acrescentado em uma segunda edição, ver Tashakkori e Teddlie, 2010), apresentando uma visão geral abrangente dessa abordagem. Atualmente, várias revistas acadêmicas enfatizam a pesquisa de métodos mistos, como o *Journal of Mixed Methods Research, Quality and Quantity, Field Methods* e o *International Journal of Multiple Research Approaches*. Outros periódicos encorajam ativamente essa forma de investigação (p. ex., *International Journal of Social Research Methodology, Qualitative Health Research, Annals of Family Medicine*). Muitos estudos de

Quadro 10.1 Uma lista de questões para o planejamento de um procedimento de métodos mistos

________	Uma definição básica da pesquisa de métodos mistos é apresentada?
________	As razões (ou justificativa) para o uso concomitante das abordagens quantitativa e qualitativa em seu estudo são apresentadas?
________	O leitor tem uma percepção do uso potencial da pesquisa de métodos mistos?
________	São identificados os critérios para a escolha de uma estratégia de métodos mistos?
________	A abordagem de métodos mistos é identificada?
________	Um modelo visual (como um diagrama) que ilustre a estratégia de pesquisa é apresentado?
________	Os procedimentos de coleta e análise dos dados são mencionados a partir da forma como eles se relacionam com o projeto escolhido?
________	As estratégias de amostragem para a coleta de dados quantitativos e qualitativos para o projeto são mencionadas?
________	Há indicação no projeto de como os dado serão analisados?
________	Os procedimentos de validação para o projeto e para a pesquisa quantitativa e qualitativa são mencionados?
________	É mencionada a estrutura narrativa do estudo final ou dissertação ou tese, assim como sua relação com o tipo de abordagem de métodos mistos que está sendo utilizada?

pesquisa publicados têm incorporado a pesquisa de métodos mistos nas ciências sociais e humanas em diversos campos, como a terapia ocupacional (Lysack e Krefting, 1994), a comunicação interpessoal (Boneva, Kraut e Frohlich, 2001), a prevenção da aids (Janz et al., 1996), o cuidado da demência (Weitzman e Levkoff, 2000), a saúde ocupacional (Ames, Duke, Moore e Cunradi, 2009), a saúde mental (Rogers, Day, Randall e Bentall, 2003) e as ciências no ensino médio (Houtz, 1995). Novos livros são lançados a cada ano dedicados apenas à pesquisa de métodos mistos (Bryman, 2006; Creswell, 2015; Creswell e Plano Clark, 2018; Greene, 2007; Morse e Niehaus, 2009; Plano Clark e Creswell, 2008; Tashakkori e Teddlie, 1998, 2010; Teddlie e Tashakkori, 2009).

Descrição da pesquisa de métodos mistos

Como a pesquisa de métodos mistos ainda é de certa forma desconhecida nas ciências sociais e humanas, enquanto abordagem de pesquisa distinta, convém apresentar uma definição e descrição básica da abordagem em uma seção de método de uma proposta. Isso pode incluir o seguinte:

- *Uma definição.* Comece definindo métodos mistos. Relembre a definição apresentada no Capítulo 1. Os elementos nessa definição agora podem ser enumerados para que o leitor tenha um conjunto completo de características essenciais que descrevem os métodos mistos (ver uma perspectiva mais ampliada da definição de pesquisa de métodos mistos em Johnson, Onwuegbuzie e Turner, 2007):
    - Envolve a *coleta* de dados qualitativos (abertos) e quantitativos (fechados) em resposta às questões ou hipóteses da pesquisa.
    - Inclui os *métodos rigorosos* (i.e., coleta de dados, análise e interpretação dos dados) dos dados quantitativos e qualitativos.
    - As duas formas de dados estão *integradas* na análise da abordagem por meio da combinação dos dados, da explicação dos dados, da construção a partir de um banco de dados para

outro, ou da incorporação dos dados a uma estrutura maior.
  - Esses procedimentos são incorporados a um *projeto de métodos mistos* distinto que indica os procedimentos a serem utilizados em um estudo.
  - Esses procedimentos são frequentemente informados por uma filosofia (ou perspectiva) e uma teoria (ver Cap. 3).
- *Terminologia*. Explique que são usados muitos termos diferentes para essa abordagem, como *integração, síntese, métodos quantitativos e qualitativos, multimétodo, pesquisa mista* ou *metodologia mista*, mas que publicações recentes, como o SAGE *Handbook of Mixed Methods*, no *Social & Behavioral Sciences* e o *Journal of Mixed Methods Research*, da SAGE, tendem a usar o termo *métodos mistos* (Bryman, 2006; Creswell, 2015; Tashakkori e Teddlie, 2010).
- *Histórico da metodologia*. Apresente ao leitor os antecedentes dos métodos mistos revisando brevemente a história dessa abordagem de pesquisa. Ela pode ser vista como uma metodologia que se originou aproximadamente no fim da década de 1980 e início da década de 1990, em sua forma atual, baseada no trabalho de indivíduos em diversas áreas, como avaliação, educação, administração, sociologia e ciências da saúde. Passou por vários períodos de desenvolvimento e crescimento, e continua a evoluir, especialmente nos procedimentos. Diversos textos descrevem essas fases de desenvolvimento (p. ex., Creswell e Plano Clark, 2011, 2018; Teddlie e Tashakkori, 2009). Esta seção também pode incluir uma breve discussão sobre a importância ou o destaque dos métodos mistos atualmente por meio de indicadores como iniciativas de financiamento federal, dissertações e as discussões específicas da disciplina sobre métodos mistos encontradas em periódicos entre as ciências sociais e da saúde (ver Creswell, 2010, 2011, 2015).
- *Razões para escolher a pesquisa de métodos mistos*. Siga essa seção com declarações sobre o valor e a justificativa para a escolha de métodos mistos como abordagem para o seu projeto. Em um *nível geral*, a abordagem de métodos mistos é escolhida devido ao seu ponto forte de se apoiar tanto na pesquisa qualitativa quanto na quantitativa e minimizar as limitações das duas abordagens. Em um nível prático, o uso de métodos mistos proporciona uma abordagem de pesquisa sofisticada e complexa que é atraente para aqueles que estão na vanguarda dos novos procedimentos. Também pode ser uma abordagem ideal se o pesquisador tiver acesso tanto a dados quantitativos quanto qualitativos. Em um *nível procedural*, é uma estratégia útil obter uma compreensão mais completa dos problemas e questões da pesquisa, como os seguintes:
  - Comparando diferentes perspectivas baseado nos dados quantitativos e qualitativos.
  - Explicando os resultados quantitativos com a coleta de dados de *follow-up* e análise qualitativos.
  - Desenvolvendo instrumentos de medida mais contextualizados, primeiramente coletando e analisando os dados qualitativos e depois administrando os instrumentos a uma amostra.
  - Aumentando os experimentos ou ensaios incorporando as perspectivas dos indivíduos.
  - Desenvolvendo casos (i.e., organizações, unidades ou programas) ou documentando casos diversos para comparações.
  - Desenvolvendo um entendimento mais completo das mudanças necessárias para um grupo marginalizado por meio da combinação dos dados qualitativos e quantitativos.
  - Avaliando os processos e os resultados de um programa, de uma intervenção experimental ou de uma decisão política.
- Indique o tipo de *projeto de métodos mistos* que será usado no estudo e a justificativa para escolhê-lo. Uma discussão detalhada das principais estratégias

disponíveis será apresentada brevemente. Inclua uma figura ou diagrama desses procedimentos.

- *Desafios do projeto.* Observe os desafios que essa forma de pesquisa apresenta ao pesquisador. Eles incluem a necessidade de uma coleta de dados extensa, a natureza de tempo intensivo da análise dos dados qualitativos e quantitativos, e a exigência de que o pesquisador esteja familiarizado com as formas quantitativa e qualitativa de pesquisa. A complexidade do projeto também requer modelos visuais claros para entender os detalhes e o fluxo das atividades da pesquisa nesse projeto.

Tipos de projetos de métodos mistos

Há várias tipologias para classificar e identificar os tipos de estratégias de métodos mistos que os autores podem utilizar em seu estudo de métodos mistos proposto. Creswell e Plano Clark (2018) identificam diversos sistemas de classificação extraídos dos campos de avaliação, enfermagem, saúde pública, política educacional e pesquisa, e pesquisa social e comportamental. Nessas classificações, os autores utilizaram diversos termos para seus tipos de projetos, e existia uma quantidade substancial de justaposição dos tipos nas tipologias. Para os objetivos dessa discussão no campo dos métodos mistos, iremos identificar *três abordagens de métodos mistos essenciais* (como mostram as Figs. 10.1 e 10.2) – a abordagem convergente, a abordagem sequencial explanatória e a abordagem sequencial exploratória – e então mencionaremos brevemente abordagens mais complexas (i.e., a abordagem experimental de métodos mistos, a abordagem de estudo de caso de métodos mistos, a abordagem participativa-de justiça social de métodos mistos e a abordagem de avaliação de métodos mistos) nas quais as abordagens principais podem estar incluídas. Cada abordagem será discutida em termos de uma descrição do projeto, as formas de coleta dos dados e a análise e a integração dos dados, a interpretação e os desafios de validade.

Planejamento dos procedimentos de métodos mistos convergentes

- *Descrição do projeto.* O planejamento de métodos mistos convergentes é provavelmente o mais familiar das abordagens de métodos mistos essenciais e complexas. Os pesquisadores iniciantes em métodos mistos geralmente pensam primeiro nessa abordagem porque acreditam que o uso de métodos mistos consiste apenas da combinação dos dados quantitativos e qualitativos. Nessa abordagem, um pesquisador coleta tanto os dados quantitativos quanto os qualitativos, analisa-os separadamente e depois compara os resultados para ver se os achados confirmam ou refutam um ao outro (ver Fig. 10.1). A principal suposição dessa abordagem é que tanto os dados qualitativos quanto os quantitativos fornecem diferentes tipos de informação – frequentemente perspectivas detalhadas dos participantes qualitativamente, e as pontuações nos instrumentos quantitativamente – e juntos eles produzem resultados que devem ser semelhantes. Ela constrói o conceito histórico da ideia de multimétodo-multitraço de Campbell e Fiske (1959), que acreditavam que um traço psicológico pode ser mais bem entendido pela reunião de diferentes formas de dados. Embora a conceituação de Campbell e Fiske incluísse apenas dados quantitativos, os pesquisadores de métodos mistos ampliaram a ideia para incluir a coleta tanto de dados quantitativos quanto qualitativos.
- *Coleta de dados.* Os dados qualitativos podem assumir uma das formas discutidas no Capítulo 9, como entrevistas, observações, documentos e registros. Os dados quantitativos podem ser dados instrumentais, listas de verificação observacionais ou registros numéricos como dados de censo, conforme discutido no Capítulo 8. Idealmente, a ideia principal nesse projeto é coletar ambas as formas de dados usando as *mesmas ou paralelas variáveis, construtos ou conceitos.* Em outras palavras, se o conceito de autoestima está

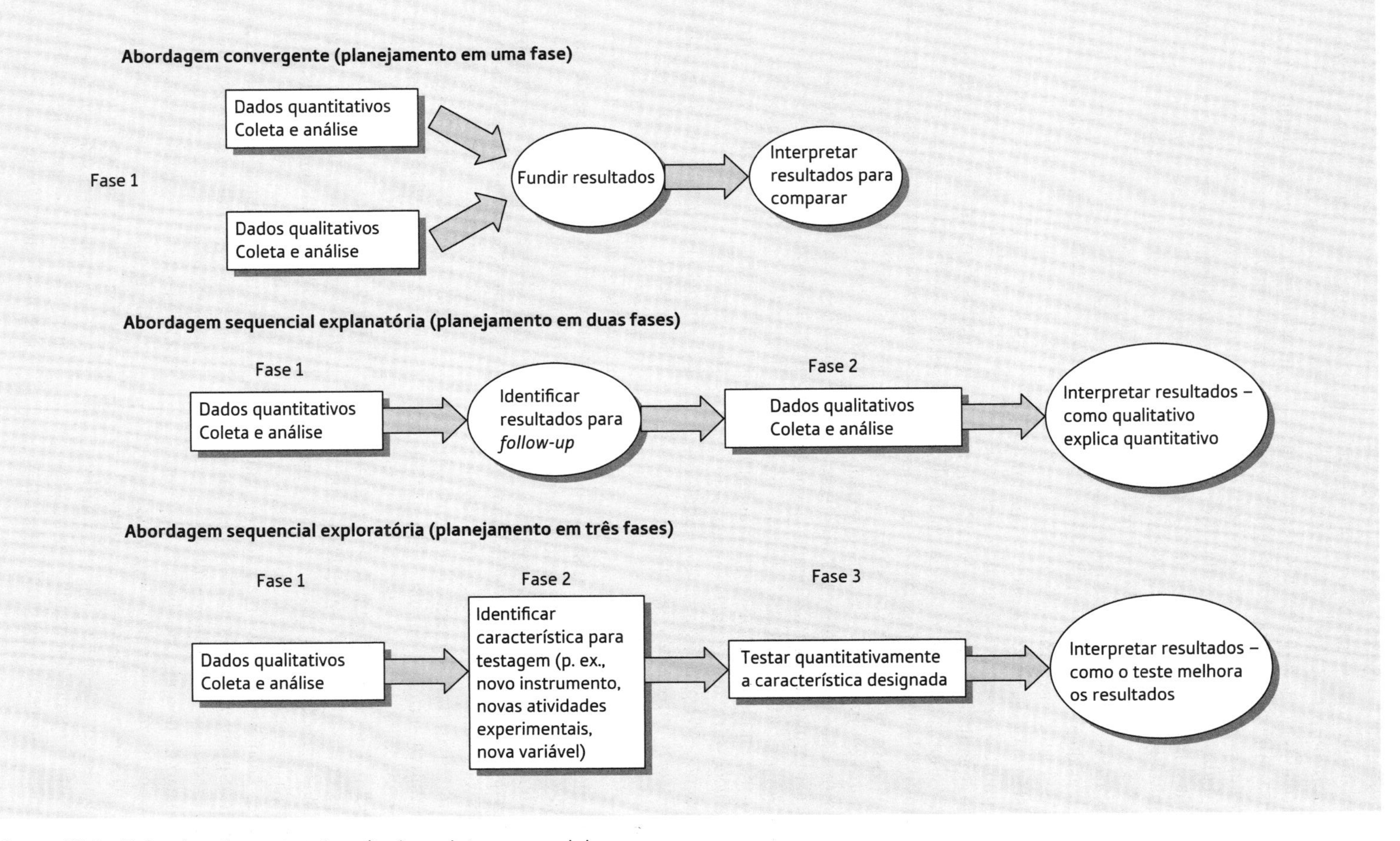

Figura 10.1 Três planejamentos de métodos mistos essenciais.

sendo medido durante a coleta dos dados quantitativos, o mesmo conceito é indagado durante o processo de coleta dos dados qualitativos, como em uma entrevista aberta. Alguns pesquisadores usarão essa abordagem para associar certos temas aos dados estatísticos usando diferentes formas de dados para a coleta dos dados quantitativos e qualitativos. Por exemplo, Shaw e colaboradores (2013) compararam as práticas de melhoria da qualidade em clínicas de medicina da família com as taxas de rastreio de câncer colorretal. Outra questão na coleta de dados é o tamanho da amostra para o processo de coleta dos dados qualitativos e quantitativos. Inquestionavelmente, os dados para a coleta dos dados qualitativos serão menores do que a coleta para os dados quantitativos. Isso se dá porque a intenção da coleta dos dados para os dados qualitativos é localizar e obter informações de uma pequena amostra, reunindo informações extensas dessa amostra; enquanto na pesquisa quantitativa é necessário um grande número de respondentes (*N*) para inferir resultados estatísticos significantes das amostras para uma população.

Como essa desigualdade é resolvida em um projeto de métodos mistos convergente? Algumas vezes os pesquisadores de métodos mistos irão coletar informações do mesmo número de indivíduos em ambos os bancos de dados, qualitativos e quantitativos. Isso significa que a amostra qualitativa será aumentada, e limitará a quantidade de dados coletados de um indivíduo. Outra abordagem seria pesar os casos qualitativos para que eles igualem o *N* no banco de dados quantitativos. Uma abordagem seguida por alguns pesquisadores de métodos mistos é não considerar um problema os tamanhos desiguais das amostras. Eles argumentariam que a intenção da pesquisa qualitativa e quantitativa é diferente (uma é obter uma perspectiva aprofundada e a outra generalizar para uma população) e que cada uma fornece um cômputo adequado. Outra questão na amostragem é se os indivíduos para a amostra dos participantes qualitativos também devem ser os indivíduos na amostra quantitativa. Habitualmente, os pesquisadores de métodos mistos incluiriam a amostra de participantes qualitativos na amostra quantitativa maior porque, em última análise, os pesquisadores fazem uma comparação entre os dois bancos de dados e quanto mais eles se assemelham, melhor é a comparação.

- *Análise e integração dos dados.* A análise dos dados em uma abordagem convergente consiste em três fases. Primeiro, analise o banco de dados qualitativos codificando os dados e dividindo os códigos em temas amplos. Em segundo lugar, analise o banco de dados quantitativos em termos dos resultados estatísticos. Em terceiro lugar, temos a análise dos dados de métodos mistos. Essa é a análise que consiste da integração dos dois bancos de dados. Essa integração consiste da fusão dos resultados de ambos os achados, qualitativos e quantitativos. Um desafio nessa abordagem é como realmente fundir os dois bancos de dados, uma vez que juntar um banco de dados quantitativos numéricos a um banco de dados qualitativos de texto não é intuitivo. Há várias maneiras de fundir os dois bancos de dados:
  - A primeira abordagem é denominada comparação lado a lado. Essas comparações podem ser vistas nas seções de discussão dos estudos de métodos mistos. O pesquisador irá primeiramente relatar os resultados estatísticos quantitativos e depois irá discutir os resultados qualitativos (p. ex., os temas) que confirmam ou refutam os resultados estatísticos. Alternativamente, o pesquisador pode começar com os resultados qualitativos e depois compará-los com os resultados quantitativos. Os escritores de métodos mistos chamam de abordagem lado a lado porque o pesquisador faz a comparação dentro de uma discussão, apresentando primeiro um conjunto de resultados e depois o outro. Um bom exemplo disso

pode ser visto no estudo de Classen e colaboradores (2007).

- Os pesquisadores também podem fundir os dois bancos de dados modificando ou transformando os códigos ou temas qualitativos e transformando-os em variáveis quantitativas, e então combinando os dois bancos de dados quantitativos – um procedimento em pesquisa de métodos mistos denominado transformação dos dados. O pesquisador toma os temas ou códigos qualitativos e realiza uma contagem deles (possivelmente agrupando-os) para formar medidas quantitativas. Alguns procedimentos úteis que os pesquisadores de métodos mistos têm usado podem ser encontrados em Onwuegbuzie e Leech (2006). Essa abordagem é popular entre os pesquisadores treinados em pesquisa quantitativa que podem não valorizar ou ver o valor de um banco de dados interpretativo qualitativo independente.
- Um procedimento final envolve a fusão das duas formas de dados em um quadro ou gráfico, isto é chamado de **apresentação conjunta** dos dados, e pode assumir muitas formas diferentes. Pode ser um quadro que abrange os temas no eixo horizontal e uma variável categórica (p. ex., diferentes tipos de profissionais da saúde como enfermeiros, médicos-assistentes* e médicos) no eixo vertical. Pode ser um quadro com questões ou conceitos-chave no eixo vertical e então duas colunas no eixo horizontal indicando as respostas qualitativas e as respostas quantitativas às questões ou conceitos-chave (Li, Marquart e Zercher, 2000). A ideia básica é que o pesquisador exiba de forma conjunta as duas formas de dados – efetivamente fundindo-as – em um único recurso visual e então faça uma interpretação da apresentação (ver Guetterman, Fetters e Creswell, 2015).

- *Interpretação.* A interpretação na abordagem convergente é habitualmente escrita em uma seção de discussão do estudo. Enquanto a seção de resultados relata os achados da análise dos bancos de dados quantitativos e qualitativos, a seção de discussão inclui uma discussão comparando os resultados dos dois bancos de dados e observa se existe convergência ou divergência entre as duas fontes de informação. Geralmente a comparação não resulta em uma situação nitidamente convergente ou divergente, e existem diferenças em alguns conceitos, temas ou escalas. Quando ocorre divergência, os passos para o *follow-up* precisam ser dados. O pesquisador pode indicar as divergências como uma limitação no estudo sem *follow-up* posterior. Essa abordagem representa uma solução fraca. Como alternativa, os pesquisadores de métodos mistos podem retornar à análise e explorar mais os bancos de dados, coletar informações adicionais para resolver as diferenças ou discutir os resultados de um dos bancos de dados como possivelmente limitados (p. ex., os construtos não eram válidos quantitativamente ou os temas qualitativos não combinavam com as questões abertas). Seja qual for a abordagem adotada pelo pesquisador, o ponto principal em um projeto convergente é discutir mais profundamente e sondar os resultados quando existirem resultados divergentes.
- *Validade.* A validade no uso da abordagem convergente deve estar baseada no estabelecimento da validade quantitativa (p. ex., construto) e da validade qualitativa (p. ex., triangulação) para cada banco de dados. Existe alguma forma especial de validade de métodos mistos que precisa ser abordada? Certamente há algumas ameaças potenciais à validade na utilização da abordagem convergente, e várias delas já foram mencionadas. Tamanhos desiguais das amostras proporcionam um quadro menor no lado qualitativo do que o *N* maior no lado quantitativo. Geralmente

*N. de R.T. *Physician assistants* (médico-assistente) é uma designação dos Estados Unidos. É equivalente ao clínico geral no Brasil. Quem presta os primeiros atendimentos.

encontramos a utilização de tamanhos de amostras desiguais em um estudo de abordagem convergente, com o pesquisador reconhecendo as diferentes perspectivas no tamanho assumidas pelos pesquisadores quantitativos e qualitativos. O uso de diferentes conceitos ou variáveis em ambos os lados, quantitativo e qualitativo, pode produzir resultados incomparáveis e difíceis de fundir. Nossa abordagem recomendada é usar os mesmos conceitos para ambas as vertentes quantitativa e qualitativa do estudo de pesquisa. Contudo, reconhecemos que alguns pesquisadores usam a abordagem convergente para associar diferentes conceitos qualitativos e quantitativos. A ausência de *follow-up* nas conclusões quando as pontuações e temas divergem também representa uma estratégia de investigação inválida. Nessa discussão recomendamos várias maneiras de sondar a divergência em mais detalhes e recomendaríamos o uso de uma ou mais dessas estratégias em um projeto de abordagem convergente.

Abordagem de métodos mistos sequenciais explanatórios

- *Descrição da abordagem.* A abordagem de métodos mistos sequenciais explanatórios é um projeto em métodos mistos que atrai indivíduos com uma forte origem quantitativa ou de áreas relativamente novas das abordagens qualitativas. Envolve um projeto para coleta dos dados em duas fases em que o pesquisador coleta dados quantitativos na primeira fase, analisa os resultados e depois usa os resultados para planejar a (ou se basear na) segunda fase qualitativa. Os resultados quantitativos geralmente informam os tipos de participantes a serem selecionados intencionalmente para a fase qualitativa e os tipos de perguntas que serão feitas aos participantes. A intenção geral dessa abordagem é que os dados qualitativos ajudem a explicar em mais detalhes os resultados quantitativos iniciais, por isso é importante conjugar ou conectar os resultados quantitativos à coleta dos dados qualitativos. Um procedimento típico pode envolver a coleta dos dados na primeira fase, a análise os dados e então o *follow-up* com entrevistas qualitativas para ajudar a explicar respostas confusas, contraditórias ou incomuns.
- *Coleta de dados.* A coleta dos dados prossegue em duas fases distintas com rigorosa amostragem quantitativa na primeira fase e com amostragem intencional na segunda fase qualitativa. Um desafio nessa estratégia é planejar adequadamente quais resultados quantitativos acompanhar e de quais participantes reunir dados qualitativos na segunda fase. A ideia principal é que a coleta dos dados qualitativos se baseia diretamente nos resultados quantitativos. Os resultados quantitativos que então são construídos podem ser casos extremos ou *outlier**, preditores significantes ou mesmo demografias. Por exemplo, ao utilizar a demografia, o pesquisador pode identificar na fase quantitativa inicial que indivíduos em diferentes níveis socioeconômicos respondem diferentemente às variáveis dependentes. Assim, o *follow-up* qualitativamente pode agrupar os respondentes à fase quantitativa em diferentes categorias e conduzir a coleta dos dados qualitativos com indivíduos que representam cada uma das categorias. Outro desafio é se a amostra qualitativa deve ser de indivíduos que estão na amostra quantitativa inicial. A resposta a essa pergunta deve ser que eles são os mesmos indivíduos, porque a intenção do projeto é fazer o seguimento dos resultados quantitativos e explorar os resultados em maior profundidade. A ideia de explicar o mecanismo – como as variáveis interagem – em maior profundidade por meio do *follow-up* qualitativo é um ponto forte importante dessa abordagem.

---

*N. de R.T. *Outlier*, termo em inglês, significa "fora da curva". Por exemplo, uma criança de 7 anos que tenha a altura de 1,80 m ou um respondente de uma escala de atitude (ou de Likert) que assinalou 1 em todos os itens.

- *Análise e integração dos dados.* Os bancos de dados quantitativos e qualitativos são analisados separadamente nessa abordagem. Depois disso, o pesquisador combina os dois bancos de dados por meio da integração denominada conexão dos resultados quantitativos à coleta dos dados qualitativos. Esse é o ponto de integração em uma abordagem sequencial explanatória. Assim, os resultados quantitativos são então usados para planejar o *follow-up* qualitativo. Uma área importante é que os resultados quantitativos podem não apenas informar o procedimento de amostragem, mas também podem indicar os tipos de questões qualitativas a serem formuladas aos participantes na segunda fase. Essas questões, como todas as boas questões de pesquisa qualitativa, são gerais e abertas. Como a análise prossegue independentemente para cada fase, essa abordagem é útil para a pesquisa de estudantes e talvez mais fácil de ser realizada (do que a abordagem convergente), porque um banco de dados explica o outro e a coleta dos dados pode ser espaçada com o tempo.
- *Interpretação.* O pesquisador de métodos mistos interpreta os resultados do *follow-up* em uma seção de discussão do estudo. Essa interpretação acompanha a forma do primeiro relato dos resultados quantitativos na primeira fase e depois dos resultados qualitativos na segunda fase. Entretanto, essa abordagem emprega uma terceira forma de interpretação: como os resultados qualitativos ajudam a explicar os resultados quantitativos. Um equívoco comum nesse ponto por parte de pesquisadores iniciantes é fundir os dois bancos de dados. Embora essa abordagem possa ser útil, a intenção do projeto é que os dados qualitativos ajudem a proporcionar maior profundidade e maior compreensão dos resultados quantitativos. Sendo assim, na seção de interpretação, depois que o pesquisador apresenta os resultados quantitativos gerais e então os qualitativos, deve-se seguir uma discussão que especifique como os resultados qualitativos ajudam a ampliar ou a explicar os resultados quantitativos. Como as questões do banco de dados qualitativos restringe o escopo das questões quantitativas, não é recomendada uma comparação direta dos resultados globais dos dois bancos de dados.
- *Validade.* Como com todos os estudos de métodos mistos, o pesquisador precisa estabelecer a validade dos resultados qualitativos. Na abordagem de métodos mistos sequenciais explanatórios, surgem preocupações adicionais com a validade. A precisão dos achados gerais pode ser comprometida porque o pesquisador não considera e pesa todas as opções para *follow-up* dos resultados quantitativos. Recomendamos que os pesquisadores considerem todas as opções para identificação dos resultados a serem acompanhados antes do estabelecimento de uma abordagem. A atenção pode focar somente na demografia pessoal e ignorar explicações importantes que precisam ser mais compreendidas. O pesquisador também pode contribuir na invalidação de resultados ao se basear em diferentes amostras para cada fase do estudo. Se os resultados quantitativos forem explicados em maior profundidade, então faz sentido selecionar a amostra qualitativa entre os indivíduos que participaram da amostra quantitativa. Isso maximiza a importância de uma fase explicando a outra. Esses são alguns desafios que precisam ser incluídos no processo de planejamento para um bom estudo de métodos mistos sequenciais explanatórios.

Abordagem de métodos mistos sequenciais exploratórios

- *Descrição da abordagem.* Se invertermos a abordagem sequencial explanatória e começamos pela fase qualitativa, seguida por uma fase quantitativa, teremos uma abordagem sequencial exploratória. Uma abordagem de métodos mistos sequenciais exploratórios de três fases é um projeto em que o pesquisador começa sua exploração com dados e análise qualitativa e então constrói uma característica a ser testada (p. ex., um novo instrumento de investigação, procedimentos experimentais, um *site* na internet ou novas variáveis) e testa essa característica em uma terceira fase quantitativa. Como a abordagem sequencial explanatória, a segunda característica se baseia nos resultados do banco de dados inicial. A intenção dessa abordagem é explorar com uma amostra primeiramente para que uma fase quantitativa posterior possa ser adaptada para atender às necessidades dos indivíduos que estão sendo estudados. Algumas vezes essa característica quantitativa incluirá o desenvolvimento de um instrumento de medida contextualmente sensível e então sua testagem em uma amostra. Outras vezes poderá envolver o desenvolvimento de novas variáveis não disponíveis na literatura ou afinadas com uma população específica que está sendo estudada, ou o planejamento de um *site* ou um aplicativo na internet moldado às necessidades dos indivíduos estudados. Essa abordagem é popular em pesquisa de saúde global quando, por exemplo, os investigadores precisam entender uma comunidade ou população antes de administrar instrumentos da língua inglesa.

Nessa abordagem, o pesquisador primeiramente coletaria dados do grupo focal, analisaria os resultados, desenvolveria um instrumento (ou outra característica quantitativa como um *site* na internet para testagem) e depois o administraria a uma amostra de uma população. Nesse caso, pode não haver instrumentos adequados para medir os conceitos com a amostra que o pesquisador deseja estudar. Em efeito, o pesquisador emprega um procedimento em três fases, com a primeira fase como exploratória, a segunda como um desenvolvimento do instrumento (ou característica quantitativa) e a terceira como administração e testagem da característica do instrumento para uma amostra de uma população.

- *Coleta de dados.* Nessa estratégia, a coleta dos dados ocorreria em dois pontos no planejamento: a coleta de dados qualitativos inicial e o teste da característica quantitativa na terceira fase do projeto. O desafio é como usar as informações da fase qualitativa inicial para construir ou identificar a característica quantitativa na segunda fase. Esse é o ponto de integração em uma abordagem sequencial exploratória.

Existem várias opções, e iremos usar a abordagem de desenvolvimento de um instrumento culturalmente sensível como ilustração. A análise dos dados qualitativos pode ser usada para desenvolver um instrumento com boas propriedades psicométricas (i.e., validade, confiabilidade). A análise dos dados qualitativos irá produzir citações, códigos e temas (ver Cap. 9). O desenvolvimento de um instrumento pode prosseguir com a utilização das citações para redigir itens para um instrumento, os códigos para desenvolver variáveis que agrupem os itens e temas que agrupem os códigos em escalas. Esse é um procedimento útil para partir da análise dos dados qualitativos e chegar ao desenvolvimento de uma escala (a característica quantitativa desenvolvida na segunda fase). O desenvolvimento de uma escala também precisa seguir bons procedimentos para o planejamento do instrumento, e os passos para isto incluem ideias como a discriminação dos itens, a construção de validade e estimativas de confiabilidade (ver DeVellis, 2012).

O desenvolvimento de um bom instrumento psicométrico que seja adequado à amostra e à população em estudo não é a única utilização dessa abordagem. O pesquisador pode analisar os dados qualitativos para desenvolver novas variáveis que podem não estar presentes na literatura, identificar os tipos de escalas que podem existir nos instrumentos atuais ou formar categorias de informação que serão mais exploradas em uma fase quantitativa. Surge a questão de se a amostra para a fase qualitativa é a mesma para a fase quantitativa. Isso não pode ocorrer porque a amostra qualitativa é geralmente muito menor do que uma amostra quantitativa necessária para fazer generalizações a partir de uma amostra para uma população. Algumas vezes os pesquisadores de métodos mistos usarão amostras inteiramente diferentes para os componentes qualitativos (primeira fase) e quantitativos (terceira fase) do estudo. No entanto, um bom procedimento é extrair as duas amostras da mesma população, mas certificar-se de que os indivíduos das amostras não sejam os mesmos. Ter indivíduos que ajudam a desenvolver um instrumento e então pesquisá-los na fase quantitativa introduziria fatores de confusão ao estudo.

- *Análise e integração dos dados.* Nessa estratégia o pesquisador analisa os dois bancos de dados separadamente e utiliza os resultados do banco de dados exploratório inicial para construir uma característica que possa ser analisada quantitativamente. Assim, a integração nessa abordagem envolve a utilização dos achados (ou resultados) qualitativos para informar o planejamento de uma fase quantitativa da pesquisa, como o desenvolvimento de um instrumento de medida ou novas variáveis. Isso significa que o pesquisador precisa prestar muita atenção aos passos da análise dos dados qualitativos e determinar em quais resultados deve se basear. Se, por exemplo, o pesquisador usar a teoria fundamentada (ver Cap. 9), o modelo teórico gerado pode fornecer um modelo a ser testado na segunda fase quantitativa. Um estudo de caso qualitativo pode resultar em diferentes casos que se tornam o foco de variáveis importantes na segunda fase quantitativa.
- *Interpretação.* Os pesquisadores interpretam os resultados de métodos mistos em uma seção de discussão de um estudo. A ordem da interpretação é primeiramente relatar os resultados qualitativos, o desenvolvimento ou planejamento da característica a ser testada (p. ex., o desenvolvimento de um instrumento, o desenvolvimento de novas medidas quantitativas) e então o teste quantitativo na fase final do estudo. Não faz sentido comparar os dois bancos de dados porque eles são habitualmente originados de amostras diferentes (como observado anteriormente na discussão da coleta dos dados) e a intenção da estratégia é determinar se os temas qualitativos na primeira fase podem ser generalizados para uma amostra maior.
- *Validade.* Os pesquisadores que usam essa estratégia precisam verificar a validade dos dados qualitativos, além da validade dos escores quantitativos. Entretanto, surgem preocupações especiais com a validade ao usar essas abordagens que precisam ser previstas pelo desenvolvedor da proposta ou do relatório dos métodos mistos. Uma preocupação é que o pesquisador pode não usar os passos apropriados para desenvolver um bom instrumento psicométrico. Desenvolver um bom instrumento não é fácil, e os passos adequados precisam ser levados em conta. Outra preocupação é que o pesquisador pode desenvolver um instrumento ou medidas que não aproveitam a riqueza dos resultados qualitativos. Isto ocorre quando os dados qualitativos não possuem rigor ou ocorrem simplesmente no nível do tema sem os passos adicionais de análise dos dados associados à utilização de um dos tipos de abordagem qualitativa, como etnografia, teoria fundamentada ou procedimentos de estudo de caso. Finalmente, como mencionado anteriormente, a amostra na fase qualitativa não deve ser incluída na fase quantitativa, pois isso introduzirá uma duplicação indevida das respostas. É melhor que a amostra dos participantes qualitativos forneça informações para o planejamento da escala, instrumento ou variável (ou *site* na internet), mas os mesmos indivíduos não devem completar os instrumentos de *follow-up*. Essa estratégia de amostragem, portanto, difere da estratégia de amostragem necessária para uma abordagem sequencial explanatória.

Diversas abordagens de métodos mistos complexos

Depois de trabalhar com essas três abordagens essenciais – convergente, sequencial explanatória e sequencial exploratória – que são o fundamento da boa pesquisa de métodos mistos, agora nos estendemos para incorporar mais abordagens que geralmente se adaptam a projetos complexos. Por "complexos" queremos dizer que as abordagens envolvem mais passos e procedimentos do que os incluídos nas três abordagens centrais. Essas abordagens de métodos mistos não são mais "avançadas". Elas simplesmente envolvem mais passos e incorporam as abordagens centrais aos "processos" de pesquisa. Chegamos a essa posição baseados em leituras fundamentais na literatura sobre métodos mistos que surgiram nos últimos anos. O primeiro passo envolvia isolar e pensar sobre os tipos de características mais complexas dentro das quais as abordagens principais poderiam estar inseridas.

Uma tipologia útil emergiu no trabalho de Plano Clark e Ivankova (2016). Seu livro foi útil na conceituação de muitos tipos de aplicações de abordagens complexas. Em um capítulo inteiro eles discutiram o cruzamento dos métodos mistos com outras abordagens para formar "aplicações avançadas" (p. 136). Eles recomendaram uma estrutura para considerar as possibilidades dessas aplicações complexas:

- *Cruzamento de um método secundário (métodos mistos) dentro de uma abordagem de pesquisa quantitativa ou qualitativa.* Uma *abordagem de pesquisa* é um conjunto de procedimentos formais para a coleta, análise e interpretação de dados como os encontrados em um experimento quantitativo ou estudo de caso qualitativo. Nessa estrutura, uma abordagem central de métodos mistos pode estar inserida como um método secundário (ou de apoio) dentro de uma abordagem primária quantitativa ou qualitativa. A forma típica dessa aplicação é incluir a coleta e análise dos dados qualitativos dentro de uma abordagem experimental ou de intervenção quantitativa.
- *Cruzamento de métodos mistos dentro de outra metodologia.* Uma *metodologia* é um conjunto de procedimentos que guiam a utilização da abordagem. Esses procedimentos existem na pesquisa em um nível mais prático do que a abordagem. Nessa estrutura, uma abordagem central de métodos mistos pode ser acrescentada a um estudo de caso, uma abordagem de avaliação, pesquisa de ação, análise da rede social, pesquisa longitudinal, metodologia Q*, fenomenologia ou teoria fundamentada.
- *Cruzamento de métodos mistos dentro de uma estrutura teórica.* Uma *estrutura teórica* apresenta um conjunto abstrato e formalizado de suposições para guiar a abordagem e conduzir a pesquisa. Nessa estrutura, uma abordagem central de métodos mistos pode ser cruzada com uma teoria estabelecida. Essa lente teórica pode ser aproveitada de perspectivas como a justiça social, feminismo, teoria crítica, envolvimento participativo ou outras estruturas conceituais que revelam as necessidades e o envolvimento de populações especiais e frequentemente requerem ação ou mudança.

Esses três tipos de abordagens complexas merecem atenção adicional porque muitos pesquisadores estão conduzindo avaliações, usando orientações teóricas como teorias de gênero ou desigualdade social, e conduzindo experimentos ou intervenções utilizando métodos mistos. Em nossa discussão dos métodos mistos, simplesmente precisamos justificar essas aplicações complexas e avaliar como as

*N. de R.T. A metodologia Q foi criada na década de 1930 para estudar a subjetividade. Para maiores detalhes, ver: Couto, M., Farate, C., Ramos, S., & Fleming, M. (2011). A metodologia Q nas ciências sociais e humanas: o resgate da subjectividade na investigação empírica. *Psicologia*, *25*(2), 07-21. Recuperado de http://www.scielo.mec.pt/scielo.php?script=sci_arttext&pid=S0874-20492011000200001&lng=pt&tlng=pt.

abordagens centrais podem ser incluídas dentro delas.

Outro avanço nas abordagens apareceu em Nastasi e Hitchcock (2016). Seu livro deu origem a várias ideias que agora incorporamos aos nossos planejamentos complexos. Eles sugeriram que ocorrem distintos "processos" em pesquisa nos quais tanto os dados quantitativos quanto os qualitativos podem ser usados em passos distintos no processo geral. Seu livro focou em duas ideias: a utilização de métodos mistos na avaliação de programas e sua utilização em ensaios experimentais, de intervenção. Também foi baseado pesadamente no estudo de métodos mistos de autores no Sri Lanka que abordou a saúde mental dos jovens, e desenvolveram os passos em seu processo de avaliação e, integrados a esses passos, o uso de dados qualitativos e quantitativos em múltiplas abordagens centrais. A partir do trabalho desses autores temos alguns exemplos práticos da incorporação de abordagens centrais aos procedimentos de uma avaliação e um ensaio experimental, de intervenção.

Especificamente, vemos a incorporação de abordagens centrais a processos maiores. Como em Creswell e Plano Clark (2018), abordamos brevemente quatro exemplos de abordagens complexas e então discutimos um modelo geral para integrar as abordagens centrais a esses processos:

- *Abordagem (intervenção) experimental de métodos mistos.* A **abordagem (intervenção) experimental de métodos mistos** envolve a coleta e análise dos dados quantitativos e qualitativos por parte do pesquisador, assim como a integração das informações dentro de um experimento ou ensaio de intervenção (ver Fig. 10.2). Essa abordagem agrega a coleta de dados qualitativos a um experimento ou intervenção de modo que as experiências pessoais dos participantes possam ser incluídas na pesquisa. Assim, os dados qualitativos se transformam numa fonte secundária de dados inserida na coleta de dados experimental pré e pós-teste. Isto requer que o pesquisador entenda os experimentos e seja capaz de planejá-los de uma maneira rigorosa (p. ex., um ensaio randomizado controlado). Como mostra a Figura 10.2, os pesquisadores adicionam os dados qualitativos ao experimento de diferentes maneiras; antes de começar o experimento, durante o experimento ou depois do experimento (Sandelowsi, 1996). As ideias básicas são acrescentar a abordagem sequencial exploratória central ao experimento para realizar a exploração antes de conduzir o experimento; acrescentar uma abordagem central convergente durante o experimento para avaliar as experiências dos participantes com a intervenção; ou incluir uma abordagem sequencial explanatória ao experimento depois do estudo para acompanhar os resultados experimentais. Os pontos em que a coleta dos dados qualitativos e os resultados se conectam com o experimento representam a integração no estudo de métodos mistos. Nessa abordagem é importante ser explícito sobre as razões para acrescentar os dados qualitativos. Enumeramos várias razões importantes na Figura 10.2. Essas listas são representativas dos exemplos de pesquisa de métodos mistos que encontramos na literatura. A coleta dos dados qualitativos pode ocorrer em um único ponto no tempo ou em múltiplos momentos, dependendo dos recursos disponíveis para o pesquisador. Esse tipo de utilização dos métodos mistos se tornou popular nas ciências da saúde.
- *Abordagem de estudo de caso.* A **abordagem de estudo de caso de métodos mistos** envolve o uso de uma ou mais abordagens centrais (i.e., convergente, sequencial explanatória, sequencial exploratória) dentro da estrutura de um planejamento de estudo de caso único ou múltiplo. A intenção desse plano é desenvolver ou gerar casos baseados nos resultados qualitativos e quantitativos e na sua integração. Descobrimos duas variantes básicas dessa abordagem. Uma delas é uma abordagem dedutiva em que os pesquisadores estabelecem os casos no início do estudo e documentam as diferenças

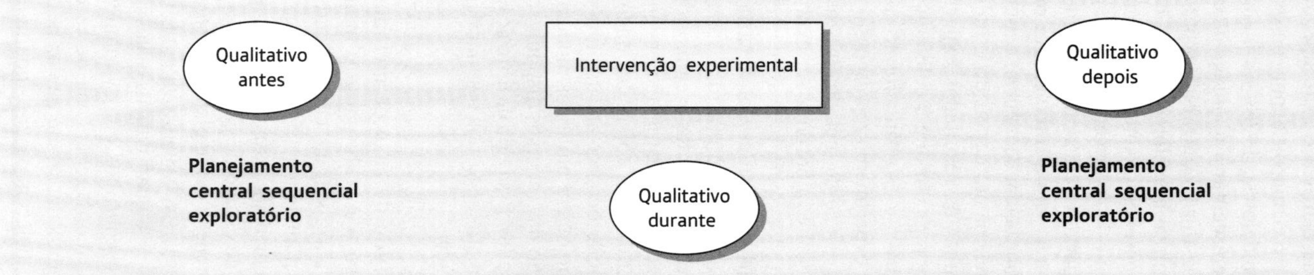

Figura 10.2 Planejamento de intervenção de métodos mistos.

Fonte: Adaptada de Sandelowski (1996).

nos casos por meio dos dados qualitativos e quantitativos. A segunda é uma abordagem mais indutiva em que o pesquisador coleta e analisa os dados quantitativos e qualitativos e então forma casos – frequentemente múltiplos casos – e depois faz comparações entre os casos. Independentemente da abordagem, o desafio é identificar os casos antes de iniciar o estudo ou gerar casos baseados nas evidências coletadas. Outro desafio é entender a pesquisa de estudo de caso (Stake, 1995; Yin, 2014) e efetivamente cruzar o plano de estudo de caso com o uso de métodos mistos. O tipo de estudo central integrado a essa abordagem pode variar, mas podemos encontrar boas ilustrações usando uma abordagem convergente (Shaw, Ohman-Strickland e Piasecki, 2013). Dentro dessa estrutura, o planejamento típico do estudo de caso misto é aquele em que os dois tipos de dados são reunidos concomitantemente em um estudo central convergente e os resultados são fundidos para examinar um caso e/ou comparar muitos casos. Esse tipo de estudo de caso de métodos mistos é mostrado na Figura 10.3. Nesse exemplo hipotético, o pesquisador reúne os dados quantitativos da pesquisa e os dados da entrevista qualitativa praticamente ao mesmo tempo. A análise dos dois bancos de dados produz resultados que podem ser fundidos para identificar casos específicos. Esses casos retratam os diferentes perfis encontrados nos bancos de dados, e podem ser comparados em uma comparação cruzada dos casos.

- *Abordagem participativa-de justiça social.* **A abordagem participativa-de justiça social de métodos mistos** é um estudo de métodos mistos em que o pesquisador acrescenta um plano central dentro de uma estrutura teórica ou conceitual participativa e/ou de justiça social (ver Fig. 10.4). A intenção desse projeto é dar voz aos participantes e colaborar com eles ao moldar a pesquisa e construir evidências a partir dos dados quantitativos e qualitativos. Como um projeto complexo, essas estruturas abrangem todo o estudo

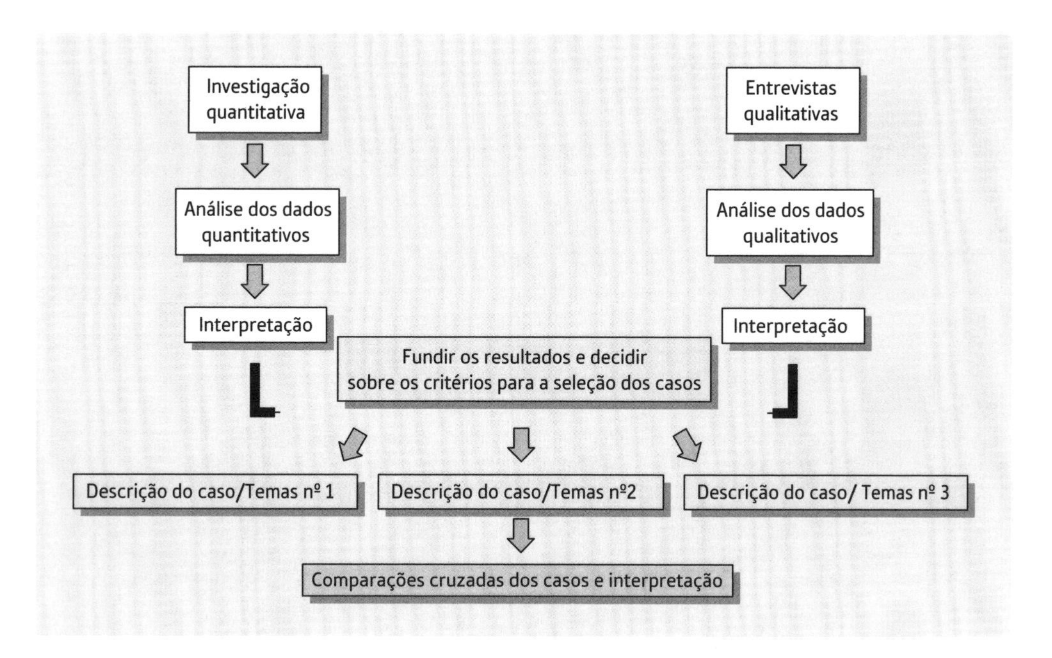

Figura 10.3 Abordagem de estudo de caso de métodos mistos.

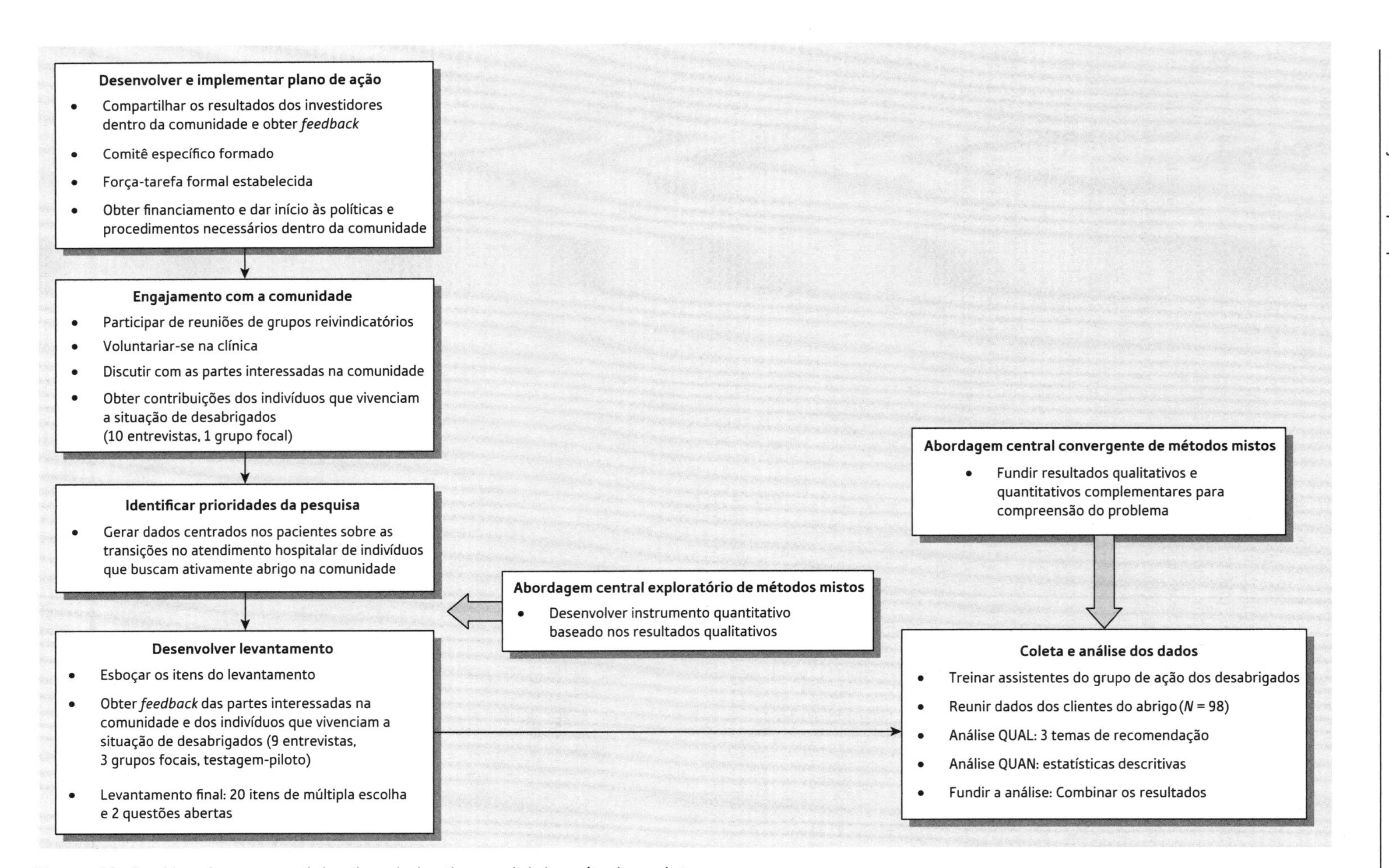

Figura 10. 4 Abordagem participativa-de justiça social de métodos mistos.

Fonte: Adaptada de Greysen e colaboradores (2012); apresentada em Creswell e Plano Clark (2018).

de métodos mistos. A estrutura pode ser, por exemplo, uma teoria feminista ou uma teoria racial. Também pode ser uma teoria participativa do envolvimento das partes interessadas em muitos aspectos do estudo de métodos mistos (Ivankova, 2015), embora possa ser discutido se a pesquisa-ação participativa existe em um estudo como uma estrutura conceitual ou como procedimentos metodológicos. Isso à parte, além de ver o forte posicionamento dessa teoria no estudo, também podemos identificar uma ou mais dessas abordagens centrais operando. Dentro de um estudo de métodos mistos feminista, por exemplo, podemos ver o fluxo da teoria atuado em muitos aspectos do projeto (p. ex., informando o problema, moldando as questões da pesquisa, destacando os resultados), além de uma abordagem central incorporada, tal como uma abordagem sequencial explanatória onde uma investigação inicial é seguida por entrevistas individuais. Na Figura 10.4, vemos esse tipo de abordagem central incluída em uma estrutura participativa -de justiça social. Esse é um estudo que discute a transição de indivíduos moradores de rua de um hospital para um abrigo (Greysen, 2012). O elemento que faz desse estudo uma pesquisa participativa é o envolvimento substancial do pessoal da comunidade em muitos aspectos do estudo. O que faz dele um projeto de métodos mistos é a coleta e a análise dos dados quantitativos e qualitativos. Como mostra a Figura 10.4, vemos que múltiplas abordagens centrais estavam incluídas no estudo. Uma abordagem central sequencial exploratória conectou a identificação das prioridades da pesquisa e o desenvolvimento de uma investigação. Assim, a coleta e a análise dos dados retrataram uma abordagem convergente com a combinação de temas e resultados estatísticos.

- *Abordagem de avaliação.* A **abordagem de avaliação de métodos mistos** consiste em um ou mais projetos centrais acrescentados aos passos em um procedimento de avaliação geralmente focado na avaliação do sucesso de uma intervenção, de um programa ou de uma política (ver Fig. 10.5). A intenção dessa abordagem é se engajar em um processo de pesquisa em que ambos os dados, quantitativos e qualitativos, e a sua integração, moldem um ou mais passos do processo. Essa abordagem complexa ilustra uma abordagem central dentro de outra metodologia. Essa abordagem é habitualmente usada na avaliação de programas, em que abordagens quantitativas e qualitativas são usadas ao longo do tempo para apoiar o desenvolvimento, a adaptação e a avaliação de programas, experimentos ou políticas. Com frequência encontramos muitas abordagens centrais ocorrendo em todos esses projetos. Por exemplo, os pesquisadores podem começar conduzindo um estudo qualitativo de avaliação das necessidades para entender o significado de tabagismo e saúde segundo a perspectiva dos adolescentes nessa comunidade. Utilizando esses resultados, os pesquisadores podem desenvolver um instrumento e avaliar quantitativamente a prevalência de diferentes atitudes na comunidade. Em uma terceira fase, os pesquisadores podem desenvolver um programa baseado no que aprenderam e então examinar tanto o processo quanto os resultados desse programa de intervenção. Ao longo dessas fases, os pesquisadores fariam uso de abordagens centrais exploratórias (fase 1 para fase 2), explanatórias (fase 2 para fase 3) e convergentes (fase 3).

  Examine a Figura 10.5. Esse planejamento de avaliação de métodos mistos foi usado em um estudo da saúde mental de jovens no Sri Lanka (Nastasi e Hitchcock, 2016). No círculo externo vemos os passos gerais no processo de avaliação. Dentro dos quadros no círculo também encontramos a combinação de pesquisa quantitativa e qualitativa. Em suma, examinando esses quadros dentro do círculo, vemos que os autores incorporaram múltiplas abordagens centrais em diferentes estágios no processo de avaliação. A figura também mostra dentro dos quadros as datas em que os dados foram coletados.

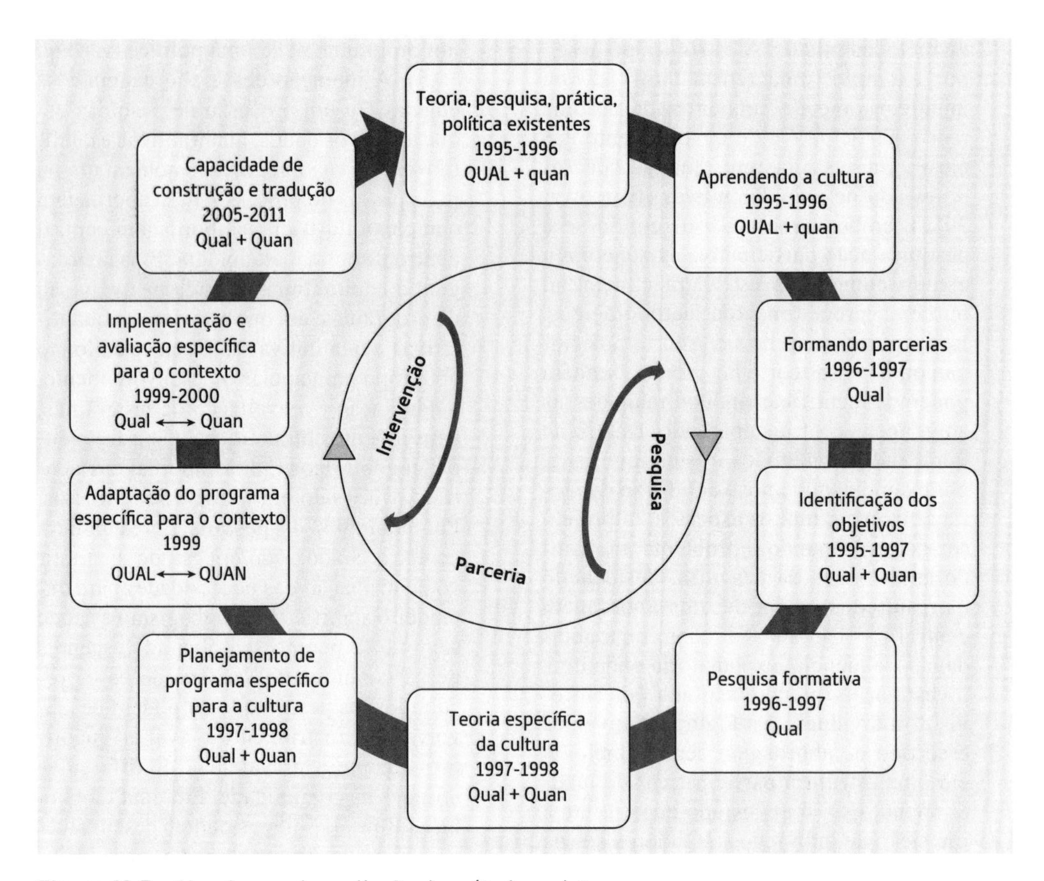

Figura 10.5 Abordagem de avaliação de métodos mistos.

Fonte: Nastasi e Hitchcock (2016). Reproduzida com autorização da SAGE Publishing.

Um procedimento para integrar abordagens centrais a abordagens complexas

No exemplo do planejamento de avaliação de métodos mistos na Figura 10.5, vemos que as abordagens centrais podem ser inseridas em um processo de avaliação. Ele fornece importantes dicas sobre como integrar abordagens centrais a procedimentos complexos como outras abordagens, teorias ou metodologias. Também mostra como desenhar um diagrama dos procedimentos de métodos mistos. Em nosso modo de pensar, é possível integrar as abordagens centrais a procedimentos mais complexos usando esses passos:

1. Identificar a coleta dos dados quantitativos e qualitativos em seu estudo. Mencionar se a fonte dos dados é fechada (quantitativa) ou aberta (qualitativa).
2. Desenhar um diagrama dos passos no procedimento. Esses passos (representados pelas caixas) podem ser as fases em um projeto experimental, a geração de casos ou as fases de uma avaliação.
3. Examinar os passos (caixas) e questionar em quais passos no procedimento você tem a oportunidade de coletar os dados quantitativos e qualitativos. Essa coleta dos dados, como visto no Capítulo 1,

representa uma característica definidora essencial da pesquisa de métodos mistos.

4. Nas caixas em que estiver coletando ambas as formas de dados, questionar mais sobre como os bancos de dados estão sendo conectados. Eles estão sendo fundidos (como em uma abordagem de métodos mistos convergentes) ou conectados (como em uma abordagem de métodos mistos sequenciais explanatórios ou uma abordagem de métodos mistos sequenciais exploratórios)?
5. Discutir os procedimentos da utilização de abordagens de métodos mistos centrais, prestando atenção a como os dados estão sendo integrados em cada passo.

Como está evidente em nossa discussão, acreditamos na confecção de diagramas dos procedimentos, sejam eles de abordagens centrais ou de abordagens mais complexas. Além de refletir sobre como desenhar esses diagramas, é possível considerar algumas das notações que emergiram na área da pesquisa de métodos mistos. A **notação de métodos mistos** fornece rótulos e símbolos que comunicam aspectos importantes da pesquisa de métodos mistos e fornecem um meio para os pesquisadores desse método comunicarem facilmente seus procedimentos (ver Quadro 10.2). Morse (1991) desenvolveu inicialmente a notação, recebendo contribuições de autores como Tashakkori e Teddlie (1998) e Plano Clark (2005) que sugerem o seguinte:

- QUAL e QUAN em letras maiúsculas indicam uma ênfase ou prioridade nos dados qualitativos ou quantitativos, na análise e interpretação no estudo. Em um estudo de métodos mistos, os dados qualitativos e quantitativos podem ser igualmente enfatizados, ou um pode ser mais enfatizado que o outro. As letras maiúsculas indicam que uma abordagem ou método é enfatizado. As letras minúsculas indicam menos prioridade ou ênfase no método.
- Quan e Qual representam *quantitativo* e *qualitativo*, respectivamente, e utilizam o mesmo número de letras para indicar igualdade entre as formas de dados.
- Um sinal de adição "+" indica uma integração convergente ou fundida de coleta de dados – com os dados quantitativos e qualitativos coletados ao mesmo tempo.
- Uma flecha → indica uma forma sequencial de coleta dos dados; uma forma (p. ex., os dados qualitativos) construída sobre ou conectada à outra (p. ex., os dados quantitativos).
- Parênteses () indicam que uma forma de coleta dos dados está inserida em outra ou inserida em uma abordagem maior.

Quadro 10.2 Notação usada em pesquisa de métodos mistos

Notação	O que ela indica	Exemplo	Citação estabelecendo a notação
Letras maiúsculas	Maior ênfase dada a um método	QUAN, QUAL	Morse (1991)
Letras minúsculas	Menor ênfase dada a um método	quan, qual	Morse (1991)
+	Métodos convergentes	QUAN + QUAL	Morse (1991)
→	Métodos sequenciais	QUAL → quan	Morse (1991)
( )	Inserido dentro de uma abordagem ou estrutura	QUAN (qual)	Plano Clark (2005)
→ ←	Recursivo	QUAL → ← QUAN	Nastasi et al. (2007)
[ ]	Estudo dentro de uma série	QUAL → [QUAN + qual]	Morse e Niehaus (2009)

- Flechas duplas → ← significam que o fluxo das atividades pode seguir nos dois sentidos.
- Também nas figuras vemos quadros que destacam componentes importantes da abordagem – como a coleta de dados ou a análise dos dados.

Fatores importantes na escolha de uma abordagem de métodos mistos

A escolha de uma abordagem de métodos mistos particular está baseada em vários fatores que se relacionam à intenção dos procedimentos além das considerações práticas. Começaremos com as razões procedurais para escolher uma estratégia de métodos mistos particular.

É preciso reconhecer que existem muitas variações em projetos de métodos mistos, e a abordagem particular que um pesquisador tem em mente pode não se adequar exatamente às abordagens especificadas aqui. Contudo, essas abordagens representam as características subjacentes comuns de muitos projetos e, com modificações, os pesquisadores podem encontrar sua própria estratégia. Para escolher uma abordagem para o seu projeto, considere os seguintes fatores:

- *Escolha baseada nos resultados esperados ou na intenção.* Anteriormente neste capítulo, examinamos as razões para escolher a pesquisa de métodos mistos. No Quadro 10.3, repetimos as razões, mas desta vez as associamos aos resultados esperados de um projeto de métodos mistos e ao tipo de estratégia de métodos mistos.

Quadro 10.3 Escolha de um projeto de métodos mistos, resultados esperados, tipo de abordagem

Razões para escolher métodos mistos	Resultados esperados	Abordagem de métodos mistos recomendado
Comparar diferentes perspectivas extraídas dos dados quantitativos e qualitativos	Fundir os dois bancos de dados para mostrar como os dados convergem ou divergem	Abordagem de métodos mistos convergentes
Explicar os resultados quantitativos com dados qualitativos	Uma compreensão mais profunda dos resultados quantitativos (frequentemente relevância cultural)	Abordagem de métodos mistos sequenciais explanatórios
Desenvolver melhores instrumentos de pesquisa	Um teste das melhores medidas para uma amostra de uma população	Abordagem de métodos mistos sequenciais exploratórios
Entender os resultados experimentais incorporando as perspectivas dos participantes	Uma compreensão das perspectivas dos participantes dentro do contexto de uma intervenção experimental	Experimental de métodos mistos (planejamento de intervenção)
Comparar um ou mais estudos de casos	Uma compreensão das diferenças e semelhanças entre vários casos	Abordagem de estudo de caso de métodos mistos
Desenvolver uma compreensão das mudanças necessárias para um grupo marginalizado	Um chamado para a ação	Abordagem de métodos mistos participativa-de justiça social
Entender a necessidade do impacto de um programa, intervenção ou política	Uma avaliação formativa e somativa	Abordagem de avaliação de métodos mistos

Essa lógica requer que o pesquisador determine o resultado previsto no final do estudo de métodos mistos e, então, o associe aos tipos. Esses resultados são, por sua vez, moldados pela intenção subjacente incluindo e integrando os dados quantitativos e qualitativos.

- *Escolha baseada na integração dos dados.* Para escolher uma estratégia de métodos mistos além da consideração dos resultados previstos, o pesquisador precisa considerar se a integração dos métodos mistos dos dois bancos de dados será *fundida* (abordagem de métodos mistos convergentes), *explicada* (abordagem sequencial explanatória), *construída* (abordagem sequencial exploratória) ou *incorporada* (as abordagens complexas). A fusão dos dados envolve a combinação dos dados quantitativos e qualitativos por meio dos procedimentos de uma comparação lado a lado, transformação dos dados ou uma exibição conjunta. Conectar os dados significa que a análise de um conjunto de dados é usada para conduzir até ou se basear no segundo conjunto de dados. Resumindo, a análise dos dados de um conjunto de dados informa a coleta dos dados do outro conjunto de dados. Na incorporação, um conjunto de dados – envolvendo dados quantitativos, qualitativos ou combinados – está incorporado a uma abordagem, uma teoria ou uma metodologia maior.

  Por exemplo, em uma abordagem convergente os dois são considerados independentes e a coleta e análise dos dados para cada banco de dados prosseguem separadamente. Em uma abordagem experimental incorporada, os dados qualitativos podem ser coletados independentemente do experimento e usados para apoiar ou ampliar o projeto maior, o experimento. Alternativamente, os dois bancos de dados podem ser conectados, sendo um construído sobre o outro. Esse é um tipo de abordagem sequencial (abordagem sequencial explanatória ou abordagem sequencial exploratória), e um banco de dados não permanece isolado do outro banco de dados. Nessas abordagens sequenciais, a coleta dos dados na segunda fase não pode ser conduzida até que os resultados da primeira fase estejam prontos. Em suma, a coleta de dados no *follow-up* se baseia diretamente nos resultados da coleta de dados inicial.
- *Escolha baseada na distribuição do tempo na coleta dos dados.* Um fator relacionado é a **distribuição do tempo na coleta dos dados de métodos mistos** – se os dois bancos de dados são coletados concomitantemente, praticamente ao mesmo tempo, ou um após o outro, sequencialmente. Uma estratégia convergente geralmente envolve a coleta dos dados concomitantemente, enquanto as estratégias sequencial explanatória e sequencial exploratória significam que os dados serão coletados em sequência. Algumas vezes esse critério é difícil de identificar em estudos de métodos mistos publicados, mas ele deve estar em mente na escolha de uma estratégia de métodos mistos. Em abordagens complexas, a distribuição do tempo pode variar e ser incluída em múltiplos pontos no tempo no projeto.
- *Escolha baseada na ênfase colocada em cada banco de dados.* Assim como o momento, a **ênfase colocada em cada banco de dados** na pesquisa de métodos mistos também é um tanto difícil de determinar e aplicar à questão da escolha. Um estudo de métodos mistos pode ilustrar uma ênfase (ou prioridade ou peso) igual em ambos os bancos de dados, ou uma ênfase desigual. Por exemplo, um projeto de métodos mistos pode enfatizar a fase qualitativa da pesquisa e dar atenção mínima à fase quantitativa. Como podemos identificar isso? Podemos olhar para o número de páginas em um estudo para determinar a ênfase, como o estudo começa (p. ex., com uma forte orientação para a teoria quantitativa ou histórias qualitativas pessoais), a profundidade e sofisticação atribuída à coleta e análise dos dados qualitativos e quantitativos, ou

mesmo o treinamento prévio do pesquisador. Como mencionado anteriormente na seção sobre notação, as letras maiúsculas podem ser usadas na notação para maior ênfase (p. ex., QUAN) e letras minúsculas para menor ênfase (p. ex., quan). A ênfase pode ajudar a determinar a escolha de uma estratégia de métodos mistos. Habitualmente, se o pesquisador procura enfatizar os dois bancos de dados, uma abordagem convergente será melhor. Por outro lado, se for buscada uma ênfase mais forte para a abordagem quantitativa, então uma estratégia sequencial explanatória é usada porque ela começou com o componente quantitativo do estudo. Se uma abordagem qualitativa deve ser enfatizada, então é escolhida uma estratégia sequencial exploratória. Estas não são diretrizes fixas, mas podem entrar em jogo na decisão global da escolha de uma estratégia.

- *Escolha baseada no tipo de abordagem mais adequada para uma área.* Em um nível prático, a escolha de uma estratégia depende da inclinação das áreas em direção a certas abordagens de métodos mistos. Para áreas quantitativamente orientadas, a abordagem sequencial explanatória parece funcionar bem porque o estudo começa (e talvez seja impulsionado) pela fase quantitativa da pesquisa. Em áreas orientadas qualitativamente, a abordagem sequencial exploratória pode ser mais atraente porque começa com uma exploração usando a pesquisa qualitativa. No entanto, nessa abordagem, um resultado pode ser um instrumento de medida que é testado de forma que o resultado, um resultado quantitativo, supera em importância como o estudo começou. Em algumas áreas, a escolha da abordagem pode depender da coleta eficiente dos dados, e isso argumenta a favor de um estudo de métodos mistos convergente em que tanto os dados quantitativos quanto os qualitativos geralmente são coletados praticamente ao mesmo tempo em vez de em diferentes momentos (requerendo mais visitas ao local da pesquisa).
- *Escolha baseada em um único pesquisador ou em uma equipe.* Uma razão prática final para uma escolha de uma estratégia depende de se um único pesquisador (p. ex., um aluno de pós-graduação) conduz o estudo ou uma equipe de pesquisadores (p. ex., investigação financiada de longa duração). Se o investigador é um único pesquisador, as estratégias sequenciais de uma abordagem sequencial explanatória ou sequencial exploratória são melhores porque a investigação pode ser dividida em duas tarefas administráveis em vez da coleta de múltiplos dados e procedimentos de análise. O estudo pode ser projetado para um período em vez da coleta de múltiplas formas de dados ao mesmo tampo, como em uma abordagem convergente. Quando o tempo é um problema, encorajamos os alunos a pensar em uma abordagem convergente. Nessa abordagem, ambas as formas de dados são reunidas praticamente ao mesmo tempo, e não requer visitas repetidas ao campo para coletar os dados. As abordagens complexas são adequadas para uma equipe de pesquisadores que auxiliam nas múltiplas fases da pesquisa e para projetos bem financiados que se desenvolvem por vários anos.

Recomendamos que os alunos encontrem um artigo de periódico publicado sobre métodos mistos que utilize a sua abordagem e o apresente aos consultores e comitês de docentes para que tenham um modelo funcional a fim de entender a abordagem. Como estamos no estágio inicial da adoção da pesquisa de métodos mistos em muitas áreas, um exemplo de pesquisa publicado em uma área irá ajudar a criar legitimidade para a pesquisa de métodos mistos e a ideia de que ela é uma abordagem de pesquisa viável para os comitês de pós-graduação ou outros públicos. Se uma equipe de pesquisa estiver conduzindo um estudo, são possíveis múltiplas formas de coleta dos dados ao mesmo tempo ou por um longo período de tempo, como em um projeto incorporado ou multifase. Embora um único pesquisador possa conduzir um estudo participativo-de justiça social, a natureza trabalhosa da coleta de dados no campo envolvendo os participantes como colaboradores geralmente sugere mais uma abordagem em equipe do que uma investigação feita por um único pesquisador.

Exemplos de procedimentos de métodos mistos

Os Exemplos 10.1-10.4 ilustram estudos de métodos mistos que usam estratégias e procedimentos tanto sequenciais quanto convergentes.

Essa descrição de objetivo identificou a utilização de dados quantitativos (i.e., um conjunto de dados nacionais sobre acidentes de carro) e qualitativos (i.e., as perspectivas das partes interessadas). A partir de uma das questões de pesquisa no estudo, ficamos sabendo que os autores compararam as perspectivas, as necessidades e os objetivos qualitativos das partes interessadas quanto a uma condução segura e insegura com os resultados quantitativos dos fatores que influenciaram as lesões causadas no trânsito. Assim, o *resultado esperado* era comparar os achados. A seção do método comentou sobre o conjunto de dados quantitativos nacionais, a análise estatística desse conjunto de dados e então o conjunto de dados qualitativos e a sua análise. Embora não declarado explicitamente, os dados foram usados *em conjunto* para formar os resultados, e não usados para que um banco de dados fosse construído sobre o outro, e a *distribuição do tempo* foi examinar os dois bancos de dados concomitantemente. Um diagrama ilustrou os procedimentos envolvidos na coleta e análise das informações. Uma seção com os resultados relatou primeiramente os resultados quantitativos e depois os resultados qualitativos. Foi dada maior *ênfase* aos resultados quantitativos, levando à conclusão de que esse estudo favoreceu a pesquisa quantitativa. No entanto, os relatórios sobre os resultados dos dois bancos de dados foram seguidos de uma análise dos principais achados na qual os resultados foram comparados com os resultados apoiadores e não apoiadores. Na discussão desta seção, os pesquisadores fundiram os dois bancos de dados em uma comparação lado a lado. Examinando de modo mais abrangente o tópico e os autores, vimos que a ênfase quantitativa provavelmente seria mais aceita no campo da terapia ocupacional do que na pesquisa qualitativa. Além disso, um exame da biografia dos autores mostrou que esse estudo de métodos mistos foi realizado por uma *equipe de pesquisadores* cujos indivíduos possuem *expertise* quantitativa e qualitativa.

Como sugerido por essa descrição, o *resultado esperado* desse estudo foi projetado para ser um quadro detalhado da resiliência e das perspectivas pessoais dos sobreviventes

Exemplo 10.1 Um estudo convergente paralelo de métodos mistos

Classen e colaboradores (2007) estudaram a segurança de motoristas idosos com o objetivo de desenvolver uma intervenção para a promoção da saúde baseada em fatores modificáveis que influenciam acidentes de trânsito com motoristas idosos (a partir de 65 anos). Este foi um bom exemplo de um estudo convergente de métodos mistos. O objetivo central do estudo foi identificado no resumo:

> Este estudo forneceu uma perspectiva socioecológica explicando a inter-relação dos possíveis fatores, uma síntese integrada desses fatores causativos e diretrizes empíricas para o desenvolvimento de intervenções de saúde pública para promover a segurança de motoristas idosos. Utilizando uma abordagem de métodos mistos, pudemos comparar e integrar os resultados principais de um banco de dados nacional sobre acidentes de carro com as perspectivas das partes interessadas (p. 677)

Exemplo 10.2 Um estudo sequencial explanatório de métodos mistos

Em 2007, Banyard e Williams conduziram um estudo sequencial explanatório de métodos mistos de como as mulheres se recuperam de abuso sexual na infância. O componente quantitativo do estudo consistiu de entrevistas estruturadas (com 136 meninas em 1990 e um subgrupo de 61 meninas em 1997) examinando a resiliência e correlatos de resiliência ao longo do tempo durante 7 anos do início da idade adulta. O aspecto qualitativo consistiu de entrevistas com um subgrupo de 21 meninas acerca dos seus eventos na vida, enfrentamentos, recuperação e resiliência. A intenção do estudo de métodos misto foi usar as entrevistas qualitativas para "explorar e dar sentido" aos resultados quantitativos (p. 277).

Esta era a descrição do objetivo:

> Múltiplos métodos são usados para examinar aspectos de resiliência e recuperação nas vidas de mulheres sobreviventes de abuso sexual na infância (CSA) ao longo de 7 anos no início da vida adulta. Foram examinadas as primeiras mudanças quantitativas nas medidas da resiliência ao longo do tempo. Em que medida as mulheres permanecem as mesmas, ou reduzem seu funcionamento em uma variedade de esferas ao longo de 7 anos durante o início da vida adulta? Em seguida, foi examinado o papel da retraumatização como um impedimento para a resiliência permanente e correlatos do crescimento ou bem-estar aumentado ao longo do tempo. Finalmente, como os processos resilientes na idade adulta não têm sido foco de muitas pesquisas e requerem maior descrição, os dados qualitativos de um subgrupo de participantes foram usados para examinar as próprias narrativas das sobreviventes sobre a recuperação e cura para aprender sobre aspectos-chave da resiliência nas próprias palavras das mulheres. (p. 278)

segundo o que foi constatado por meio dos dados qualitativos. Além disso, os autores pretendiam sondar os resultados quantitativos para explicá-los em mais detalhes por meio dos dados qualitativos. Com essa intenção, o estudo foi configurado como uma abordagem sequencial, com *os dois bancos de dados conectados* e um construído sobre o outro. Com essa abordagem, a *distribuição do tempo* ilustrou a coleta dos dados qualitativos seguida dos resultados quantitativos. Foi difícil discernir se esse estudo colocou maior *ênfase* no componente quantitativo ou qualitativo do projeto. O projeto começou com uma fase longitudinal quantitativa com extensas discussões das medidas usadas para reunir os dados. Os autores detalharam os resultados quantitativos. No entanto, os resultados qualitativos ilustraram muitos temas que emergiram das entrevistas com as mulheres. Esses temas indicaram novas questões que ajudaram a desenvolver o conceito de resiliência, como os pontos de virada nas vidas das mulheres, a natureza permanente da recuperação e o papel da espiritualidade na recuperação. O estudo foi conduzido por uma *equipe* de pesquisadores das áreas da psicologia e da justiça criminal, apoiados pelo National Institutes of Health (NIH).

Nesse estudo de métodos mistos, o *resultado esperado* foi claramente desenvolver boas medidas psicométricas e então usá-las como resultados em um projeto experimental. A utilização de dados qualitativos para desenvolver hipóteses que poderiam ser testadas a partir do uso da intervenção no experimento também configurou um resultado esperado. A fase inicial de coleta dos dados qualitativos estava *conectada* às subsequentes medidas quantitativas e sua rigorosa testagem para as pontuações em validade e confiabilidade. Todo o projeto foi *programado* para que a fase quantitativa seguisse a fase qualitativa, e a fase quantitativa pode ser declarada como o

Exemplo 10.3 Um estudo sequencial exploratório de métodos mistos

Um bom exemplo de um estudo sequencial exploratório com um resultado de teste experimental é encontrado em Betancourt e colaboradores (2011). Este estudo usou a pesquisa de métodos mistos para adaptar e avaliar uma intervenção de fortalecimento familiar em Ruanda. Os pesquisadores procuraram examinar os problemas de saúde mental que enfrentavam as crianças afetadas pelo HIV em Ruanda. Em primeiro lugar, eles começaram com uma fase exploratória qualitativa de entrevistas com as crianças e seus cuidadores. A partir de uma análise temática qualitativa dos dados, realizaram uma extensa revisão da literatura para localizar medidas padronizadas que se adequassem aos seus resultados qualitativos. Eles encontraram algumas medidas e acrescentaram algumas novas para desenvolver um instrumento de pesquisa. Esse instrumento foi submetido a vários refinamentos seguindo rigorosos procedimentos de desenvolvimento de escalas para instrumentos (p. ex., traduções reversas e prospectivas, uma discussão dos itens, da confiabilidade e da validade) para desenvolver boa validade do construto para as medidas. Essas medidas (p. ex., comunicação familiar, boa parentalidade e outras) então se transformaram nas avaliações pré-teste e pós-teste em um estudo (intervenção) experimental. Para a intervenção no estudo, os pesquisadores foram direcionados para um programa de prevenção baseado nos pontos fortes e na família que hipoteticamente estava relacionado às medidas. O passo final no processo de métodos mistos foi utilizar as medidas validadas dentro de um programa que caracterizava o programa de prevenção. Em vários pontos neste estudo, os pesquisadores também colaboraram com as partes interessadas para ajudar a desenvolver boas medidas. Assim, este estudo ilustrou um bom projeto complexo de métodos mistos com uma fase inicial qualitativa, uma fase de desenvolvimento de um instrumento e uma fase experimental. Ele mostra como uma exploração inicial qualitativa pode ser usada para apoiar uma fase de teste quantitativa posterior. Eles descreveram o objetivo do estudo da seguinte forma:

> No processo multipassos usado nesta pesquisa de serviços de saúde mental, visamos (1) revelar cuidadosamente os indicadores localmente relevantes de problemas de saúde mental e os recursos protetivos usando métodos qualitativos; (2) aplicar os resultados qualitativos para adaptação das medidas de saúde mental e o desenvolvimento de uma intervenção localmente informada; (3) validar as medidas de saúde mental selecionadas; e (4) aplicar as medidas à rigorosa pesquisa de avaliação sobre a eficácia da intervenção escolhida por meio do processo de métodos mistos. (p. 34)

desenvolvimento das medidas (e da investigação) e o estudo da intervenção experimental. Se fôssemos fazer um diagrama desse projeto, ele seria qual → QUAN → QUAN. Como mostra essa notação, a *ênfase* no projeto favoreceu a pesquisa quantitativa, e o projeto pode ser visto como apontando para o teste da intervenção no programa no final do artigo. Reconhecendo que os pesquisadores eram provenientes da saúde pública, uma organização chamada Partners in Health, e de um hospital infantil, a forte orientação quantitativa do projeto faz sentido. De um modo geral, esse estudo de métodos mistos ilustrou a abordagem sequencial exploratória central e também a abordagem experimental incorporada mais avançada com um foco sequencial. Para conduzir um projeto complexo, o estudo envolveu uma *equipe* de pesquisadores nos Estados Unidos e em Ruanda.

Assim, nesse estudo de métodos mistos, o *resultado esperado* para o estudo era ajudar a explicar os resultados iniciais da investigação em maior profundidade com os dados da entrevista qualitativa. Somada a isso estaria a perspectiva transformativa de buscar fornecer

Exemplo 10.4 Um estudo de justiça social

O exemplo final é de um estudo feminista usando um estudo explanatório sequencial de justiça social de métodos mistos feito por Hodgkin (2008). Este estudo investigou o conceito de capital social para homens e mulheres nos lares de uma cidade de província na Austrália. O capital social descrevia as normas e redes que possibilitavam que as pessoas trabalhassem juntas coletivamente para abordar e resolver problemas em comum (p. ex., por meio de atividades sociais, na comunidade e a participação cívica). A abordagem básica de métodos mistos era um projeto sequencial explanatório com uma investigação inicial, uma fase quantitativa, seguida por uma entrevista, a fase qualitativa. Conforme dito pela autora: "o estudo colaborativo elaborou e aprimorou alguns dos resultados do estudo quantitativo" (p. 301). Além disso, a autora declarou que aquele era um projeto de métodos mistos feminista. Isto significa que Hodgkin usou uma estrutura feminista (ver Cap. 3) para envolver todo o projeto de métodos mistos. Ela também se referiu ao paradigma da pesquisa transformadora de Mertens (2007) que deu voz às mulheres, utilizou uma gama de métodos para a coleta dos dados e fez uma ligação entre as formas de conhecimento subjetiva e objetiva (ver a discussão sobre epistemologia no Cap. 3). O propósito do estudo era este:

> A autora irá fornecer exemplos dos dados quantitativos para demonstrar a existência de diferentes perfis de capital social para homens e mulheres. As histórias também serão apresentadas para oferecer um quadro da desigualdade e expectativa de gênero. A autora concluirá argumentando que apesar da relutância por parte de feministas em adotar métodos quantitativos, o panorama geral acompanhado pela história pessoal pode trazer profundidade e consistência ao estudo. (p.297)

um quadro da desigualdade e expectativas de gênero. Os bancos de dados foram usados *sequencialmente* com as entrevistas qualitativas seguindo e expandindo as investigações quantitativas. Embora os inquéritos tenham sido enviados tanto para homens quanto para mulheres nas residências (N = 1.431), as entrevistas incluíram apenas as mulheres na amostra da pesquisa (N = 12). As mulheres entrevistadas eram de diferentes idades, variavam em termos das suas atividades profissionais (dentro e fora de casa), eram mães e variavam em seu nível de escolaridade. A *distribuição do tempo* para a coleta dos dados foi em duas fases, com as entrevistas qualitativas na segunda fase baseadas nos resultados dos levantamentos quantitativos da primeira fase. De fato, os dados do levantamento indicaram que homens e mulheres diferiam em termos do seu nível de participação social em grupos e na participação grupal na comunidade. A *ênfase* nesse estudo pareceu ser igual entre os componentes quantitativos e qualitativos, e claramente a *única autora* do estudo procurou fornecer um bom exemplo da pesquisa de métodos mistos que usava uma estrutura feminista.

Como foi usada essa estrutura? A autora anunciou no início do estudo que "o objetivo desse artigo é demonstrar a utilização de métodos mistos na pesquisa feminista" (p. 296). Em seguida a autora discutiu a carência de pesquisas qualitativas nos estudos empíricos do capital social e observou a noção de classe média branca da comunidade que dominava as discussões de capital social. Além disso, a autora falou sobre o levante das vozes daquelas desfavorecidas pelo gênero e se engajou em um estudo que inicialmente apontou as diferenças de gênero na participação social, comunitária e cívica de homens e mulheres, e então focou em um *follow-up* qualitativo somente sobre as mulheres para entender mais profundamente seu papel. Os resultados qualitativos então se direcionaram para temas que influenciam a participação das mulheres, como querer ser uma "boa mãe", querer evitar o isolamento e querer ser uma boa cidadã. Um resumo dos resultados qualitativos indica especificamente como os dados qualitativos ajudaram a aprimorar os achados dos resultados iniciais da pesquisa. Ao contrário de muitos estudos feministas de métodos mistos, a conclusão não indicou um forte chamado de ação para mudança da desigualdade. Apenas mencionou de passagem que o estudo de métodos mistos proporcionou uma voz mais potente para a desigualdade de gênero.

Resumo

Ao planejar os procedimentos para uma discussão de métodos mistos, comece definindo a pesquisa de métodos mistos e suas características principais, mencionando brevemente sua evolução histórica; discuta sua abordagem de métodos mistos escolhida; e assinale os desafios na utilização da abordagem. Apresente um diagrama dos seus procedimentos que inclua uma boa notação para ajudar o leitor a entender o fluxo das atividades. Enquanto discute a sua abordagem, apresente os elementos que fazem parte dela, como os procedimentos usados em um estudo paralelo convergente, sequencial explanatório ou sequencial exploratório de métodos mistos. Também pondere se você irá sobrepor seu projeto a um procedimento mais complexo que inclua os dados dentro de um projeto, uma estrutura ou uma metodologia mais abrangente. Por fim, considere os fatores que influem na sua escolha de uma abordagem de métodos mistos. Eles envolvem a consideração da intenção do projeto, que resultados você espera do estudo, a integração dos bancos de dados, sua distribuição de tempo, a ênfase colocada em cada banco de dados, a escolha da abordagem que se adapta à sua área e a condução do projeto, por você mesmo ou por uma equipe de pesquisadores.

Exercícios de escrita

1. Planeje um estudo qualitativo e quantitativo combinado que empregue duas fases sequencialmente. Discuta e apresente justificativas para as fases estarem na sequência que você propõe.

2. Planeje um estudo qualitativo e quantitativo combinado que dê maior ênfase à coleta de dados qualitativos e menor prioridade à coleta de dados quantitativos. Discuta a abordagem que será utilizada escrevendo na introdução a descrição de objetivo, as questões de pesquisa e as formas específicas de coleta de dados.

3. Desenvolva uma figura e os procedimentos específicos que ilustram o uso de uma lente teórica, como, por exemplo, uma perspectiva feminista. Use os procedimentos de um planejamento explanatório ou exploratório para conduzir o estudo. Use a notação apropriada na figura.

Leituras complementares

Creswell, J. W. & Plano Clark, V. L. (2018). ***Designing and conducting mi- xed methods research*** **(3rd ed.). Thousand Oaks, CA: Sage.**

John Creswell e Vicki Plano Clark apresentam dois capítulos sobre planejamentos de pesquisa de métodos mistos. O Capítulo 3 discute os três planejamentos de métodos mistos principais: planejamentos de métodos mistos convergentes, planejamentos de métodos mistos sequenciais explanatórios e planejamentos de métodos mistos sequenciais exploratórios. O Capítulo 4 apresenta os quatro exemplos de abordagens complexas: abordagem de intervenção de métodos mistos, abordagem de estudos de caso de métodos mistos, abordagem retraumatização de justiça social de métodos mistos e abordagem de avaliação de métodos mistos. Os autores apresentam exemplos e diagramas de cada tipo de abordagem e detalham características importantes, como suas características integrativas.

Greene, J. C., Caracelli, V. J. & Graham, W. F. (1989). Toward a conceptual framework for mixed-method evaluation designs. ***Educational Evaluation and Policy Analysis*****, 11(3), p. 255-274.**

Jennifer Greene e colaboradores realizaram uma análise de 57 estudos de avaliação de métodos mistos relatados de 1980 a 1988. A partir dessa análise, desenvolveram cinco diferentes objetivos de métodos mistos e sete características de projeto. Descobriram que os objetivos dos estudos de métodos mistos baseiam-se em buscar convergência (triangulação), examinando as diferentes facetas de um fenômeno (complementaridade), utilizando os métodos sequencialmente (desenvolvimento), descobrindo paradoxos e perspectivas novas (iniciação) e adicionando amplitude e escopo a um projeto (expansão). Também descobriram que os estudos variavam em termos das suposições, dos pontos fortes e das limitações do método, e se tratavam de diferentes fenômenos ou do mesmo fenômeno; se eram implementados dentro dos mesmos ou de diferentes paradigmas; se recebiam peso igual ou diferente no estudo; e se eram implementados de maneira independente, concomitante ou sequencial. Utilizando os objetivos e as características do projeto, os autores recomendaram vários projetos de métodos mistos.

Morse, J. M (1991). Approaches to qualitative-quantitative methodological triangulation. ***Nursing Research*****, 40 (1), p. 120-123.**

Janice Morse sugere que o uso de métodos qualitativos e quantitativos para abordar o mesmo problema de pesquisa levanta questões quanto ao peso de cada método e sua sequência em um estudo. Baseada nessas ideias, ela propõe duas formas de triangulação metodológica: (a) simultânea, usando os dois métodos ao mesmo tempo; e (b) sequencial, usando os resultados de um método para planejar o próximo método. Essas duas formas são descritas por meio de uma notação de letras maiúsculas e minúsculas que significam peso relativo e também sequência. As diferentes abordagens da triangulação são então discutidas à luz de seu objetivo, limitações e abordagens.

Plano Clark, V. L. & Creswell, J. W. (2008). ***The mixed methods reader*****. Thousand Oaks, CA: Sage.**

Creswell e Plano Clark desenvolveram um guia abrangente para o planejamento dos passos na condução da pesquisa de métodos mistos. Este tema do projeto é levado adiante por meio de exemplos específicos de estudos de métodos mistos publicados neste *livro*. São dados exemplos da abordagem convergente, do projeto sequencial explanatório e do projeto sequencial exploratório. Além disso, o livro contém artigos fundamentais publicados ao longo dos anos que informaram o desenvolvimento do campo dos métodos mistos.

Tashakkori, A. & Teddlie, C. (Eds.). (2010). ***Handbook of mixed methods in social and behavioral research*** **(2nd ed.). Thousand Oaks, CA: Sage.**

Este manual, editado por Abbas Tashakkori e Charles Teddlie, representa o esforço mais substancial até esta data para reunir os principais autores que escrevem sobre a pesquisa de métodos mistos. O livro introduz o leitor aos métodos mistos, ilustra questões metodológicas e analíticas em seu uso, identifica aplicações nas ciências sociais e humanas e traça direções futuras. Por exemplo, capítulos separados ilustram o uso da pesquisa de métodos mistos em avaliação, administração e organização, ciências sociais, enfermagem, psicologia, sociologia e educação.

Glossário

Abordagem (intervenção) experimental de métodos mistos ocorre quando o pesquisador coleta e analisa os dados quantitativos e qualitativos dos projetos centrais e os incorpora a um experimento ou ensaio de intervenção.

Abordagem de avaliação de métodos mistos consiste em um ou mais projetos centrais acrescentados aos passos em um procedimento de avaliação tipicamente focado na verificação do sucesso de uma intervenção, de um programa ou de uma política.

Abordagem de estudo de caso de métodos mistos é a utilização de um ou mais projetos centrais (i.e., convergente, sequencial explanatório, sequencial exploratório) dentro da estrutura de um projeto de estudo de caso único ou múltiplo.

Abordagem participativa de justiça social de métodos mistos é um projeto de métodos mistos em que o pesquisador acrescenta um projeto central a uma estrutura teórica ou conceitual participativa e/ou de justiça social mais ampla.

Abordagens de pesquisa são os planos e os procedimentos para a pesquisa que abrangem as decisões desde as suposições amplas até os métodos detalhados de coleta e análise dos dados. Envolve a intersecção de suposições filosóficas, projetos e métodos específicos.

Acordo entre codificadores (ou verificação cruzada) ocorre quando dois ou mais codificadores concordam com os códigos utilizados para as mesmas passagens no texto. (Não significa que codifiquem o mesmo texto, mas se outro codificaria uma passagem similar com o mesmo código ou com um código similar.) Procedimentos estatísticos ou subprogramas de confiabilidade nos pacotes de *software* qualitativos podem ser utilizados para determinar o nível de consistência da codificação.

Ameaças à validade externa surgem quando os experimentadores extraem inferências incorretas dos dados da amostra para outras pessoas, outros locais e situações passadas ou futuras.

Ameaças à validade interna são procedimentos experimentais, tratamentos ou experiências dos participantes que ameaçam a capacidade do pesquisador de extrair inferências corretas dos dados sobre a população em um experimento.

Amostra aleatória é um procedimento na pesquisa quantitativa para a seleção dos participantes. Significa que cada indivíduo tem igual probabilidade de ser selecionado da população, garantindo que a amostra seja representativa da população.

Análise descritiva dos dados para as variáveis em um estudo inclui a descrição dos resultados por meio das médias, dos desvios-padrão e da variação das pontuações.

Apresentações conjuntas são quadros ou gráficos que abrangem a coleta de dados quantitativos e qualitativos e a análise lado a lado para que os pesquisadores possam visualizar e interpretar sua comparação ou integração em um estudo de métodos mistos. Os pesquisadores podem desenvolver representações específicas para cada tipo de projeto de métodos mistos.

Bancos de dados digitais da literatura estão atualmente disponíveis nas bibliotecas e permitem acesso rápido a milhares de periódicos, textos de conferência e materiais escritos.

Codificação é o processo de organização do material em blocos ou segmentos de texto e a atribuição de uma palavra ou frase ao segmento para desenvolver um significado geral dele.

Códigos de ética são as regras e os princípios éticos estabelecidos pelas associações profissionais que governam a pesquisa acadêmica nas disciplinas.

Coerência na escrita significa que as ideias se unem e fluem logicamente de uma sentença para outra e de um parágrafo para outro.

Comitê de revisão institucional (IRB) é um comitê em uma faculdade ou *campus* universitário que revisa pesquisas para determinar até que ponto elas poderiam colocar os participantes em risco durante o estudo. Os pesquisadores apresentam ao IRB um pedido de aprovação do seu projeto e usam formulários de consentimento informado para que os participantes reconheçam o nível de risco com o qual estão concordando ao participar do estudo.

Confiabilidade refere-se a se os valores dos itens em um instrumento são internamente consistentes (i.e., as respostas aos itens são consistentes entre os construtos?), estáveis no decorrer do tempo (correlações teste-reteste) e se houve consistência na administração e na pontuação do teste.

Confiabilidade qualitativa indica que uma abordagem particular é consistente entre diferentes pesquisadores e diferentes projetos.

Construtivistas sociais defendem a suposição de que os indivíduos procuram entender o mundo em que vivem e trabalham. Os indivíduos desenvolvem significados subjetivos de suas experiências, significados "que são direcionados" para alguns objetos ou coisas.

Definição de termos é uma seção que pode ser encontrada em uma proposta de pesquisa e define os termos que os leitores podem não entender.

Descrição de objetivo em uma proposta ou projeto de pesquisa estabelece os objetivos, a intenção e a ideia principal para o estudo.

Descrições de objetivo métodos mistos contêm o objetivo geral do estudo, informações sobre as tendências quantitativas e qualitativas do estudo e uma justificativa para incorporar as duas tendências para estudar o problema de pesquisa.

Descrições de objetivo qualitativas contêm informações sobre os fenômenos centrais explorados no estudo, sobre os participantes do estudo e sobre o local da pesquisa. Também comunicam um projeto emergente e as palavras da pesquisa extraídas da linguagem da investigação qualitativa.

Descrições de objetivo quantitativas incluem as variáveis no estudo e sua relação, os participantes do estudo e o local da pesquisa. Também incluem a linguagem associada à pesquisa quantitativa e a testagem dedutiva das relações ou teorias.

Dicas de pesquisa são as abordagens ou técnicas que têm funcionado bem em pesquisa para os autores.

Distribuição do tempo na coleta de dados de métodos mistos se refere à sequência da coleta de dados em um estudo e se o pesquisador coleta os dados concomitantemente, praticamente ao mesmo tempo, ou se coleta os dados sequencialmente com um banco de dados reunido antes do outro banco de dados.

Documentos qualitativos são documentos públicos (p. ex., jornais, minutas de reuniões, relatórios oficiais) ou privados (p. ex., diários pessoais, cartas, *e-mails*).

Ênfase colocada em cada banco de dados em métodos mistos é a prioridade dada aos dados quantitativos ou qualitativos (ou igual prioridade).

Entrevistas qualitativas significam que o pesquisador conduz entrevistas face a face com os participantes, entrevista os participantes por telefone, pela internet ou se envolve em entrevistas de grupos focais com 6 a 8 entrevistados em cada grupo. Tais entrevistas envolvem algumas poucas questões não estruturadas, geralmente abertas e destinadas a extrair concepções e opiniões dos participantes.

Estratégias de validade na pesquisa qualitativa são procedimentos (p. ex., verificação dos membros, triangulação das fontes de dados) que os pesquisadores qualitativos usam para demonstrar a precisão de seus resultados e para convencer os leitores dessa precisão.

Estudos de caso são uma abordagem qualitativa em que o pesquisador explora em profundidade um programa, um evento, uma atividade, um processo ou um ou mais indivíduos. Os casos são limitados pelo tempo e pela atividade, e os pesquisadores coletam informações detalhadas utilizando diversos procedimentos de coleta de dados durante um período de tempo prolongado.

Etnografia é uma estratégia qualitativa em que o pesquisador estuda um grupo cultural intacto em um ambiente natural durante um período de tempo prolongado, coletando principalmente dados de observação e entrevistas.

Excessos na escrita referem-se às palavras adicionadas na prosa e que são desnecessárias na comunicação do significado intencional.

Experimento verdadeiro é uma forma da pesquisa experimental em que os indivíduos são aleatoriamente designados para grupos.

Fenômeno central é a ideia ou conceito principal que está sendo explorado em um estudo qualitativo.

Gancho narrativo é um termo extraído da composição em inglês, significando palavras que são utilizadas na sentença de abertura de uma introdução e servem para atrair ou engajar o leitor no estudo.

Grandes ideias na escrita são sentenças que contêm ideias ou imagens específicas que estão no âmbito das ideias abrangentes e servem para reforçar, esclarecer ou elaborar essas ideias.

Guardiões (*gatekeepers*) são indivíduos nos locais de pesquisa que proporcionam o acesso ao local e concedem ou permitem que um estudo de pesquisa qualitativa seja realizado.

Hábito de escrever é a escrita acadêmica realizada de uma maneira regular e contínua sobre um objetivo, em vez de em impulsos ou de forma irregular.

Hipótese direcional, como é utilizada na pesquisa quantitativa, é aquela em que o pesquisador faz uma previsão sobre a direção ou os resultados esperados do estudo.

Hipótese não direcional, em um estudo quantitativo, é aquela em que o pesquisador faz uma previsão, mas a forma exata das diferenças (p. ex., maior, menor, mais ou menos) não é especificada, porque o pesquisador não sabe o que pode ser previsto a partir da literatura existente.

Hipótese nula, na pesquisa quantitativa, representa a abordagem tradicional da redação das hipóteses; ela faz uma previsão de que, na população geral, não existe nenhuma relação ou diferença significativa entre os grupos em uma variável.

Hipóteses quantitativas são previsões que o pesquisador faz sobre as relações esperadas entre as variáveis.

Ideias que atraem atenção ou interesse na escrita são sentenças cujos objetivos são manter o leitor concentrado, organizar ideias e manter a atenção do indivíduo.

Importância do estudo em uma introdução comunica a importância do problema para diferentes públicos que podem se beneficiar da leitura e do uso do estudo.

Integração de métodos mistos ocorre em abordagens de métodos mistos quando os dados são fusionados, conectados (usados para explicar ou construir) ou incorporados a um projeto.

Interpretação na pesquisa qualitativa significa que o pesquisador extrai significado dos resultados da análise dos dados. Esse significado pode resultar em lições aprendidas, informações para serem comparadas com a literatura ou experiências pessoais.

Interpretação na pesquisa quantitativa significa que o pesquisador tira conclusões dos resultados das questões de pesquisa, das hipóteses e do significado mais amplo do estudo.

Intervalo de confiança é uma estimativa na pesquisa quantitativa da variação dos valores estatísticos superiores e inferiores que são consistentes com os dados observados e provavelmente contêm a média da população real.

Lacunas na literatura existente podem existir porque os tópicos não foram explorados com um determinado grupo, amostra ou população; a literatura pode precisar ser replicada ou repetida para ver se os mesmos resultados se mantêm com as novas amostras de pessoas ou os novos locais de estudo; ou a voz dos grupos sub-representados não foi ouvida na literatura publicada.

Lembretes são notas escritas durante o processo de pesquisa que refletem o processo ou que ajudam a moldar o desenvolvimento de códigos e temas.

Livro de códigos qualitativo é um meio de organizar os dados qualitativos utilizando uma lista de códigos predeterminados que são utilizados para codificar os dados. Pode ser composto com os nomes dos códigos em uma coluna, uma definição de códigos em outra e depois os momentos específicos (i.e., os números de linhas) em que o código é encontrado nas transcrições.

Manuais de estilo proporcionam diretrizes para a criação de um estilo acadêmico de um manuscrito, como um formato consistente para a citação de referências, criação de títulos, apresentação de tabelas e figuras e uso de linguagem não discriminatória.

Mapa da literatura é um quadro visual (ou figura) da literatura de pesquisa sobre um tópico que ilustra como um determinado estudo contribui para a literatura.

Materiais audiovisuais e digitais qualitativos assumem a forma de fotografias, objetos de arte, de videoteipes e qualquer forma de som.

Medida de verificação da manipulação é uma medida da variável de interesse manipulada pretendida.

Métodos de pesquisa envolvem as formas de coleta, de análise e de interpretação dos dados que os pesquisadores propõem para seus estudos.

Métodos mistos convergentes é uma estratégia de métodos mistos em que um pesquisador coleta dados quantitativos e qualitativos, analisa-os separadamente e, então, compara os resultados para ver se os achados se confirmam ou se refutam.

Métodos mistos sequenciais explanatórios é uma abordagem de métodos mistos que envolve um projeto em duas fases em que o pesquisador coleta dados quantitativos na primeira fase, analisa os resultados e então usa uma fase qualitativa para ajudar a explicar os resultados quantitativos.

Métodos mistos sequenciais exploratórios é uma estratégia de métodos mistos que envolve um projeto em três fases em que o pesquisador primeiro coleta dados qualitativos e os analisa, depois planeja uma característica quantitativa baseada nos resultados qualitativos (p. ex., novas variáveis, uma intervenção experimental, um site na internet) e, finalmente, testa a característica quantitativa.

Modelo de lacunas de uma introdução é uma abordagem de escrita de uma introdução a um estudo de pesquisa que se baseia nas lacunas existentes na literatura. Inclui os elementos de declaração do problema da pesquisa, revisão de estudos passados sobre o problema, indicação das lacunas no estudo e o desenvolvimento da importância do estudo.

Notação de métodos mistos proporciona rótulos e símbolos abreviados que comunicam importantes aspectos da pesquisa de métodos mistos e fornecem uma maneira pela qual os pesquisadores de métodos mistos podem comunicar facilmente seus procedimentos.

Observação qualitativa significa que o pesquisador faz anotações de campo sobre o comportamento e as atividades dos indivíduos no local da pesquisa e registra suas observações.

Perspectiva é definida como "um conjunto básico de crenças que guiam a ação" (Guba, 1990, p. 17).

Perspectiva transformativa é uma posição filosófica em que o pesquisador identifica uma das estruturas qualitativas (p. ex., populações indígenas, mulheres, grupos raciais e étnicos, indivíduos incapacitados, etc.) e usa a estrutura para defender populações sub-representadas e ajudar a criar uma sociedade melhor e mais justa para elas (Mertens, 2010).

Pesquisa de levantamento apresenta uma descrição quantitativa ou numérica das tendências, das atitudes ou das opiniões de uma população, estudando a amostra dessa população.

Pesquisa de métodos mistos é uma abordagem da investigação que combina ou integra as formas de pesquisa qualitativa e quantitativa. Envolve suposições filosóficas, o uso das abordagens qualitativa e quantitativa e a combinação ou a integração das duas abordagens em um estudo.

Pesquisa experimental busca determinar se um tratamento específico influencia um resultado em um estudo. Os pesquisadores avaliam esse impacto proporcionando tratamento específico a um grupo e não o proporcionando a outro grupo e, depois, determinando como os dois grupos pontuam em um resultado.

Pesquisa fenomenológica é uma estratégia qualitativa em que o pesquisador identifica a essência das experiências humanas sobre um fenômeno descrito pelos participantes em um estudo.

Pesquisa narrativa é uma estratégia qualitativa em que o pesquisador estuda as vidas dos indivíduos e pede a um ou mais indivíduos para contar histórias sobre suas vidas. Essa informação é então frequentemente recontada ou reistoriada pelo pesquisador em uma cronologia narrativa.

Pesquisa qualitativa é um meio de explorar e de entender o significado que os indivíduos ou grupo atribuem a um problema social ou humano. O processo de pesquisa envolve questões e procedimentos emergentes; coletar dados no ambiente dos participantes; analisar os dados indutivamente, indo dos temas particulares para os gerais; e fazer interpretações do significado dos dados. O relatório final escrito tem uma estrutura de redação flexível.

Pesquisa quantitativa é um meio de testar teorias objetivas examinando a relação entre as variáveis. Essas variáveis podem ser medidas tipicamente em instrumentos, para que os dados numerados possam ser analisados por meio de procedimentos estatísticos. O relatório escrito final tem uma estrutura fixa, que consiste em introdução, literatura e teoria, métodos, resultados e discussão.

Pós-positivistas refletem uma filosofia determinística sobre a pesquisa em que as causas provavelmente determinam os efeitos ou os resultados. Assim, os problemas estudados pelos pós-positivistas refletem questões que precisam identificar e avaliar as causas que influenciam os resultados, como aquelas encontradas nos experimentos.

Pragmatismo, enquanto visão de mundo ou filosofia, surge de ações, de situações e de consequências, e não das condições antecedentes (como no pós-positivismo). Há uma preocupação com as aplicações, o que funciona e com as soluções para os problemas. Em vez de se concentrar nos métodos, os pesquisadores enfatizam o problema da pesquisa e utilizam todas as abordagens disponíveis para entendê-lo.

Problemas de pesquisa são os problemas ou questões que conduzem à necessidade de um estudo.

Projeto de indivíduo único ou projeto *N* de 1 envolve observar o comportamento de um único indivíduo (ou de um pequeno número de indivíduos) ao longo do tempo.

Projeto experimental, na pesquisa quantitativa, testa o impacto de um tratamento (ou de uma intervenção) sobre um resultado, controlando todos os outros fatores que podem influenciar esse resultado.

Projetos de levantamento apresentam um plano para uma descrição quantitativa ou numérica das tendências, das atitudes ou das opiniões de uma população estudando uma amostra dessa população.

Projetos de pesquisa são tipos de investigação dentro de abordagens qualitativas, quantitativas e de métodos mistos que fornecem orientação específica para procedimentos em um estudo de pesquisa.

Protocolo da entrevista é um formulário usado por um pesquisador qualitativo para registrar e escrever informações obtidas durante uma entrevista.

Protocolo observacional é um formulário utilizado por um pesquisador qualitativo para registrar e escrever as informações enquanto observa.

Quase experimento é uma forma de pesquisa experimental em que os indivíduos não são aleatoriamente designados para grupos.

Questão central, na pesquisa qualitativa, é uma questão ampla colocada pelo pesquisador que pede uma exploração do fenômeno ou conceito central em um estudo.

Questão de pesquisa de métodos mistos é uma questão especial colocada em um estudo de métodos mistos a qual lida diretamente com a combinação das tendências quantitativas e qualitativas da pesquisa. Essa é a questão que será respondida no estudo baseado na combinação.

Questões de pesquisa quantitativa são declarações interrogativas que levantam questões sobre as relações entre as variáveis que o investigador procura responder.

Questões ou hipóteses inferenciais relacionam variáveis ou comparam grupos em termos das variáveis para que possam ser extraídas inferências da amostra para uma população.

Reflexividade significa que os pesquisadores refletem sobre como seus vieses, valores e perfis pessoais, como gênero, história, cultura e situação socioeconômica, moldam suas interpretações formadas durante um estudo.

Resumo em uma revisão de literatura é um exame breve da literatura (geralmente em um parágrafo curto) que sintetiza os principais elementos para permitir que o leitor entenda as características fundamentais do artigo.

Revisão dos estudos, em uma introdução, justifica a importância do estudo e cria distinções entre os estudos anteriores e um estudo proposto.

Roteiro, como é utilizado neste livro, é um gabarito de algumas sentenças que contêm as principais palavras e ideias para determinadas partes de uma proposta ou relatório de pesquisa (p. ex., declaração de objetivo ou questão de pesquisa) e proporciona espaço para os pesquisadores inserirem informações relacionadas a seus projetos.

Saturação é quando, na coleta dos dados qualitativos, o pesquisador para de coletar dados porque os dados novos não promovem mais novos *insights* nem revelam novas propriedades.

Selecionar intencionalmente os participantes ou os locais (ou documentos ou material visual) significa que os pesquisadores qualitativos selecionam os indivíduos que mais irão ajudá-los a entender o problema de pesquisa e as questões de pesquisa.

Tamanho do efeito identifica a "força" das conclusões sobre as diferenças dos grupos ou das relações entre as variáveis nos estudos quantitativos.

Teoria das ciências sociais é uma estrutura teórica que os pesquisadores usam nos projetos. Essa teoria pode informar muitos aspectos de um estudo a partir da questão, até o problema, os resultados e as sugestões finais para revisar a teoria.

Teoria fundamentada é uma estratégia qualitativa em que o pesquisador deriva uma teoria geral e abstrata de um processo, de ação ou de interação fundamentada nas concepções dos participantes de um estudo.

Teoria na pesquisa quantitativa é o uso de um conjunto inter-relacionado de construtos (ou variáveis) transformados em proposições ou hipóteses que especificam a relação entre as variáveis (geralmente em termos de magnitude ou de direção) e preveem os resultados de um estudo.

Teorias na pesquisa de métodos mistos proporcionam uma lente orientadora que molda os tipos de questões formuladas, quem participa do estudo, como os dados são coletados e as implicações feitas a partir do estudo (geralmente para mudança e reivindicação). Elas apresentam uma perspectiva abrangente utilizada em outras estratégias de investigação.

Termos de consentimento livre e esclarecido são aqueles que os participantes assinam antes de se engajar na pesquisa. Esse formulário reconhece que os direitos dos participantes serão protegidos durante a coleta de dados.

Testagem da significância estatística avalia se as pontuações observadas refletem um padrão além do acaso. Um teste estatístico é considerado de significância se for improvável que os resultados tenham ocorrido ao acaso e a hipótese nula de "nenhum efeito" possa ser rejeitada.

Tópico é o tema ou assunto de um estudo proposto que um pesquisador identifica no início da preparação de um estudo.

Uso da teoria nos estudos de métodos mistos pode incluir a teoria dedutivamente na testagem e na verificação da teoria quantitativa, ou indutivamente, como na teoria ou no padrão qualitativo emergente. Também possui as características distintivas de oferecer uma estrutura dentro da qual os pesquisadores coletam, analisam e integram os dados quantitativos e qualitativos. Essa estrutura assumiu duas formas: (a) o uso de uma estrutura das ciências sociais e (b) o uso de uma estrutura transformativa.

Validade da conclusão estatística surge quando os experimentadores extraem inferências inexatas dos dados devido ao poder estatístico inadequado ou à violação de suposições estatísticas.

Validade de construto ocorre quando os investigadores utilizam definições e medidas adequadas para as variáveis.

Validade na pesquisa quantitativa refere-se à possibilidade de extração de inferências significativas e úteis das pontuações de determinados instrumentos.

Validade qualitativa significa que o pesquisador verifica a precisão dos resultados empregando determinados procedimentos.

Variáveis mediadoras são variáveis na pesquisa quantitativa que "se posicionam entre" as variáveis independentes e dependentes na relação causal. A lógica é que a variável independente provavelmente causa a variável mediadora, a qual, por sua vez, influencia a variável dependente.

Variáveis moderadoras são variáveis na pesquisa quantitativa que moderam o efeito das variáveis independentes em um estudo. São variáveis criadas pelo pesquisador que toma uma variável independente e outra (tipicamente uma variável demográfica) para construir uma nova variável independente.

Variável refere-se a uma característica ou atributo de um indivíduo ou de uma organização que pode ser medido ou observado e que varia entre as pessoas ou organizações que estão sendo estudadas. Uma variável geralmente vai variar em duas ou mais categorias ou em um contínuo de pontuações, e pode ser medida.

Viés de resposta é o efeito das não respostas nas estimativas do levantamento, e significa que, se os não respondentes tivessem respondido, suas respostas teriam mudado substancialmente os resultados gerais do levantamento.

Visão ou perspectiva teórica na pesquisa qualitativa apresenta uma visão orientadora geral que é utilizada para estudar questões de gênero, de classe e de raça (ou outros problemas de grupos marginalizados). Essa visão se torna uma perspectiva reivindicatória que molda os tipos de questões formuladas, informa como os dados são coletados e analisados e proporciona um chamado para a ação ou para a mudança..

Referências

Aikin, M. C. (Ed.). (1992). *Encyclopedia of educational research* (6th ed.). New York: Macmillan.

American Psychological Association. (2010). *Publication Manual of the American Psychological Association* (6th ed.). Washington, DC: Author.

Ames, G. M., Duke, M. R., Moore, R. S., & Cunradi, C. B. (2009). The impact of occupational culture on drinking behavior of young adults in the U.S. Navy. *Journal of Mixed Methods Research, 3*(2), 129–150.

Anderson, E. H., & Spencer, M. H. (2002). Cognitive representation of AIDS. *Qualitative Health Research, 12*(10), 1338–1352.

Annual Review of Psychology. (1950–). Palo Alto, CA: Annual Reviews.

Asmussen, K. J., & Creswell, J. W. (1995). Campus response to a student gunman. *Journal of Higher Education, 66,* 575–591.

Babbie, E. (2015). *The practice of social research* (14th ed.). Belmont, CA: Wadsworth/Thomson.

Bachman, R. D., & Schutt, R. K. (2017). *Fundamentals of research in criminology and criminal justice* (4th ed.). Los Angeles, CA: Sage.

Bailey, E. P. (1984). *Writing clearly: A contemporary approach.* Columbus, OH: Charles Merrill.

Banyard, V. L., & Williams, L. M. (2007). Women's voices on recovery: A multi-method study of the com- plexity of recovery from child sexual abuse. *Child Abuse & Neglect, 31,* 275–290.

Bean, J., & Creswell, J. W. (1980). Student attrition among women at a liberal arts college. *Journal of College Student Personnel, 3,* 320–327.

Beisel, N. (February, 1990). Class, culture, and cam- paigns against vice in three American cities, 1872–1892. *American Sociological Review, 55,* 44–62.

Bem, D. (1987). Writing the empirical journal article. In M. Zanna & J. Darley (Eds.), *The compleat academic: A practical guide for the beginning social scientist* (pp. 171–201). New York: Random House.

Berg, B. L. (2001). *Qualitative research methods for the social sciences* (4th ed.). Boston: Allyn & Bacon.

Berger, P. L., & Luckmann, T. (1967). *The social con- struction of reality: A treatise in the sociology of knowledge.* Garden City, NJ: Anchor.

Betancourt, T. S., Meyers-Ohki, S. E., Stevenson, A., Ingabire, C., Kanyanganzi, F., Munyana, M., et al. (2011). Using mixed-methods research to adapt and evaluate a family strengthening intervention in Rwanda. *African Journal of Traumatic Stress, 2*(1), 32–45.

Blalock, H. (1969). *Theory construction: From verbal to mathematical formulations.* Englewood Cliffs, NJ: Prentice Hall.

Blalock, H. (1985). *Causal models in the social sciences.* New York: Aldine.

Blalock, H. (1991). Are there any constructive alterna- tives to causal modeling? *Sociological Methodology, 21,* 325–335.

Blase, J. J. (1989, November). The micropolitics of the school: The everyday political orientation of teachers toward open school principals. *Educational Administration Quarterly, 25*(4), 379–409.

Boeker, W. (1992). Power and managerial dismissal: Scapegoating at the top. *Administrative Science Quarterly, 37,* 400–421.

Bogdan, R. C., & Biklen, S. K. (1992). *Qualitative research for education: An introduction to theory and meth- ods.* Boston: Allyn & Bacon.

Boice, R. (1990). *Professors as writers: A self-help guide to productive writing.* Stillwater, OK: New Forums.

Boneva, B., Kraut, R., & Frohlich, D. (2001). Using e-mail for personal relationships. *American Behavioral Scientist, 45*(3), 530–549.

Boote, D. N., & Beile, P. (2005). Scholars before researchers: On the centrality of the dissertation lit- erature review in research preparation. *Educational Researcher, 34*(6), 3–15.

Booth-Kewley, S., Edwards, J. E., & Rosenfeld, P. (1992). Impression management, social desirability, and computer administration of attitude question- naires: Does the computer make a difference? *Journal of Applied Psychology, 77*(4), 562–566.

Borg, W. R., & Gall, M. D. (2006). *Educational research: An introduction* (8th ed.). New York: Longman.

Bryman, A. (2006). *Mixed methods: A four-volume set.* Thousand Oaks, CA: Sage.

Buck, G., Cook, K., Quigley, C., Eastwood, J., & Lucas, Y. (2009). Profiles of urban, low SES, African American girls' attitudes toward science: A sequential explana- tory mixed methods study. *Journal of Mixed Methods Research, 3*(1), 386–410.

Bunge, N. (1985). *Finding the words: Conversations with writ- ers who teach.* Athens: Swallow Press, Ohio University Press.

Cahill, S. E. (1989). Fashioning males and females: Appearance management and the social reproduction of gender. *Symbolic Interaction, 12*(2), 281–298.

Campbell, D., & Stanley, J. (1963). Experimental and quasi-experimental designs for research. In N. L. Gage (Ed.), *Handbook of research on teaching* (pp. 1–76). Chicago: Rand McNally.

Campbell, D. T., & Fiske, D. (1959). Convergent and discriminant validation by the multitrait-multimethod matrix. *Psychological Bulletin, 56,* 81–105.

Carroll, D. L. (1990). *A manual of writer's tricks.* New York: Paragon.

Carstensen, L. W., Jr. (1989). A fractal analysis of car- tographic generalization. *The American Cartographer, 16*(3), 181–189.

Castetter, W. B., & Heisler, R. S. (1977). *Developing and defending a dissertation proposal.* Philadelphia: University of Pennsylvania, Graduate School of Education, Center for Field Studies.

Charmaz, K. (2006). *Constructing grounded theory.* Thousand Oaks, CA: Sage.

Cheek, J. (2004). At the margins? Discourse analysis and qualitative research. *Qualitative Health Research, 14,* 1140–1150.

Cherryholmes, C. H. (1992, August–September). Notes on pragmatism and scientific realism. *Educational Researcher,* 13–17.

Clandinin, D. J. (Ed.). (2007). *Handbook of narrative inquiry: Mapping a methodology.* Thousand Oaks, CA: Sage.

Clandinin, D. J., & Connelly, F. M. (2000). *Narrative inquiry: Experience and story in qualitative research.* San Francisco: Jossey-Bass.

Classen, S., Lopez, D. D. S., Winter, S., Awadzi, K. D., Ferree, N., & Garvan, C. W. (2007). Population-based health promotion perspective for older driver safety: Conceptual framework to intervention plan. *Clinical Intervention in Aging 2*(4), 677–693.

Cohen, J. (1977). *Statistical power analysis for the behav- ioral sciences.* New York: Academic Press.

Cohen, S., Kamarck, T., & Mermelstein, R. (1983). A global measure of perceived stress. *Journal of Health and Social Behavior, 24,* 385–396.

Cook, T. D., & Campbell, D. T. (1979). *Quasi-experimentation: Design and analysis issues for field set- tings.* Chicago: Rand McNally.

Cooper, H. (2010). *Research synthesis and meta--analysis: A step-by-step approach* (4th ed.). Thousand Oaks, CA: Sage.

Cooper, J. O., Heron, T. E., & Heward, W. L. (2007). *Applied behavior analysis.* Upper Saddle River, NJ: Pearson/Merrill-Prentice Hall.

Corbin, J. M., & Strauss, J. M. (2007). *Basics of qual- itative research: Techniques and procedures for devel- oping grounded theory* (3rd ed.). Thousand Oaks, CA: Sage.

Corbin, J. M., & Strauss, J. M. (2015). *Techniques and procedures for developing grounded theory* (4th ed.). Thousand Oaks, CA: Sage.

Creswell, J. D., Welch, W. T., Taylor, S. E., Sherman, D. K., Gruenewald, T. L., & Mann, T. (2005). Affirmation of personal values buffers neuroendocrine and psy- chological stress responses. *Psychological Science, 16,* 846–851.

Creswell, J. W. (2010). Mapping the developing land- scape of mixed methods research. In A. Tashakkori & C. Teddlie (Eds.), *SAGE handbook of mixed methods in social & behavioral research* (2nd ed., pp. 45–68). Thousand Oaks, CA: Sage.

Creswell, J. W. (2011). Controversies in mixed methods research. In N. Denzin & Y. Lincoln (Eds.), *The SAGE handbook on qualitative research* (4th ed., pp. 269–284). Thousand Oaks, CA: Sage.

Creswell, J. W. (2012). *Educational research: Planning, conducting, and evaluating quantitative and qualitative research* (4th ed.). Upper Saddle River, NJ: Merrill.

Creswell, J. W. (2013). *Qualitative inquiry and research design: Choosing among five approaches* (3rd ed.). Thousand Oaks, CA: Sage.

Creswell, J. W. (2014). *Research design: Qualitative, quantitative, and mixed methods approaches* (4th ed.). Thousand Oaks, CA: Sage.

Creswell, J. W. (2015). *A concise introduction to mixed methods research.* Thousand Oaks, CA: Sage.

Creswell, J. W. (2016). *30 essential skills for the qualita- tive researcher.* Thousand Oaks, CA: Sage.

Creswell, J. W., & Brown, M. L. (1992, Fall). How chairpersons enhance faculty research: A grounded theory study. *The Review of Higher Education, 16*(1), 41–62.

Creswell, J. W., & Guetterman, T. (in press). *Educational research: Planning, conducting, and evaluating quantitative and qualitative research* (6th ed.). Upper Saddle River, NJ: Pearson.

Creswell, J. W., & Miller, D. (2000). Determining valid- ity in qualitative inquiry. *Theory Into Practice, 39*(3), 124–130.

Creswell, J. W., & Plano Clark, V. L. (2011). *Designing and conducting mixed methods research* (2nd ed.). Thousand Oaks, CA: Sage.

Creswell, J. W., & Plano Clark, V. L. (2018). *Designing and conducting mixed methods research* (3rd ed.). Thousand Oaks, CA: Sage.

Creswell, J. W., & Poth, C. N. (2018). *Qualitative inquiry and research design: Choosing among five approaches* (4th ed.). Thousand Oaks, CA: Sage.

Creswell, J. W., Seagren, A., & Henry, T. (1979). Professional development training needs of department chairpersons: A test of the Biglan model. *Planning and Changing, 10,* 224–237.

Crotty, M. (1998). *The foundations of social research: Meaning and perspective in the research process.* Thousand Oaks, CA: Sage.

Crutchfield, J. P. (1986). *Locus of control, interpersonal trust, and scholarly productivity.* Unpublished doctoral dissertation, University of Nebraska-Lincoln.

Daum, M. (2010). *Life would be perfect if I lived in that house.* New York: Knopf.

DeGraw, D. G. (1984). *Job motivational factors of edu- cators within adult correctional institutions from various states.* Unpublished doctoral dissertation, University of Nebraska-Lincoln.

Denzin, N. K., & Lincoln, Y. S. (Eds.). (2011). *The SAGE handbook of qualitative research* (4th ed.). Thousand Oaks, CA: Sage.

Denzin, N. K., & Lincoln, Y. S. (Eds.). (2018). *The SAGE handbook of qualitative research* (5th ed.). Los Angeles, CA: Sage.

DeVellis, R. F. (2012). *Scale development: Theory and application* (3rd ed.). Thousand Oaks, CA: Sage.

DeVellis, R. F. (2017). *Scale development: Theory and appli- cation* (4th ed.). Los Angeles, CA: Sage.

Dillard, A. (1989). *The writing life.* New York: Harper & Row.

Dillman, D. A. (2007). *Mail and Internet surveys: The tailored design method* (2nd ed.). New York: John Wiley.

Duncan, O. D. (1985). Path analysis: Sociological exam- ples. In H. M. Blalock, Jr. (Ed.), *Causal models in the social sciences* (2nd ed., pp. 55–79). New York: Aldine.

Educational Resources Information Center. (1975*). Thesaurus of ERIC descriptors* (12th ed.). Phoenix, AZ: Oryx.

Elbow, P. (1973). *Writing without teachers.* London: Oxford University Press.

Enns, C. Z., & Hackett, G. (1990). Comparison of femi- nist and nonfeminist women's reactions to variants of nonsexist and feminist counseling. *Journal of Counseling Psychology, 37*(1), 33–40.

Faul, F., Erdfelder, E., Buchner, A., & Lang, A.-G. (2009). Statistical power analyses using G*Power 3.1: Tests for correlation and regression analyses. *Behavior Research Methods, 41,* 1149–1160.

Faul, F., Erdfelder, E., Lang, A.-G., & Buchner, A. (2007). G*Power 3: A flexible statistical power analysis program for the social, behavioral, and biomedical sci- ences. *Behavior Research Methods, 39,* 175–191.

Fay, B. (1987). *Critical social science.* Ithaca, NY: Cornell University Press.

Fetterman, D. M. (2010). *Ethnography: Step by step* (3rd ed.). Thousand Oaks, CA: Sage.

Fink, A. (2016). *How to conduct surveys* (6th ed.). Thousand Oaks, CA: Sage.

Firestone, W. A. (1987). Meaning in method: The rheto- ric of quantitative and qualitative research. *Educational Researcher, 16*, 16–21.

Flick, U. (Ed.). (2007). *The Sage qualitative rese- arch kit.* Thousand Oaks, CA: Sage.

Flinders, D. J., & Mills, G. E. (Eds.). (1993). *Theory and concepts in qualitative research: Perspectives from the field.* New York: Columbia University, Teachers College Press.

Fowler, F. J. (2008). *Survey research methods* (4th ed.). Thousand Oaks, CA: Sage.

Fowler, F. J. (2014). *Survey research methods* (5th ed.). Thousand Oaks, CA: Sage.

Franklin, J. (1986). *Writing for story: Craft secrets of dra- matic nonfiction by a two-time Pulitzer prize-winner.* New York: Atheneum.

Gamson, J. (2000). Sexualities, queer theory, and qualitative research. In N. K. Denzin & Y. S. Lincoln (Eds.), *Handbook of qualitative research* (pp. 347–365). Thousand Oaks, CA: Sage.

Gibbs, G. R. (2007). Analyzing qualitative data. In U. Flick (Ed.), *The Sage qualitative research kit.* Thousand Oaks, CA: Sage.

Giordano, J., O'Reilly, M., Taylor, H., & Dogra, N. (2007). Confidentiality and autonomy: The challenge(s) of offering research participants a choice of disclos- ing their identity. *Qualitative Health Research, 17*(2), 264–275.

Giorgi, A. (2009). *The descriptive phenomenological method in psychology: A modified Husserlian approach.* Pittsburgh, PA: Duquesne University Press.

Glesne, C. (2015). *Becoming qualitative researchers: An introduction* (5th ed.). White Plains, NY: Longman.

Glesne, C., & Peshkin, A. (1992). *Becoming qualitative researchers: An introduction.* White Plains, NY: Longman.

Gravetter, F. J., & Wallnau, L. B. (2012). *Statistics for the behavioural sciences* (9th ed.). Belmont, CA: Wadsworth.

Greene, J. C. (2007). *Mixed methods in social inquiry.* San Francisco: Jossey-Bass.

Greene, J. C., & Caracelli, V. J. (Eds.). (1997). *Advances in mixed-method evaluation: The challenges and benefits of integrating diverse paradigms.* (New Directions for Evaluation, No. 74). San Francisco: Jossey-Bass.

Greene, J. C., Caracelli, V. J., & Graham, W. F. (1989). Toward a conceptual framework for mixed-method evaluation designs. *Educational Evaluation and Policy Analysis, 11*(3), 255–274.

Greysen, S. R., Allen, R., Lucas, G. I., Wang, E. A., Rosenthal, M. S. (2012). *J. Gen Intern Med.* doi:10.1007/ s11606-012-2117-2.

Guba, E. G. (1990). The alternative paradigm dialog. In E. G. Guba (Ed.), *The paradigm dialog* (pp. 17–30). Newbury Park, CA: Sage.

Guest, G., MacQueen, K. M., & Namey, E. E. (2012). *Applied thematic analysis.* Thousand Oaks, CA: Sage.

Guetterman, T., Fetters, M. D., & Creswell, J. W. (2015). Integrating quantitative and qualitative results in health science mixed methods research through joint displays. *Annals of Family Medicine, 13*(6), 554–561.

Harding, P. (2009). *Tinkers.* New York: NYU School of Medicine, Bellevue Literary Press.

Hatch, J. A. (2002). *Doing qualitative research in educa- tional settings.* Albany: State University of New York Press.

Heron, J., & Reason, P. (1997). A participatory inquiry paradigm. *Qualitative Inquiry, 3,* 274–294.

Hesse-Biber, S. N., & Leavy, P. (2011). *The practice of qualitative research* (2nd ed.). Thousand Oaks, CA: Sage.

Hodgkin, S. (2008). Telling it all: A story of women's social capital using mixed methods approach. *Journal of Mixed Methods Research, 2*(3), 296–316.

Homans, G. C. (1950). *The human group.* New York: Harcourt, Brace.

Hopkins, T. K. (1964). *The exercise of influence in small groups.* Totowa, NJ: Bedmister.

Houtz, L. E. (1995). Instructional strategy change and the attitude and achievement of seventh- and eighth- grade science students. *Journal of Research in Science Teaching, 32*(6), 629–648.

Huber, J., & Whelan, K. (1999). A marginal story as a place of possibility: Negotiating self on the professional knowledge landscape. *Teaching and Teacher Education, 15,* 381–396.

Humbley, A. M., & Zumbo, B. D. (1996). A dialectic on validity: Where we have been and where we are going. *The Journal of General Psychology, 123,* 207–215.

Isaac, S., & Michael, W. B. (1981). *Handbook in research and evaluation: A collection of principles, methods, and strategies useful in the planning, design, and evaluation of studies in education and the behavioral sciences* (2nd ed.). San Diego, CA: EdITS.

Israel, M., & Hay, I. (2006). *Research ethics for social sci- entists: Between ethical conduct and regulatory compliance.* Thousand Oaks, CA: Sage.

Ivankova, N. V. (2015). *Mixed methods applications in action research: From methods to community action.* Thousand Oaks, CA: Sage.

Ivankova, N. V., & Stick, S. L. (2007). Students' per- sistence in a distributed doctoral program in educa- tional leadership in higher education. *Research in Higher Education, 48*(1), 93–135.

Janovec, T. (2001). *Procedural justice in organizations: A literature map.* Unpublished manuscript, University of Nebraska-Lincoln.

Janz, N. K., Zimmerman, M. A., Wren, P. A., Israel, B. A., Freudenberg, N., & Carter, R. J. (1996). Evaluation of 37 AIDS prevention projects: Successful approaches and barriers to program effectiveness. *Health Education Quarterly, 23*(1), 80–97.

Jick, T. D. (1979, December). Mixing qualitative and quantitative methods: Triangulation in action. *Administrative Science Quarterly, 24,* 602–611.

Johnson, R. B., Onwuegbuzie, A. J., & Turner, L. A. (2007). Toward a definition of mixed methods research. *Journal of Mixed Methods Research, 1*(2), 112–133.

Jungnickel, P. W. (1990). *Workplace correlates and schol- arly performance of pharmacy clinical faculty members.* Unpublished manuscript, University of Nebraska-Lincoln.

Kalof, L. (2000). Vulnerability to sexual coercion among college women: A longitudinal study. *Gender Issues, 18*(4), 47–58.

Keeves, J. P. (Ed.). (1988). *Educational research, meth- odology, and measurement: An international handbook.* Oxford, UK: Pergamon.

Kemmis, S., & McTaggart, R. (2000). Participatory action research. In N. K. Denzin & Y. S. Lincoln (Eds.), *Handbook of qualitative research* (2nd ed., pp. 567–605). Thousand Oaks, CA: Sage.

Kemmis, S., & Wilkinson, M. (1998). Participatory action research and the study of practice. In B. Atweh, S. Kemmis, & P. Weeks (Eds.), *Action research in practice: Partnerships for social justice in education* (pp. 21–36). New York: Routledge.

Kennett, D. J., O'Hagan, F. T., & Cezer, D. (2008). Learned resourcefulness and the long-term benefits of a chronic pain management program. *Journal of Mixed Methods Research, 2*(4), 317–339.

Keppel, G. (1991). *Design and analysis: A researcher's handbook* (3rd ed.). Englewood Cliffs, NJ: Prentice Hall.

Keppel, G., & Wickens, T. D. (2003). *Design and analy- sis: A researcher's handbook* (4th ed.). Englewood Cliffs, NJ: Prentice Hall.

Kerlinger, F. N. (1979). *Behavioral research: A conceptual approach.* New York: Holt, Rinehart & Winston.

King, S. (2000). *On writing: A memoir of the craft.* New York: Scribner.

Kline, R. B. (1998). *Principles and practice of structural equation modeling.* New York: Guilford.

Kos, R. (1991). Persistence of reading disabilities: The voices of four middle school students. *American Educational Research Journal, 28*(4), 875–895.

Kraemer, H. C., & Blasey, C. (2016). *How many subjects? Statistical power analysis in research.* Thousand Oaks, CA: Sage.

Krueger, R. A., & Casey, M. A. (2014). *Focus groups: A practical guide for applied research* (5th ed.). Thousand Oaks, CA: Sage.

Kvale, S. (2007). Doing interviews. In U. Flick (Ed.), *The Sage qualitative research kit.* London: Sage.

Labovitz, S., & Hagedorn, R. (1971). *Introduction to social research.* New York: McGraw-Hill.

Ladson-Billings, G. (2000). Racialized discourses and ethnic epistemologies. In N. K. Denzin & Y.

S. Lincoln (Eds.), *Handbook on qualitative research* (pp. 257–277). Thousand Oaks, CA: Sage.

LaFrance, J., & Crazy Bull, C. (2009). Researching ourselves back to life: Taking control of the research agenda in Indian Country. In D. M. Mertens & P. E. Ginsburg (Eds.), The handbook of social research ethics (pp. 135–149). Thousand Oaks, CA: Sage.

Lather, P. (1986). Research as praxis. *Harvard Educational Review, 56,* 257–277.

Lauterbach, S. S. (1993). In another world: A phe- nomenological perspective and discovery of meaning in mothers' experience with death of a wished-for baby: Doing phenomenology. In P. L. Munhall & C. O. Boyd (Eds.), *Nursing research: A qualitative per- spective* (pp. 133–179). New York: National League for Nursing Press.

Lee, Y. J., & Greene, J. (2007). The predictive validity of an ESL placement test: A mixed methods approach. *Journal of Mixed Methods Research, 1*(4), 366–389.

Leslie, L. L. (1972). Are high response rates essential to valid surveys? *Social Science Research, 1,* 323–334.

Levitt, H., Bamberg, M., Creswell, J. W., Frost, D. M., Josselson, R., & Suarez-Orozco, C. (in press). Journal article reporting standards for qualitative research in psychology. *American Psychologist.*

Li, S., Marquart, J. M., & Zercher, C. (2000). Conceptual issues and analytic strategies in mixed-methods stud- ies of preschool inclusion. *Journal of Early Intervention, 23*(2), 116–132.

Lincoln, Y. S. (2009). Ethical practices in qualitative research. In D. M. Mertens & P. E. Ginsberg (Ed.), *The handbook of social research ethics* (pp. 150–169). Thousand Oaks, CA: Sage.

Lincoln, Y. S., & Guba, E. G. (1985). *Naturalistic inquiry.* Beverly Hills, CA: Sage.

Lincoln, Y. S., Lynham, S. A., & Guba, E. G. (2011). Paradigmatic controversies, contradictions, and emerging confluences revisited. In N. K. Denzin & Y. S. Lincoln, *The SAGE handbook of qualitative research* (4th ed., pp. 97–128). Thousand Oaks, CA: Sage.

Lipsey, M. W. (1990). *Design sensitivity: Statistical power for experimental research.* Newbury Park, CA: Sage.

Locke, L. F., Spirduso, W. W., & Silverman, S. J. (2013). *Proposals that work: A guide for planning dissertations and grant proposals* (6th ed.). Thousand Oaks, CA: Sage.

Lysack, C. L., & Krefting, L. (1994). Qualitative meth- ods in field research: An Indonesian experience in com- munity based practice. *The Occupational Therapy Journal of Research, 14*(20), 93–110.

Mac an Ghaill, M., & Haywood, C. (2015). British-born Pakistani and Bangladeshi young men: Exploring unsta- ble concepts of Muslim, Islamophobia and racialization. *Critical Sociology, 41,* 97–114.

MacKinnon, D. P., Fairchild, A. J., & Fritz, M.S. (2007). Mediation analysis. *Annual Review of Psychology, 58,* 593–614.

Marshall, C., & Rossman, G. B. (2016). *Designing quali- tative research* (6th ed.). Thousand Oaks, CA: Sage.

Mascarenhas, B. (1989). Domains of state-owned, pri- vately held, and publicly traded firms in international competition. *Administrative Science Quarterly, 34,* 582–597.

Maxwell, J. A. (2013). *Qualitative research design: An inter- active approach* (3rd ed.). Thousand Oaks, CA: Sage.

McCracken, G. (1988). *The long interview.* Newbury Park, CA: Sage.

Megel, M. E., Langston, N. F., & Creswell, J. W. (1987). Scholarly productivity: A survey of nursing faculty researchers. *Journal of Professional Nursing, 4,* 45–54.

Merriam, S. B. (1998). *Qualitative research and case study applications in education.* San Francisco: Jossey-Bass.

Mertens, D. M. (2003). Mixed methods and the politics of human research: The transformative-emancipatory perspective. In A. Tashakkori & C. Teddlie (Eds.), *SAGE handbook of mixed methods in social & behavioral research* (pp. 135–164). Thousand Oaks, CA: Sage.

Mertens, D. M. (2007). Transformative paradigm: Mixed methods and social justice. *Journal of Mixed Methods Research, 1*(3), 212–225.

Mertens, D. M. (2009). *Transformative research and eval- uation.* New York: Guilford.

Mertens, D. M. (2010). *Research and evaluation in edu- cation and psychology: Integrating diversity with quantita- tive, qualitative, and mixed methods* (3rd ed.). Thousand Oaks, CA: Sage.

Mertens, D. M., & Ginsberg, P. E. (2009). *The handbook of social research ethics.* Thousand Oaks, CA: Sage.

Miles, M. B., & Huberman, A. M. (1994). *Qualitative data analysis: A sourcebook of new methods.* Thousand Oaks, CA: Sage.

Miller, D. (1992). *The experiences of a first--year college president: An ethnography.* Unpublished doctoral disser- tation, University of Nebraska-Lincoln.

Miller, D. C., & Salkind, N. J. (2002). *Handbook of research design and social measurement* (6th ed.). Thousand Oaks, CA: Sage.

Moore, D. (2000). Gender identity, nationalism, and social action among Jewish and Arab women in Israel: Redefining the social order? *Gender Issues, 18*(2), 3–28.

Morgan, D. (2007). Paradigms lost and pragmatism regained: Methodological implications of combining qualitative and quantitative methods. *Journal of Mixed Methods Research, 1*(1), 48–76.

Morse, J. M. (1991). Approaches to qualitative-quantitative methodological triangulation. *Nursing Research, 40*(1), 120–123.

Morse, J. M. (1994). Designing funded qualitative research. In N. K. Denzin & Y. S. Lincoln (Eds.), *Handbook of qualitative research* (pp. 220–235). Thousand Oaks, CA: Sage.

Morse, J. M., & Niehaus, L. (2009). *Mixed methods design: Principles and procedures.* Walnut Creek, CA: Left Coast Press.

Moustakas, C. (1994). *Phenomenological research meth- ods.* Thousand Oaks, CA: Sage.

Murguia, E., Padilla, R. V., & Pavel, M. (1991, September). Ethnicity and the concept of social integra- tion in Tinto's model of institutional departure. *Journal of College Student Development, 32,* 433–439.

Murphy, J. P. (1990). *Pragmatism: From Peirce to Davidson.* Boulder, CO: Westview.

Nastasi, B. K., & Hitchcock, J. (2016). *Mixed methods research and culture-specific interventions.* Los Angeles, CA: Sage.

Nastasi, B. K., Hitchcock, J., Sarkar, S., Burkholder, G., Varjas, K., & Jayasena, A. (2007). Mixed methods in intervention research: Theory to adaptation. *Journal of Mixed Methods Research, 1*(2), 164–182.

Nesbary, D. K. (2000). *Survey research and the world wide web.* Boston: Allyn & Bacon.

Neuman, S. B., & McCormick, S. (Eds.). (1995). *Single- subject experimental research: Applications for literacy.* Newark, DE: International Reading Association.

Neuman, W. L. (2009). *Social research methods: Qualitative and quantitative approaches* (7th ed.). Boston: Allyn & Bacon.

Newman, I., & Benz, C. R. (1998). *Qualitative-quantitative research methodology: Exploring the interac- tive continuum.* Carbondale and Edwardsville: Southern Illinois University Press.

Nieswiadomy, R. M. (1993). *Foundations of nursing research* (2nd ed.). New York: Appleton & Lange.

O'Cathain, A., Murphy, E., & Nicholl, J. (2007). Integration and publications as indicators of "yield" from mixed methods studies. *Journal of Mixed Methods Research, 1*(2), 147–163.

Olesen, V. L. (2000). Feminism and qualitative research at and into the millennium. In N. L. Denzin & Y. S. Lincoln, *Handbook of qualitative research* (pp. 215–255). Thousand Oaks, CA: Sage.

Onwuegbuzie, A. J., & Leech, N. L. (2006). Linking research questions to mixed methods data analysis procedures. *The Qualitative Report, 11*(3), 474–498. Retrieved from www.nova.edu/ssss/QR/QR11-3/onwueg buzie.pdf.

Padula, M. A., & Miller, D. (1999). Understanding graduate women's reentry experiences. *Psychology of Women Quarterly, 23,* 327–343.

Plano Clark, V. L., & Ivankova, N. V. (2016). *Mixed Methods Research: A Guide to the Field.* Thousand Oaks, CA: Sage.

Patton, M. Q. (1990). *Qualitative evaluation and research methods* (2nd ed.). Newbury Park, CA: Sage.

Patton, M. Q. (2002). *Qualitative research and evaluation methods* (3rd ed.). Thousand Oaks, CA: Sage.

Phillips, D. C., & Burbules, N. C. (2000). *Postpositivism and educational research.* Lanham, MD: Rowman & Littlefield.

Pink, S. (2001). *Doing visual ethnography.* Thousand Oaks, CA: Sage.

Plano Clark, V. L. (2005). Cross-Disciplinary Analysis of the Use of Mixed Methods in Physics Education Research, Counseling Psychology, and Primary Care (Doctoral dissertation, University of Nebraska–Lincoln, 2005). *Dissertation Abstracts International, 66,* 02A.

Plano Clark, V. L., & Creswell, J. W. (2008). *The mixed methods reader.* Thousand Oaks, CA: Sage.

Punch, K. F. (2014). *Introduction to social research: Quantitative and qualitative approaches* (3rd ed.). Thousand Oaks, CA: Sage.

Rhoads, R. A. (1997). Implications of the growing vis- ibility of gay and bisexual male students on campus. *NASPA Journal, 34*(4), 275–286.

Richardson, L. (1990). *Writing strategies: Reaching diverse audiences.* Newbury Park, CA: Sage.

Richie, B. S., Fassinger, R. E., Linn, S. G., Johnson, J., Prosser, J., & Robinson, S. (1997). Persistence, connection, and passion: A qualitative study of the career development of highly achieving African American-Black and White women. *Journal of Counseling Psychology, 44*(2), 133–148.

Riemen, D. J. (1986). The essential structure of a caring interaction: Doing phenomenology. In P. M. Munhall & C. J. Oiler (Eds.), *Nursing research: A qualitative perspective* (pp. 85–105). New York: Appleton & Lange.

Riessman, C. K. (2008). *Narrative methods for the human sciences.* Thousand Oaks, CA: Sage.

Rogers, A., Day, J., Randall, F., & Bentall, R. P. (2003). Patients' understanding and participation in a trial designed to improve the management of anti-psychotic medication: A qualitative study. *Social Psychiatry and Psychiatric Epidemiology, 38,* 720–727.

Rorty, R. (1990). Pragmatism as anti-representationalism. In J. P. Murphy, *Pragmatism: From Peirce to Davison* (pp. 1–6). Boulder, CO: Westview.

Rosenthal, R., & Rosnow, R. L. (1991). *Essentials of behavioral research: Methods and data analysis.* New York: McGraw-Hill.

Ross-Larson, B. (1982). *Edit yourself: A manual for every- one who works with words.* New York: Norton.

Rossman, G.B., & Rallis, S. F. (2012). *Learning in the field: An introduction to qualitative research* (3rd ed.). Thousand Oaks, CA: Sage.

Rossman, G.B., & Rallis, S. F. (2017). *An introduction to qualitative research: Learning in the field:* (4th ed.). Los Angeles, CA: Sage.

Rossman, G. B., & Wilson, B. L. (1985, October). Numbers and words: Combining quantitative and qual- itative methods in a single large-scale evaluation study. *Evaluation Review, 9*(5), 627–643.

Rudestam, K. E., & Newton, R. R. (2014). *Surviving your dissertation* (4th ed.). Thousand Oaks, CA: Sage.

Salant, P., & Dillman, D. A. (1994). *How to conduct your own survey.* New York: John Wiley.

Salkind, N. (1990). *Exploring research.* New York: MacMillan.

Salmons, J. (2010). *Online interviews in real time.* Thousand Oaks, CA: Sage.

Sandelowski, M. (1996). Using qualitative methods in intervention studies. *Research in Nursing & Health, 19*(4), 359–364.

Sarantakos, S. (2005). *Social research* (3rd ed.). New York: Palgrave Macmillan.

Schafer, J. L., & Graham, J. W. (2002). Missing data: Our view of the state of the art. *Psychological Methods, 7*(2), 147–177.

Schwandt, T. A. (2014). *Dictionary of qualitative inquiry* (5th ed.). Thousand Oaks, CA: Sage.

Shadish, W. R., Cook, T. D., & Campbell, D. T. (2001). *Experimental and quasi-experimental designs for general- ized causal inference.* Boston: Houghton Mifflin.

Shaw, E. K., Ohman-Strickland, P. A., Piasecki, A., et al. (2013). Effects of facilitated team meetings and learn- ing collaboratives on colorectal cancer screening rates in primary care practices: A cluster randomized trial. *Annals of Family Medicine, 11*(3), 220–228.

Sieber, J. E. (1998). Planning ethically responsible research. In L. Bickman & D. J. Rog (Eds.), *Handbook of applied social research methods* (pp. 127–156). Thousand Oaks, CA: Sage.

Sieber, S. D. (1973). The integration of field work and survey methods. *American Journal of Sociology, 78,* 1335–1359.

Slife, B. D., & Williams, R. N. (1995). *What's behind the research? Discovering hidden assumptions in the behavioral sciences.* Thousand Oaks, CA: Sage.

Smith, J. K. (1983, March). Quantitative versus qualita- tive research: An attempt to clarify the issue. *Educational Researcher,* 6–13.

Spradley, J. P. (1980). *Participant observation.* New York: Holt, Rinehart & Winston.

Stake, R. E. (1995). *The art of case study research.* Thousand Oaks, CA: Sage.

Steinbeck, J. (1969). *Journal of a novel: The East of Eden letters.* New York: Viking.

Strauss, A., & Corbin, J. (1990). *Basics of qualitative research: Grounded theory procedures and techniques.* Newbury Park, CA: Sage.

Strauss, A., & Corbin, J. (1998). *Basics of qualitative research: Grounded theory procedures and techniques* (2nd ed.). Thousand Oaks, CA: Sage.

Sudduth, A. G. (1992). *Rural hospitals' use of strate- gic adaptation in a changing health care environment.* Unpublished doctoral dissertation, University of Nebraska-Lincoln.

Sue, V. M., & Ritter, L. A. (2012). *Conducting online sur- veys* (2nd ed.). Thousand Oaks, CA: Sage.

Sweetman, D. (2008). *Use of the transformative- emancipatory perspective in mixed methods studies: A review and recommendations.* Unpublished manuscript.

Sweetman, D., Badiee, M., & Creswell, J. W. (2010). Use of the transformative framework in mixed methods studies. *Qualitative Inquiry, 16*(6), 441–454.

Szmitko, P. E., & Verma, S. (2005). Red wine and your heart. *Circulation, 111,* e10–e11.

Tarshis, B. (1982). *How to write like a pro: A guide to effective nonfiction writing.* New York: New American Library.

Tashakkori, A., & Creswell, J. W. (2007). Exploring the nature of research questions in mixed methods research [Editorial]. *Journal of Mixed Methods Research, 1*(3), 207–211.

Tashakkori, A., & Teddlie, C. (1998). *Mixed methodol- ogy: Combining qualitative and quantitative approaches.* Thousand Oaks, CA: Sage.

Tashakkori, A., & Teddlie, C. (Eds.). (2003). *SAGE handbook of mixed methods in social & behavioral research.* Thousand Oaks, CA: Sage.

Tashakkori, A., & Teddlie, C. (Eds.). (2010). *SAGE handbook of mixed methods in social & behavioral research* (2nd ed.). Thousand Oaks, CA: Sage.

Teddlie, C., & Tashakkori, A. (2009). *Foundations of mixed methods research: Integrating quantitative and qualitative approaches in the social and behavioral sciences.* Thousand Oaks, CA: Sage.

Terenzini, P. T., Cabrera, A. F., Colbeck, C. L., Bjorklund, S. A., & Parente, J. M. (2001). Racial and ethnic diver- sity in the classroom. *The Journal of Higher Education, 72*(5), 509–531.

Tesch, R. (1990). *Qualitative research: Analysis types and software tools.* New York: Falmer.

Thomas, G. (1997). What's the use of theory? *Harvard Educational Review, 67*(1), 75–104.

Thomas, J. (1993). *Doing critical ethnography.* Newbury Park, CA: Sage.

Thompson, B. (2006). *Foundations of behavioral statis- tics: An insight-based approach.* New York: Guilford.

Thorndike, R. M. (1997). *Measurement and evalua- tion in psychology and education* (6th ed.). New York: Macmillan.

Trujillo, N. (1992). Interpreting (the work and the talk of) baseball: Perspectives on ballpark culture. *Western Journal of Communication, 56,* 350–371.

Tuckman, B. W. (1999). *Conducting educational research* (5th ed.). Fort Worth, TX: Harcourt Brace.

University of Chicago Press. (2010). *The Chicago man- ual of style* (16th ed.). Chicago: Author.

University Microfilms. (1938–). *Dissertation abstracts international.* Ann Arbor, MI: Author.

VanHorn-Grassmeyer, K. (1998). *Enhancing practice: New professional in student affairs.*

Unpublished doctoral dissertation, University of Nebraska-Lincoln.

Van Maanen, J. (1988). *Tales of the field: On writing eth- nography.* Chicago: University of Chicago Press.

Vernon, J. E. (1992). *The impact of divorce on the grandparent/grandchild relationship when the parent gen- eration divorces.* Unpublished doctoral dissertation, University of Nebraska-Lincoln.

Vogt, W. P. & Johnson, R.B. (2015). *The Sage dictionary of statistics and methodology: A nontechnical guide for the social sciences* (4th ed.). Thousand Oaks, CA: Sage.

Webb, R. B., & Glesne, C. (1992). Teaching qualitative research. In M. D. LeCompte, W. L. Millroy & J. Preissle (Eds.), *The Handbook of qualitative research in education* (pp. 771–814). San Diego, CA: Academic Press.

Webb, W. H., Beals, A. R., & White, C. M. (1986). *Sources of information in the social sciences: A guide to the literature* (3rd ed.). Chicago: American Library Association.

Weitzman, P. F., & Levkoff, S. E. (2000). Combining qualitative and quantitative methods in health research with minority elders: Lessons from a study of dementia caregiving. *Field Methods, 12*(3), 195–208.

Wilkinson, A. M. (1991). *The scientist's handbook for writing papers and dissertations.* Englewood Cliffs, NJ: Prentice Hall.

Wittink, M. N., Barg, F. K., & Gallo, J. J. (2006). Unwritten rules of talking to doctors about depres- sion: Integrating qualitative and quantitative methods. *Annals of Family Medicine, 4*(4), 302–309.

Wolcott, H. T. (1994). *Transforming qualitative data: Description, analysis, and interpretation.* Thousand Oaks, CA: Sage.

Wolcott, H. T. (2008). *Ethnography: A way of seeing* (2nd ed.). Walnut Creek, CA: AltaMira.

Wolcott, H. T. (2009). *Writing up qualitative research* (3rd ed.). Thousand Oaks, CA: Sage.

Yin, R. K. (2009). *Case study research: Design and meth- ods* (4th ed.). Thousand Oaks, CA: Sage.

Yin, R. K. (2012). *Applications of case study research* (3rd ed.). Thousand Oaks, CA: Sage.

Yin, R. K. (2014). *Case study research* (5th ed.). Thousand Oaks, CA: Sage.

Ziller, R. C. (1990). *Photographing the self: Methods for observing personal orientations.* Newbury Park, CA: Sage.

Zinsser, W. (1983). *Writing with a word processor.* New York: Harper Colophon.

Índice onomástico

Índice remissivo